수학철학

논리주의 · 형식주의 · 직관주의의
이해와 비판

나남
nanam

한국연구재단 학술명저번역총서
서양편 373

수학철학
논리주의 · 형식주의 · 직관주의의
이해와 비판

2015년 7월 15일 발행
2015년 7월 15일 1쇄

지은이_ 스테판 쾨르너
옮긴이_ 최원배
발행자_ 趙相浩
발행처_ (주)나남
주소_ 413-120 경기도 파주시 회동길 193
전화_ (031) 955-4601 (代)
FAX_ (031) 955-4555
등록_ 제 1-71호(1979.5.12)
홈페이지_ http://www.nanam.net
전자우편_ post@nanam.net
인쇄인_ 유성근(삼화인쇄주식회사)

ISBN 978-89-300-8792-6
ISBN 978-89-300-8215-0 (세트)

책값은 뒤표지에 있습니다.

'한국연구재단 학술명저번역총서'는 우리 시대 기초학문의 부흥을 위해
한국연구재단과 (주)나남이 공동으로 펼치는 서양명저 번역간행사업입니다.

수학철학

논리주의 · 형식주의 · 직관주의의
이해와 비판

스테판 쾨르너 지음 | 최원배 옮김

나남
nanam

The Philosophy of Mathematics
An Introductory Essay
by Stephan Körner

　과학철학을 공부하기가 어렵듯이 수학철학을 공부하기도 무척이나 어렵다.　과학철학과 수학철학은 각각 과학과 수학에 대한 철학적 논의이고,　그래서 과학이나 수학에 대한 기본적인 이해가 없으면 논의를 제대로 쫓아가기가 어렵다.　바로 이 때문에 과학철학이나 수학철학의 경우 그 분야를 소개해주는 입문서가 있게 마련이다.　이 책도 그런 책 가운데 하나이다.　수학철학에 관심이 있지만 어떻게 접근해야 할지 막막하게 느꼈던 사람이라면,　모쪼록 이 책을 발판삼아 본격적으로 수학철학을 공부하는 길로 들어서기를 바란다.　그리고 그런 사람이 점차 많아지기를 바란다.

　이 책을 번역하기로 마음먹었지만,　막상 실제 번역작업은 꽤 고통스러웠다.　이 책은 입문서여서 수학철학의 핵심사상을 포괄적으로 소개한다.　하지만 공부가 깊지 않은 나로서는 이 책에서 다루는 사상들을 아직 두루 섭렵해보지 못했다.　나는 여태껏 논리주의에 주로 관심이 있었고,　최근에 들어와서야 비로소 힐베르트의 저작들을 좀 읽어본 정도이다.　결국 나는 이 책에서 논의하는 직관주의도 제대로 공부해본 적이 없는 셈이다.

입문서를 함부로 번역할 게 아니라는 사실을 깨달았다. 수학을 잘 몰라 잘못 번역한 곳도 없지 않을 것이다. 잘못을 지적해준다면 겸허히 받아들일 것이다.

번역을 하는 과정에서 여러 선생님들께 도움을 받았다. 라틴어와 관련해 도움을 주신 박우석 선생님, 그리고 칸트와 관련해 도움을 주신 김성호 선생님께 감사를 드린다. 아울러 연구재단 번역과제의 심사과정에서 좋은 제안을 해주시고 때로 날카로운 지적도 해주신 익명의 심사위원 선생님들께도 감사를 드린다.

2015년 5월

최 원 배

이 책은 수리논리학이나 수학기초론 입문서가 아니다. 물론 여기서 다루는 것이 수학적인 탐구결과와 관련이 있기는 하지만 그 경우라도 나는 되도록 전문적인 것을 피하고 간단히 설명하고자 했다.

수학철학[1])의 주제들 가운데 내가 여기서 주로 다룰 것은 다음 두 가지이다. ① 철학적 논제와 수학이론의 구성(또는 재구성) 사이의 관계, 그리고 ② 순수수학과 응용수학의 관계이다. 1, 2, 4, 6장에서는 역사적으로 중요하거나 현재에도 널리 받아들여지는 견해들을 설명한다. 3, 5, 7장에서는 이 견해들을 비판적으로 검토하고 이를 바탕으로 8장에서 새로

---

1) 〔옮긴이주〕 *philosophy of mathematics*. 이전에는 이를 '수리철학'으로 옮겼으나 최근에는 '수학철학'으로 옮긴다. 그렇게 바꾼 데는 다음과 같은 이유가 있다. 가령 우리가 '수리통계학', '수리경제학', '수리논리학'이라고 말할 때, 이는 수학의 방법이나 기법을 원용해 각각 통계학, 경제학, 논리학을 연구하는 분야를 일컫는다. 이것이 옳다면, '수리철학'은 수학적 방법을 사용해 철학을 연구하는 분야를 일컬을 것이다. 그러나 이는 분명히 우리가 의도하는 바가 아니다.

운 철학적 입장을 제시한다.

유익한 논평과 비판을 해준 여러 친구들과 브리스톨대학 동료들에게 감사를 드린다. 특히 셰퍼드슨(J. C. Shepherdson) 씨에게 감사를 드린다. 그는 이 책의 최종 원고를 아주 꼼꼼히 읽어주었고, 부정확한 표현들을 많이 고쳐주었으며, 적어도 커다란 잘못 하나를 바로잡을 수 있도록 해주었다. 하일브론(H. Heilbronn) 교수는 순수수학자의 관점에서, 봄(D. Bohm) 박사는 이론물리학자의 관점에서 마지막 장을 읽어주었다. 물론 이들은 내 견해나 또는 다른 누군가가 발견할지도 모를 잘못에 대해서는 아무런 책임이 없다.

스콧(J. W. Scott) 교수는 교정 원고를 친절히 읽어주었고 글을 다듬도록 많이 도와주었다.

끝으로 나는 이 총서의 편집자인 페이튼(Paton) 교수가 책을 쓰는 동안 내게 보여준 호의와 아량에 대해, 그리고 이 책을 쓰라고 권해준 데 대해 고마움을 표하고 싶다.

스테판 쾨르너

수학철학

논리주의 · 형식주의 · 직관주의의
이해와 비판

| 차례 |

서 론

법철학이 법을 만들지 않고 과학철학이 가설을 고안하거나 시험하지 않듯이, 수학철학도 수학의 정리나 이론을 추가하지 않는다. 우리는 이 점을 애초부터 분명히 해둘 필요가 있다. 수학철학은 수학이 아니다. 수학철학은 수학에 대한 반성을 하는 것이며, 그 나름의 질문을 제기하고 이에 대답하고자 한다. 수학철학과 수학은 서로 구분되지만 그럼에도 아주 밀접하게 연관된다. 누구든 어떤 분야를 잘 알지 못한다면 그 분야를 효과적으로 반성할 수 없다. 그리고 자기 분야를 반성해봄으로써 그 분야를 더 잘 할 수 있게 된다.

역사적으로 볼 때, 수학과 철학은 서로 영향을 주고받았다. 감각인상은 끊임없이 변하는 데 반해 수학의 진리는 정확하고 무시간적이라는 점에서 이 둘이 뚜렷이 대비된다는 사실은 수학철학에서뿐만 아니라 철학에서도 가장 오래된 궁금증이자 문제 가운데 하나였다. 한편으로 수학이 경험과학이나 논리학과 어떤 관계를 갖는지에 대한 철학적 설명은 수학적 문제를 제기하기도 하였고, 심지어 비유클리드 기하학이나 수리논리학의 추상대수와 같은 새로운 수학 분야가 생겨나게 하기도 했다.

수학적 사고는 아주 전문화된 영역이기도 하지만 우리 일상생활의 일부이기도 하다. 이 때문에 수학철학의 문제 가운데는 비교적 익숙한 것도 있고 아주 전문적인 것도 있다. 수학철학만 이런 것은 아니다. 다른 철학 분야도 사정은 비슷하다. 어떤 문제, 아마 가장 중요한 문제는 우리가 늘 접하는 것이고 특수한 훈련을 받지 않아도 알 수 있는 것인 반면, 다른 문제는 아마도 철학 바깥의 어떤 분야를 어느 정도 깊이 있게 오랫동안 공부해야만 제기될 수 있는 것이다.

누구에게나 익숙한 철학적이고 수학적인 문제들 가운데 일부는 다음과 같은 진술들을 생각해볼 때 제기되는 것들이다. (아래에서 먼저 나오는 세 가지는 순수수학에 속하고, 나머지는 응용수학에 속한다.)

(1) $1 + 1 = 2$

(2) (유클리드 기하학에서) 등각 삼각형은 모두 등변 삼각형이다.

(3) 만약 어떤 대상이 대상들의 집합[1] a에 속하고 집합 a는 또 다른 대상들의 집합 b에 포함된다면, 그 대상은 집합 b에도 속한다.

(4) 사과 하나와 사과 하나를 더하면 사과 두 개가 된다.

(5) 만약 삼각형 모양의 종이의 두 각이 같다면, 그것들의 변도 같다.

(6) 만약 이 동물이 고양이의 집합에 속하고 고양이의 집합은 척추동물의 집합에 포함된다면, 이 동물은 척추동물의 집합에도 속한다.

이 진술들을 생각해볼 때, 우리는 자연스레 다음과 같은 질문을 하게 된다. 왜 이것들은 필연적으로, 자명하게, 논란의 여지없이 참이라고 생

---

1) 〔옮긴이주〕 'class'. 이 책 전체에서 쾨르너는 'class'와 'set'을 모두 쓴다. 때로 'class'를 '유'(또는 부류)로 'set'을 '집합'으로 구분해 옮기기도 하나, 여기서는 둘 다 '집합'이라 옮겼고 필요한 경우 영어를 병기하였다.

각되는가? 이것들이 이런 식으로 특수하게 참인 이유는 어떤 특수한 종류의 대상, 가령 수나 도형, 집합에 관한 주장이기 때문인가? 아니면 대상들 일반이나 대상들 '자체'에 관한 주장이기 때문인가? 그것도 아니라면 이 진술들은 어떠한 대상에 관한 주장도 아니기 때문에 그처럼 특수하게 참인 것인가? 이것들이 참인 이유는 직접적이고 절대로 틀릴 수 없는 직관의 작용이나 지성의 작용과 같은 특수한 방법 등에 의해 그런 진리에 도달하게 되거나 그런 방법으로 그런 진리를 검증할 수 있기 때문인가? 앞에 나온 순수수학의 세 명제와 그에 대응하는 응용수학의 명제 사이에는 어떤 관계가 있는가?

이런 반성은 익숙한 수학적 문제에서 출발해 좀 덜 익숙하고 더 전문적인 문제들로 점차 불가피하게 나아간다. 가령 "1 + 1 = 2"에 관한 물음에 대답하려면, 우리는 이 진술을 자연수 체계나 아마도 이보다 더 넓은 수 체계의 맥락에서 살펴보아야 할 것이다. 겉으로는 별개로 보였던 진술에 관해 제기한 물음이 그 진술이 속하는 체계(들)에까지 닿아있다는 점을 우리는 곧바로 알 수 있다. 마찬가지로 우리는 기하학과 집합대수의 순수한 체계(들)를 탐구해보아야 하며, 응용산수와 기하학 및 집합대수의 구조도 탐구해보아야 한다. 그리고 이런 탐구를 하려면 다시 순수수학 이론이나 응용수학 이론 전체의 구조나 기능에 관한 물음이 제기될 것이다.

물론 마지막 물음에 대한 철학자의 대답이 어떤 함축을 지니는지를 보려면 좀더 구체적인 문제, 특히 논란거리인 문제를 그 사람이 어떻게 다루는지를 보아야 한다. 그런 문제들 가운데 하나, 아마도 가장 중요한 것들 가운데 하나는 무한 개념을 어떻게 적절히 분석할 것인가 하는 것이다. 그 문제는 초기단계에서는 자연수 수열(sequence)이 무한히 계속될 수 있고, 두 점 사이의 거리를 무한하게 계속 나눌 수 있다는 생각에서 제기되었다. 이후 좀더 민감한 단계에서는 그 문제가 이산적(discrete) 양과 연속적 양을 철학적으로 다룰 때 다시 등장하였다. 만약 수학사에서 시대 구분의 기준을 무한한 양이나 무한집합(*set*)에 관해 새로운 견해가 등장한 것으로 잡는다면, 이 기준은 수학철학의 역사에 더 잘 들어맞는다고 할 수 있다.

이제 우리가 논의할 주제들을 미리 대략적으로 제시하기로 하자. 그것들은 첫째, 순수수학에 속하는 명제와 이론의 일반적 구조와 기능이고, 둘째, 응용수학에 속하는 명제와 이론의 일반적 구조와 기능이며, 셋째, 무한 개념이 등장하는 여러 체계에서 그 개념이 어떤 역할을 하는가 하는 문제이다.

이 책에서 채택할 절차는 대개 입문서의 요건에 맞추어 정해질 것이다. 우리는 우선 세 주제에 대한 플라톤, 아리스토텔레스, 라이프니츠, 칸트의 견해를 간략히 살펴보는 것에서 시작하기로 한다. 이렇게 하는 이유는 역사적인 윤곽을 대략적으로라도 보여주기 위해서가 아니다. 그보다는 이 철학자들이 불(G. Boole)과 프레게(G. Frege) 이래 현대의 수학철학 학파들의 지도적 원리가 된 생각을 분명하고 간결하게 여러 차례 표현했으므로 이들로부터 시작하는 것이 자연스러워 보이기 때문이다.

나머지 장에서는 논리주의, 형식주의, 직관주의 학파를 각각 비판적으로 검토할 것이다. 논리주의 학파의 뿌리는 적어도 라이프니츠에게까지 거슬러 올라가며, 형식주의 학파의 뿌리 가운데 일부 착상은 플라톤과 칸트에게서 찾아볼 수 있고, 직관주의 학파의 뿌리 또한 이 두 철학자에게까지 거슬러 올라간다.

입문서의 저자라면 해당 주제에 대해 자신의 견해가 무엇인지를 표명하는 것이 바람직하다. 그리고 자신의 고유한 견해가 있다면, 그 사람은 그것을 설명할 여지를 마련해야 한다. 그래야만 적어도 독자들의 오해나 오독을 피할 수 있고, 독자들을 바른 방향으로 인도할 수 있기 때문이다. 이에 따라 나는 내 자신의 견해를 일부 표명하는 것으로 이 책을 마무리할 것이다.

수학철학은 수학이론의 구조나 기능을 드러내는 데 주로 관심이 있기 때문에 사변적이거나 형이상학적인 가정과는 무관해 보일 수도 있다. 하지만 그런 자율성이 원리상 가능한 것인지, 수학철학의 문제들을 다루기 위한 개념적 장치나 어휘를 선택하거나 중요하다고 생각하는 문제를 고를 때 이미 그런 자율성이 훼손되는 것은 아닌지 하는 의문이 든다. 사실 지금까지 나온 수학철학뿐만 아니라 이 책에서 논의할 내용을 포함해 모든 수학철학은 더 넓은 어떤 철학체계의 틀 안에서 전개되었거나, 아니면 그 안에는 정식화되지 않은 어떤 세계관(weltanschauung)이 담겨있다고 할 수 있다.

수학철학에 그런 일반적인 철학적 입장이 들어있다는 사실을 가장 분명하게 알 수 있는 경우가 있다. 어떤 수학철학 지지자가 수학이론이 실제로 지닌 특성에 관심을 기울이는 데 만족하지 않고, 모든 수학이론은 그런 특성을 지녀야 한다고 주장하는 때가 바로 그런 경우다. 달리 말해 모든 '좋은' 또는 '참으로 이해할 수 있는' 이론은 실제로 그런 특성을 지닌다고 주장할 때 그런 사실이 가장 잘 드러난다. 수 체계를 기술(記述)하는 것이 아니라 규정할 때 일반적인 형이상학적 신념이 들어있다는 점이 가장 잘 드러나는 사례로는 수 체계에서 잠재무한한 전체와 대비되는 실제무한한 전체[2]라는 개념을 받아들일 수 있는지, 또는 그것을 받아들이는 것이 바람직한지를 둘러싼 논쟁을 들 수 있다. 기술과 프로그램을 혼동하는 일, 즉 '존재'와 '당위' 또는 '그래야 하는 것'을 혼동하는 일은 다른 곳에서도 그렇듯이 수학철학에도 아주 해롭다.

---

2) 〔옮긴이주〕이 책에서 나는 '무한' 및 관련 용어들을 다음과 같이 옮겼다. 우선 'actual infinity'를 '실제무한'으로, 'potential infinity'를 '잠재무한'으로 옮겼다. 후자를 때로 '가능무한'으로 옮기기도 한다. 그리고 이에 맞추어 'actually infinite'를 '실제무한한'으로, 'potentially infinite'를 '잠재무한한'으로 옮겼다. 중간심사 때 심사위원이 이런 번역어를 제안해주었다. 좋은 제안을 해준 익명의 심사위원께 감사를 드린다.

제 1 장

이전 견해 몇 가지

사람들은 대개 19세기 후반에 수학철학의 새 시대가 시작되었다고 본다. 새 시대는 불, 프레게, 퍼스 및 다른 몇몇 수학적인 성향의 철학자들과 철학적인 성향의 수학자들에 의해 시작되었다. 이 시기의 가장 중요한 특징은 수학과 논리학이라는 두 분야가 밀접하게 연관된다는 점을 인식했다는 데 있다. 이상하게도 그 두 분야는 이전까지는 아주 별개로 발전했다. 특히 집합론과 관련해 수학과 논리학의 밀접한 관계가 필요하다는 사실을 먼저 느낀 쪽은 수학자들이었다. 원인이 분명하지 않은 모순이 발생함에 따라 수학자들은 논리적 분석이 필요하다고 생각했던 것 같다. 그런데 그 작업은 이전 논리학으로는 감당할 수 없는 것으로 드러났다. 왜냐하면 그 논리학은 범위가 너무 좁고 방법이 그다지 엄밀하지 않았기 때문이다. 이러한 흠이 없는 새로운 논리체계가 개발되어야 했다. 그것은 연역추론과 수학에서 사용되는 형식적 조작 형태를 포괄할 수 있으면서도 추상대수 체계와 같이 정확한 것이어야 했다. 이 시기에는 실제로 논리학으로 수학을 명료화하고자 하였고, 수학으로 논리학을 명료화하고자 하였으며, 이를 통해 ─ 실제로 이들이 하나가 아니라 둘이라면 ─ 이 둘 사이의 관계를 제대로 이해해보고자 하였다.

수학과 논리학을 보는 새로운 방식이 생겨남에 따라 새로운 생각과 새로운 용어 및 새로운 기호체계가 많아졌다. 그렇다고 해도 프레게 이전의 수학철학과 프레게 이후의 수학철학 사이에 연속적 요소가 있다는 점을 무시해서는 안 된다. 혁신적인 변화는 논리적 분석의 목적보다는 도구의 측면에서 주로 일어났다. 따라서 순수수학과 응용수학의 체계가 지닌 구조나 기능에 관한 철학적 문제들과 이를 대하는 여러 가지 근본입장이 완전히 바뀌었다고 말할 수는 없다.

1. 플라톤의 설명

플라톤이 보기에 아마도 사람에게 가장 중요한 지적 과제는 현상과 실재를 구분하는 일이었다. 이 일은 생각을 하는 사람인 철학자나 과학자에게 필요할 뿐만 아니라, 행동하는 사람인 행정가나 통치자에게도 꼭 필요하다. 후자는 현상계에서 자신의 처지를 알아야 하는 사람들이고, 무엇이 사실이고, 무엇을 할 수 있으며, 무엇을 해야 하는지를 알아야 하는 사람들이다. 끊임없이 변하는 현상계에서 이론적이거나 실천적인 질서를 찾기 위해서는 결코 변하지 않는 실재를 알아야 한다. 그것을 알아야 주변의 현상계를 이해하고 지배할 수 있다.

이런 아주 고차원적이고 무미건조한 철학적 일반성으로부터 플라톤의 순수수학 및 응용수학에 관한 철학 ─ 그리고 그의 과학철학과 정치철학 ─ 으로 내려온다는 것은 현상과 실재가 명확히 구분될 수 있다는 점을 전제한다. 이를 위해 플라톤은 '현상'이나 '실재' 및 이와 유사한 단어에 해당하는 그리스어의 일상적 용법에 내포된 시사점을 따른다. 물론 그렇다고 해서 플라톤이 일상적 용법에 다른 시사점은 들어있지 않다거나 일상적 용법이 철학적 통찰력의 궁극적 기준이라고 생각한 것은 아니었다.

플라톤은 사람들이 습관적으로 현상과 실재를 주저 없이 구분한다는 점에 주목했다. 사람들의 그런 판단은 일정한 기준에 따라 이루어진다. 우리는 실재하는 대상은 다음과 같은 요건을 만족시켜야 한다고 생각한다. 실재하는 대상은 우리가 그것을 지각한다는 사실이나 그것을 지각하는 방식과는 어느 정도 독립해서 존재해야 하며, 그 대상은 일정 정도의 영원성을 지녀야 하고, 일정 정도로 정확하게 기술될 수 있어야 한다. 이런 요건, 특히 영원성을 지녀야 한다는 요건은 정도의 차이가 있을 수 있으며, 따라서 '보다 더 실재적'이라는 상대적 표현이 사용될 수 있다. 그래서 플라톤은 절대적 실재와 절대적으로 실재하는 실체를 이런 상대적인 대응물들의 이상적 극한으로 생각한다. 절대적으로 실재하는 실체, 즉 형상이나 이데아는 지각과 독립되고, 절대적으로 정확하게 정의될 수 있으며, 절대적으로 영원한, 즉 무시간적이고 영구적인 것이라 생각된다.

플라톤에 우호적이고 가장 유명한 플라톤 학자 가운데 한 사람인 필드는 정도를 허용하는 실재 개념과 기준으로부터 절대적 개념과 기준으로 나아가는 과정이 자연스럽다고 말한다.[1] 이런 생각은 플라톤이 어떻게 해서 형상이론에 이르게 되었는지를 설명해줄 뿐만 아니라, 플라톤의 핵심 통찰이 무엇인지도 보여준다. 형상은 물리적 대상의 이상적 모형뿐만 아니라 사람들이 추구해야 하는 이상적인 사태들도 포함한다. 하지만 논의를 위해 우리는 전자에만 관심을 기울일 것이며, 그것도 플라톤의 수학철학과 관련이 있을 경우에만 다룰 것이다.

우리는 먼저 어떤 실체가 절대적 실재라는 기준에 맞는지를 살펴보아

---

1) G. C. Field, *The Philosophy of Plato*, Oxford, 1949.
〔옮긴이주〕이 책은 우리말로 번역되어 있다. 양문흠 옮김, 《플라톤의 철학》 (서광사, 1986).

야 한다. 책상, 식물, 동물, 인간의 신체와 같이 물리적 우주를 구성하는 대상들은 분명히 아닐 것이다. 우리는 앞서 말한 그런 높은 지위를 갖는 다른 흥미로운 후보들, 가령 나눌 수 없고 파괴할 수 없는 물질이나 정신의 일부 — **만약** 이런 것들의 존재를 입증할 수 있다면 — 를 생각해볼 수 있을 것이다. 인간의 영혼이 이런 것이라고 한다면, 우리는 영혼의 불멸성을 증명할 수 있을지도 모른다. 우리는 별 흥미 없는 다른 후보들도 생각해낼 수 있을 것이다. 예를 들어 책상과 같은 일상적 — 어느 정도 일시적이고 일정하지 않은 — 대상을 잡아, 우리 마음속에서 일시적인 것을 영원한 것으로 바꾸고, 일정하지 않은 것을 일정한 것으로 바꾸고, 다른 '불완전한 것'을 완전한 것으로 바꾸어볼 수 있다. 그러면 그 결과는 책상의 형상이 될 것이다. 물리적 책상은 모두 이 형상의 불완전한 모사물일 뿐이다. 만약 이런 식의 형상이 별 흥미가 없다고 생각한다면, 내가 보기에 그 이유는 물리적 대상의 모든 집합과 그런 집합의 모든 부분집합에 상응하는 형상은 왜 있을 수 없으며, 그래서 모든 개별 사물마다 하나의 형상이 왜 있을 수 없는지, 책상의 형상뿐만 아니라 고급 책상의 형상이나 저급 책상의 형상, 책상보가 있는 책상의 형상이나 책상보가 없는 책상의 형상 등과 같은 것은 왜 있을 수 없는지에 대해 아무런 근거도 댈 수 없기 때문일 것이다.

플라톤이 '책상'과 같은 집합 이름도 형상의 이름으로 간주한 적이 있다는 점은 명백하다. 하지만 플라톤도 그렇게 생각했듯이, 실재나 형상으로 여겨지기 위해 대상이 만족시켜야 할 엄격한 기준에 잘 맞으면서도 이상적 의자보다 훨씬 더 익숙한 실재가 있다. 수와 순수기하학의 대상들, 즉 기하학의 점, 선, 면, 삼각형 등이 그런 것들이다. 사실 플라톤은 말년에 두 가지 유형의 형상, 수학적 형상과 도덕적 형상만을 인정했다는 주장이 있는데, 이 주장을 역사적으로 뒷받침해줄 만한 강력한 증거가 있다.

플라톤이 보기에 수학적 진술의 특징은 정확성, 무시간성, 그리고 인식과 어떤 의미에서 독립되어 있다는 점이다. 수와 기하학적 실재 및 이들 사이의 관계가 객관적으로 또는 적어도 상호주관적으로 존재한다는 견해는 설득력이 있다. 대략 말해, 수학자의 과제는 이전 진리를 새롭게 표현하거나 이미 암묵적으로 들어있던 논리적 결과를 명시적으로 드러내는 일이라기보다는 새로운 진리를 발견하는 일이라고 생각하는 수학자들이 자연스럽게 취할 수 있는 철학적 입장이 바로 플라톤주의라고 할 수 있다.

분명히 플라톤은 우리가 '하나', '둘', '셋'이라고 부르는 정신 독립적이고 일정하며 영원한 대상, 즉 산수의 형상이 존재한다고 보았다. 또한 그는 우리가 '점', '선', '원'이라고 부르는 정신 독립적이고 일정하며 영원한 대상, 즉 기하학적 형상도 존재한다고 보았다. 1 더하기 1은 2라거나 두 점 사이의 최단 거리는 직선이라고 말할 때, 우리는 이런 형상들 사이의 관계를 기술하는 것이다. 물론 이것들 각각은 여러 사례를 가진다. 그런 사례들의 지위와 관련해 몇 가지 의문과 논란이 제기되기도 했다. 그것은 가령 "2 더하기 2는 4이다"에서 '2'가 두 번 나오는 경우 또는 "모든 점을 공유하지는 않는 두 직선은 많아야 하나의 점을 공유한다"에서 '직선'이 두 번 나오는 경우와 관련해, 플라톤의 견해가 무엇이었는가 하는 것이다. '2'의 여러 사례, 즉 산수학자들이 연산을 하는 여러 개의 2는 별개의 실재인가, 그리고 그것들은 2의 형상과 다른 것인가? 아니면 여러 개의 2에 관해 명시적으로 주장되는 것은 무엇이나 궁극적으로 유일한 형상에 관한 것으로도 진술될 수 있다고 말해야 하는가? 꼭 같은 문제가 '선'(line)의 사례들을 두고서도 제기된다. 아리스토텔레스에 따르면(물론 후대의 주석가들이 모두 이렇게 보는 것은 아니다), 플라톤은 ⓐ 산수의 형상 및 기하학의 형상과 ⓑ 이른바 수학적 형상을 구분하였다. 수학적 형상은 그 각각이 어떤 유일한 형상의 사례이며, 각각의 형상은 여러 사례를 가진다.

아리스토텔레스가 오해한 것인지, 아니면 그가 의도적으로 옛 스승의 견해를 왜곡한 것인지는 플라톤 학자나 아리스토텔레스 학자가 있는 한 언제나 논란거리일 것이다. 어느 한 편을 들지는 않더라도, '수'나 '점'과 같은 수학의 개념과 이것들의 사례 사이의 관계는 결코 사소한 문제가 아니라는 점을 주목할 필요가 있다. 우리는 수학에 나오는 존재명제의 본성에 관해 논의할 때 이 문제를 다시 다룰 것이다.[2]

그러므로 무시간적이고 정신 독립적이며 일정한 대상인 형상들의 세계가 있다. 이 세계는 감각지각의 세계와는 다르다. 그것은 감각이 아니라 이성에 의해 파악된다. 산수의 형상과 기하학의 형상도 거기에 포함되는 한 그것들은 수학의 주제가 된다. 적어도 라이프니츠 이래 수학이지닌 특징 가운데 하나는 수학의 진리가 확실함에도 불구하고 수학에서 참인 명제가 무엇에 관한 명제인지에 관해 일치된 견해가 없다는 점이다. 플라톤에 따르면, 그것은 분명히 어떤 것, 즉 수학의 형상에 관한 것이다. 이런 입장에 설 때, 수학철학의 문제들을 대략 설정하기 위해 서론에서 나열한 몇 가지 문제에 대해 플라톤이 어떤 대답을 내놓을지는 쉽게 짐작할 수 있다.

$1+1=2$라는 명제와 산수나 기하학에 나오는 다른 참인 명제들은 모두 **필연적으로** 참이다. 왜냐하면 그 명제들은 불변하는 대상들, 즉 산수의 형상들과 기하학의 형상들(아니면 이런 형상들과 똑같이 불변하는 형상들의 사례들) 사이의 불변하는 관계를 기술하는 것이기 때문이다. 이 필연성은 수학적 진리를 발견하는 사람이 그것을 파악하느냐와 독립되어 있으며, 어떤 식으로 형식화하느냐와 독립되어 있고, 자연언어나 인공언어를 지배하는 규칙과도 독립되어 있다. 수학의 진리는 어떠한 예비적 구성활동과도 독립되어 있다. 계산을 하거나 산수의 연산이나 증명을 하기

---

2) 〔옮긴이주〕 8장 3절에서 이 문제를 다룬다.

위해 가령 칠판이나 '마음속에' 점을 찍거나 선을 그리는 것은 본질적인 것이 아니다. 마찬가지로 가령 피타고라스의 정리를 증명하기 위해 경험적이거나 비경험적인 매개체에 삼각형과 정사각형을 그리는 것도 본질적인 것이 아니다. 플라톤에 따르면, 작도는 단순히 수학자가 필요해서 하는 것이거나 발견을 하는 데 도움을 얻기 위해 하는 것일 뿐이다.

"1 + 1 = 2"와 "사과 하나와 사과 하나를 더하면 사과 두 개가 된다" 사이의 관계, 일반적으로 말해 순수수학과 응용수학의 관계에 관한 플라톤의 견해는 순수수학에 관한 그의 설명과 마찬가지로, 형상의 실재성과 이와 대비되는 감각경험의 대상들이 지니는 비실재성 사이의 구분으로부터 비롯된다. 후자는 어떤 한도 내에서만 정확히 정의될 수 있거나 어떤 한도 내에서만 (지각에서) 그것들을 파악하는 조건과 독립되어 있다. 더구나 그것들은 불변하는 것이 아니다. 물론 그것들 가운데 일부는 우리가 영원한 것이라고 여길 수 있을 만큼 긴 기간 동안 어떤 점에서 변하지 않는 것도 있다. 불변하고 실재하는 대상인 1을 하나의 사과와 비교해본다면, 후자는 형상 1과 어떤 정도에서 비슷하다거나 그것에 **근접한다**(approximate)고 말할 수 있다. 플라톤이 흔히 사용한 전문 용어로 말한다면, 그 사과 — 우리가 산수를 적용하는 한 — 는 형상 1을 **분유한다**(participate)[3] 고 말할 수 있다.

하나의 사과와 1의 형상 사이의 관계에 관해 말한 것은 가령 둥근 접시와 원의 형상 사이의 관계에도 똑같이 적용된다. 우리는 그 접시를 마치 기하학적 원처럼 다룰 수 있다. 왜냐하면 그것의 모양은 원의 형상에 근접하기 때문이다. 이 형상은 1의 형상과 마찬가지로 감각이 아니라 이성에 의해 파악된다. 다시 말해 그것에 대한 수학적 정의를 파악함으로써, 아니면 요즘 말하듯이 원의 방정식을 이해함으로써 파악된다.

---

3) 〔옮긴이주〕 양문흠 교수는 이 용어를 '나눠 가짐' 또는 '참여'로 옮겼다.

플라톤이 보기에 순수수학 — 여기에는 당시 산수의 일부와 유클리드 기하학이 포함된다 — 은 수학의 형상과 이들 사이의 관계를 기술한다. 응용수학은 경험적 대상과 이런 대상들 사이의 관계가 수학의 형상과 이들 사이의 관계에 근접하는(분유하는) 한, 경험적 대상과 이 대상들 사이의 관계를 기술한다. 근접의 역이 바로 이상화(*idealization*)라고 생각해서 어떤 경험적 대상과의 관계가 수학적 대상과의 관계에 근접한다는 주장을 곧 수학적 대상과의 관계가 경험적 대상과의 관계의 이상화라고 여길지 모르겠다. 하지만 플라톤은 그렇게 생각하지 않았다. 플라톤은 수학이 경험세계의 어떤 측면을 수학자들이 이상화한 것이라고 생각하지 않았고 실재의 일부를 기술한 것이라고 생각하였다.

2. 아리스토텔레스의 몇 가지 견해

아리스토텔레스의 수학철학은 플라톤의 수학철학을 비판하면서 발전하기도 했고 그것과 독립되어 발전하기도 했다. 아리스토텔레스는 참된 실재의 세계인 형상계와 이에 근접하는 것으로 이해되는 감각경험의 세계라는 플라톤의 구분을 받아들이지 않는다. 아리스토텔레스에 따르면, 가령 사과나 접시와 같은 경험적 대상의 형상이나 본질도 질료와 꼭 마찬가지로 그 대상의 일부를 이룬다. 우리가 사과나 둥근 접시를 본다고 말할 때, 우리는 그 사과가 경험적 단일성에서 불변하고 독립적으로 존재하는 1의 형상에 근접한다거나 경험적으로 둥근 접시가 원의 형상에 근접한다고 말하는 것이 아니며 그래서도 안 된다.

아리스토텔레스는 단일성, 원 그리고 다른 수학적 특성을 대상들로부터 추상화[문자 그대로 '사상'(捨象, *taking away*)] 할 수 있다는 것과 이런 특성이나 이런 특성의 사례인 단위나 원이 독립적으로 존재한다는 것을 명확히 구분한다. 아리스토텔레스는 추상화를 할 수 있다는 것이 추상화되기 전의 것이 독립적으로 존재함을 함축하는 것은 아니라는 점을 여러 차례 강조하였다. 수학의 주제는 수학적 추상화의 결과물이며, 아리스토텔레스는 그것을 '수학적 대상'이라 불렀다.

아리스토텔레스에 따르면, 그런 대상과 관련해 논란의 여지가 전혀 없는 두 가지 주장을 할 수 있다. ⓐ 그런 대상들 각각은 어떤 의미에서 추상화되기 전의 사물 안에 존재한다. ⓑ 그런 대상들은 여러 개가 존재한다. 다시 말해 산수의 단위나 2, 3의 사례가 여러 개 존재하며, 계산이나 기하학의 논증에서 필요한 만큼의 많은 원과 직선이 존재한다. 아리스토텔레스가 말하는 수학적 대상의 다른 특성들은 그렇게 분명하지 않은 것 같다. 예를 들어, 하나의 사과와 수학적 단위, 또는 둥근 접시와 수학의 원 사이의 관계에 관한 그의 견해가 무엇이었는지는 그다지 분명하지 않다. 아리스토텔레스의 원전은 크게 두 가지로 해석할 수 있다.

한 해석에 따르면, 경험상의 사과가 하나라는 것은 수학의 보편적 '단일성'의 사례라는 의미에서 하나이다. 그것은 사과가 보편적 '빨강'의 사례라는 의미에서 빨갛다는 것과 마찬가지이다. 이런 해석의 한 가지 변종은 경험상의 사과가 하나라는 것은 그것이 수학의 단위집합들의 한 원소라는 의미라고 말하는 것이다. 이는 사과가 빨간 사물들의 집합의 원소라는 뜻에서 빨갛다는 것과 마찬가지이다. 다른 해석에 따르면, 경험상의 사과가 하나인 이유는 그것이 수학의 단위에 근접하기 때문이며, 수학의 단위는 우리가 이런 사과나 다른 대상들로부터 **추상화한** 것이다. 둥근 접시와 기하학의 원 사이의 관계를 논의할 경우에도 이와 비슷한 설명을 할 수 있을 것이다.

나는 두 번째 해석을 받아들이고 싶다. 이를 받아들인다면, '사상한다'는 아리스토텔레스의 말은 단순한 추상화가 아니라 이상화하는 추상화나 이상화를 의미해야 한다. 이 경우 수학의 주제가 무엇인지에 관한 그의

설명은 처음 보았을 때보다 그의 스승인 플라톤의 입장에 훨씬 더 가까워
질 것이다. 우리는 플라톤은 수학이 형상에 관한 것, 다시 말해 수학자와
독립해 존재하는 이데아에 관한 것이라고 주장한 반면, 아리스토텔레스
는 수학이 수학자들이 이상화한 것에 관한 것이라고 주장했다고 보아야
한다.

　순수수학과 응용수학의 관계에 관한 아리스토텔레스의 견해도 이제
분명해진다. 응용수학의 진술은 순수수학의 진술에 근접한 것이 된다.
그려진 원에 관한 진술은 오차 안에서 수학의 원에 관한 진술로 여겨질
수 있다. 하지만 아리스토텔레스는 수학의 진술이 필연적인 이유는 그것
들이 영원하고 우리와 독립해서 존재하는 형상에 대한 기술이기 때문이
라는 플라톤의 이론을 받아들일 수는 없다.

　사실 아리스토텔레스로서는 참이거나 거짓인 이상화란 말도 할 수 없
다. 그로서는 다만 주어진 목적에 어느 정도 맞는 이상화를 이야기할 수
있을 뿐이다. 하지만 수학이론이 일련의 이상화라 하더라도 필연성을 설
명할 수 없는 것은 아니다. 수학이론의 여러 명제들 사이에 성립하는 논
리적 연관성에서 필연성을 찾을 수도 있다. 바꾸어 말해, 수학적 대상에
관한 개별적인 정언명제에서가 아니라 가언명제에서 필연성을 찾을 수도
있다. 가언명제란 어떤 명제가 참이면 다른 어떤 명제도 필연적으로 참
이라는 식의 명제이다. 그리스 수학의 최고 권위자 토머스 히스 경은 수
학에 관한 아리스토텔레스의 주장을 모두 모아 세밀한 분석을 한 사람인
데, 그는 아리스토텔레스에게 수학의 필연성은 논리적으로 필연적인 가
언명제들의 필연성이라는 사실을 확인했다. 이런 견해를 보여준다고 생
각되는 증거로 히스는 《자연학》(Physics)에 나오는 한 단락과 《형이상
학》(Metaphysics)에 나오는 한 단락을 들고 있다.[4] 아리스토텔레스의 통

---

4) *Physics*, Ⅱ, 9, 200^a, 15~19; *Metaphysics*, 1051^a, 24~26.

찰은 심지어 "비유클리드의 원리에 근거한 어떤 기하학의 가능성을 예견한 것"으로 여겨지기도 한다. 5)

아리스토텔레스는 수학에서 개별명제와 대비되는 전체이론의 구조에 대해서도 플라톤보다 많은 관심을 기울였다. 그는 다음 몇 가지를 명확히 구분하였다.

(1) 모든 과학에 공통되는 원리(또는 요즘 식으로 말한다면, 어떤 학문이든 학문을 형식화하고 연역적으로 전개할 때 전제되는 형식논리학의 원리).
(2) 정리를 증명할 때 수학자들이 전제하는 특수한 원리.
(3) 정의. 이것은 정의되는 것이 존재한다고 가정하지 않는다. 점을 어떤 부분도 갖지 않는 것으로 정의하는 유클리드의 정의가 그런 예이다.
(4) 존재가설. 이것은 정의되는 것이 우리의 생각이나 지각과 독립해 존재한다고 가정한다. 이런 의미에서의 존재가설은 순수수학에서는 필요하지 않은 것 같다. 6)

수학철학의 역사에서 아리스토텔레스의 의의는 단순히 그가 플라톤의 견해를 수정해서 형상은 실재하지만 감각가능한 대상은 실재하지 않는다고 주장할 필요가 없는 형이상학을 만든 데 있는 것이 아니다. 더구나 단순히 그가 수학이론의 구조에 대한 분석을 크게 강조한 데 그의 의의가 있는 것도 아니다. 이런 것보다 훨씬 더 중요한 것은 그가 수학에서 무한의 문제를 자세하게 정식화하였다는 점이다. 이에 대한 그의 분석은 지

---

5) *Mathematics in Aristotle*, Oxford, 1949, 100쪽.
6) 〔옮긴이주〕 이를 논의하는 국내문헌으로는 양문흠, "고대 그리스의 수학 및 철학적 전통과 유클릿 기하학", 〈서양고전학연구〉, 12(1998), 163~182쪽 참조.

금도 여전히 관심거리이다. 사실 그는 무한 개념을 실제무한과 잠재무한으로 분석하는 두 가지 주요 방식을 처음으로 인식한 사람이었다. 그리고 그는 잠재무한 개념을 명확히 지지했던 첫 번째 인물이었다.

아리스토텔레스는 무한 개념을 《자연학》의 관련 구절에서 논의한다.7) 가령 그는 자연수 수열 1, 2, 3 … 과 같은 수열의 마지막 원소에 또 하나의 단위를 덧붙일 수 있다는 가능성과, 몇 차례 이미 나누어 얻은 두 점 사이의 직선을 다시 언제든 나눌 수 있다는 가능성을 구분한다. 여기서 **무한히** 계속할 수 있다는 가능성이 바로 그 수열이 무한하다거나 (무한히 많은 부분으로 구성된) 그 선을 '무한히' 나눌 수 있다고 말할 때 의미하는 바이다. 이것이 잠재무한 개념이다. 하지만 우리는 **자연수 수열의 모든 원소와** — 이는 좀더 어려워 보이는데 — **더 이상 나눌 수 없는 직선의 모든 부분**이라는 개념을 어떤 의미에서 완전한 전체가 주어진 것으로 생각할 수도 있다. 이것은 실제무한이라는 훨씬 더 강한 개념이다.

실제무한 개념을 거부하는 아리스토텔레스의 논증을 제시하고 이를 분석하려면 역사와 그리스어의 언어적 용법을 자세히 살펴보아야 한다. 우리의 관심은 이 논증 배후에 있는 핵심 생각이다. 그것은 한 단계 한 단계 나아가는 방법, 즉 앞 단계가 주어졌을 경우 다음 단계로 나아가는 방법은, 실제로든 생각 속에서든, 마지막 단계가 있다는 것을 함축하지 않는다는 것이다.

아리스토텔레스는 수학자가 증명을 하는 데 필요한 것은 잠재무한뿐이기 때문에 실제무한 개념을 거부하더라도 수학자에게 아무런 문제가 되지 않는다고 생각한다. 이 점에서 아리스토텔레스가 옳은가 하는 문제는 여전히 논란거리이다. 이보다 좀더 급진적인 견해는 실제무한 개념은 수학에 불필요할 뿐만 아니라 불가피하게 역설을 불러오는 원천이라고

---

7) 3권.

보는 것인데, 이 견해가 옳은가도 역시 논란거리이다. 좀더 급진적인 이 견해는 그렇게 명료하게 표명되지 않는다. 아리스토텔레스는 물리세계에 적용될 수 없는 순수한 수학체계라면 실제무한집합도 일관되게 사용할 수 있다고 보았다고 말할 여지도 있다.

3. 라이프니츠의 수학철학

이전의 플라톤과 아리스토텔레스처럼, 라이프니츠가 수학철학을 전개한 이유도 그가 아주 넓은 의미에서 철학자였기 때문이었다. 그는 아주 아름답고 심오한 형이상학적 체계를 구축한 사람이었다. 그는 수학자였을 뿐만 아니라 이론물리학자였고, 그 밖에도 많은 것을 한 사람이었다. 게다가 그가 했던 지적 작업과 업적은 모두 체계적으로 서로 연관된다. 물론 그가 그 체계를 완전하게 제시한 적은 없다. 이 점에서 그는 아리스토텔레스보다는 플라톤을 더 닮았다. 아리스토텔레스와 라이프니츠가 크게 닮은 점은 이들의 경우 논리학 이론과 형이상학 이론이 서로 밀접하게 연관된다는 데 있다. 심지어 그것들이 서로 나란히 간다고 말할 수도 있다. 논리학에 대한 아리스토텔레스의 입장, 즉 모든 명제는 주어/술어 형태로 환원될 수 있다는 입장은 세계는 속성을 가진 실체들로 이루어져 있다고 하는 그의 형이상학적 입장과 나란히 간다. 이보다 좀더 급진적인 라이프니츠의 논리적 입장, 즉 모든 명제의 술어는 주어 안에 '포함되어' 있다는 것은 세계는 자족적 주체 — 다른 것과 상호작용하지 않는 실체나 모나드(monad, 단자) — 로 이루어져 있다는 유명한 형이상학적 입장과 나란히 간다. 라이프니츠에게 더 근본적인 것이 논리학인지 아니면 형이상학인지를 두고 라이프니츠 학자들이 논란을 벌인다는 점은 그의 사상이 통일되어 있음을 잘 보여준다. 양측의 입장에서 어떤 식의 이야기를 하든, 라이프니츠가 논리학과 형이상학 가운데 어느 하나를 다른 하나의 단순한 부속물로 여겼다는 견해는 설득력이 거의 없어 보인다.

대부분의 현대 수학철학과 달리, 라이프니츠의 수학철학에서는 모든 명제가 주어/술어 형태라고 하는 아리스토텔레스의 주장을 받아들인다. 그렇지만 그는 논리학과 수학을 서로 관련지었다는 점에서 현대의 흐름, 특히 현대의 논리주의 입장을 예견했다고 할 수 있다. 다음 두 가지 혁신을 통해 그는 당시 아주 별개였던 이 두 학문을 서로 관련지었다. 먼저, 그는 이성의 진리와 사실의 진리의 차이와 이들이 서로 배타적이며 둘을 합하면 모든 것을 포괄하게 된다는 것과 관련된 철학적 논제를 제시하였다. 또한, 그는 전통적으로 수학뿐만 아니라 그 이외의 분야에서도 이루어지는 연역추론에 도움을 주기 위해 기계적인 계산을 사용한다는 방법론적 착상을 처음으로 해냈다. 이는 논리학에 계산을 도입했다는 의미이다.

라이프니츠의 입장을 정확하고 간결하게 설명하는 최선의 방안은 《단자론》(*Monadology*)을 직접 인용하는 것이다. 이 책은 1714년, 라이프니츠가 죽기 두 해 전에 쓴 것이다. 거기서 그는 자신의 철학을 다음과 같이 요약했다.

> 두 가지 종류의 **진리**, 즉 **이성**의 진리와 **사실**의 진리가 있다. 이성의 진리는 필연적이고 그것의 반대가 불가능하다. 사실의 진리는 우연적이고 그것의 반대가 가능하다. 진리가 필연적일 경우, 분석을 통해 그 이유를 찾아낼 수 있다. 그 분석이란 기본적인 것에 다다를 때까지 단순한 관념과 진리들로 분해하는 것이다. … 8)

라이프니츠가 말했듯이, 이성의 진리는 '모순율'에 근거한다. 그는 모순율을 동일률과 배중률을 포괄하는 것으로 이해한다. 사소한 항진명제뿐

---

8) Latta's edition, Oxford, 1898, 236쪽.

만 아니라 수학의 공리와 공준, 정의 및 정리는 모두 이성의 진리이다. 다시 말해 그것들은 "**동일성 명제**[9]로, 그것들의 반대는 명백한 모순을 포함한다". [10]

이미 말했듯, 라이프니츠는 아리스토텔레스처럼 모든 명제는 최종적으로 분석했을 때 주어/술어 형태라고 주장했을 뿐만 아니라 또한 주어가 술어를 '포함한다'고 믿는다. 이는 주어/술어 형태로 된, 모든 이성의 진리에 대해 성립하며, 따라서 라이프니츠에 따를 때 모든 형태의 이성의 진리에 대해 성립한다. "내 만년필은 검은색이다"와 같은 사실의 진리의 경우, 어떤 의미에서 주어가 술어를 포함한다고 말할 수 있을지는 이보다 훨씬 더 불분명하다. 실제로 **사실의 진리**의 주어가 술어를 포함한다는 자신의 입장이 무슨 뜻인지를 설명하기 위해, 라이프니츠는 신과 무한이라는 개념을 도입해야만 했다. 우연명제에서 주어에 술어가 포함된다는 점을 드러내줄 환원은 신만 할 수 있다. 라이프니츠는 이를 다음과 같은 말로 설명한다. 마치 무리수의 비율에서 "환원은 무한한 과정을 포함하지만 공통의 척도가 있어서 일정하지만 끝이 없는 수열을 얻을 수 있듯이, 우연적 진리도 무한한 분석을 필요로 하며 신만이 그것을 할 수 있다."[11]

사실의 진리와 관련해 충족이유율 때문에 또 한 가지 어려움이 발생한

---

9) 〔옮긴이주〕 원문은 'identical proposition'이다. 쾨르너는 이 표현을 라이프니츠의 《단자론》에서 인용했다. G. W. Leibniz's Monadology, ed. N. Rescher (Routledge, 1991), 35절, 126쪽 참조. 이를 문자 그대로 옮긴다면 '동일한 명제'지만, 라이프니츠의 의도를 살리기 위해 '동일성 명제'라 옮겼다. 하지만 라이프니츠가 말하는 동일성(identity)은 현대 논리학에서 등호('=')로 표현되는 것보다 훨씬 넓다. 라이프니츠가 동일성 명제를 어떻게 이해했는지를 보려면 G. W. Leibniz, New Essays on Human Understanding, trans. and ed. by P. Remnant and J. Bennett(Cambridge Univ. Press, 1996), 4권, 2장, 1절을 참조.

10) 앞의 책, 237쪽.

11) De Scientia Universali seu Calculo Philosophico, Latta, 62쪽.

다. 충족이유율은 "충분한 이유 없이는 **어떤 것도 일어나지 않는다**는 것을 말하는 원리이다. 다시 말해, 그것은 사정을 충분히 아는 사람이 왜 그것이 그럴 수밖에 없는가 하는 충분한 이유를 제시할 수 없는 것은 아무것도 없다는 것을 말한다." [12] 라이프니츠에게 이것은 최선을 다해 충분한 이유를 찾아보라는 일반적인 명령일 뿐만 아니라, 어떤 점에서 모순율과 같은 추론과 분석의 원리이기도 하다. 하지만 이것이 어떤 식으로 적용되는지는 그렇게 분명하지 않다. 다는 아닐지라도 많은 경우, 이것이 성공적으로 적용될 수 있을 만큼 사정을 충분히 아는 것은 신뿐이다.

　사실의 진리, 즉 우연명제에 대한 라이프니츠의 설명은 그의 수학철학과는 관계가 없다고 생각할지 모르겠다. 하지만 수학철학은 순수수학뿐만 아니라 응용수학에도 관심이 있다. 응용수학에 대한 설명에서 수학철학은 수학의 명제와 경험적 명제 사이의 관계를 밝혀주어야 한다. 그런 설명은 그들의 관계에 대한 잘못된 견해나 불분명한 견해 또는 심지어 그에 대해 아무런 견해도 없다는 점 때문에 영향을 받을 수도 있다. 이 말은 라이프니츠에게 적용될 뿐만 아니라 현대에서 그를 계승하는 몇몇 사람들에게도 적용된다.

　순수수학의 주제가 무엇인가에 대한 라이프니츠의 생각은 플라톤이나 아리스토텔레스의 생각과는 아주 다르다. 라이프니츠는 수학의 명제가 논리적 명제와 같다고 본다. 그것들은 모두 특정한 영원한 대상이나 추상화를 통해서 생기는 이상화된 대상, 또는 어떠한 종류의 대상에 관한 참이 아니라는 의미에서 그렇다. 수학의 명제들이 참인 이유는 그것들에 대한 부정이 논리적으로 불가능하기 때문이다. 겉보기에는 그렇지 않지만, 수학의 명제는 특정 대상이나 대상들의 집합에 '관한' 명제가 아니다. 이는 "만약 어떤 것이든 다 펜이라면, 이것도 펜이다"라는 명제가 내가 가진

---

12) *Principles of Nature and of Grace, founded on Reason*, Latta, 414쪽.

특정한 펜이나 펜들의 집합 또는 물리적 대상이나 다른 대상들의 집합에 관한 것이 아닌 것과 마찬가지이다. 그러한 명제는 모든 가능한 대상, 모든 가능한 사태에 대해 필연적으로 참이라고 할 수 있다. 라이프니츠의 표현을 사용한다면, 그것은 **모든 가능세계**에서 참이라고 할 수 있다. 이런 정식화는 수학의 명제는 참이고 필연적이며, 그 이유는 이들의 부정이 논리적으로 불가능하기 때문이라는 논제를 함축한다고 간주된다.

이런 견해를 우리가 어떻게 생각하든지 간에, 어떤 명제의 부정이 논리적으로 불가능하다거나 자기모순이라는 것이 무슨 뜻인지는 분명하며 적어도 그것은 명제 개념만큼이나 분명하다고 할 수 있다. 이제 "1 + 1 = 2"와 "사과 하나와 사과 하나를 더하면 사과 두 개가 된다" 사이의 관계, 일반적으로 말해 순수수학의 명제와 이에 대응하는 응용수학의 명제 사이의 관계를 라이프니츠가 어떻게 설명하는지를 보기로 하자. 물론 우리는 이 문제를 완전히 피해갈 수도 있다. 그것은 앞에 나온 두 명제 가운데 후자는 어떤 의미에서 전자와 논리적으로 동치이고, 둘 다 사과나 사과를 더한다고 하는 물리적 연산에 관한 것이 아니며, 사실 물리적 우주에 관한 것이 아니라고 주장하는 것이다.

나는 이 문제를 피해가려는 것은 아니며, 두 번째 명제를 응용수학의 명제나 아주 간단한 물리학의 명제로 이해하고자 한다. 왜냐하면 우리가 적어도 수리물리학이나 응용수학은 모두 선험적이고 그것들은 순수수학이 담는 정보 이상의 것을 전혀 담고 있지 않다고 주장하지 않는 이상, 그런 결정은 뉴턴 물리학의 법칙이나 상대성이론이나 양자이론 등의 법칙을 고려할 때 필요한 것이기 때문이다. 바꾸어 말해, 우리와 같이 결정하게 되면, 철학적으로 아주 어려운 문제에서 철학적이지 않은 어려운 문제를 배제할 수 있다는 이점이 있다.

라이프니츠의 수학철학이 [이 문제를 푸는 데] 크게 도움이 되는 것은 아니다. 그것에 따를 때, (순수수학의 진술로서의) "1 + 1 = 2"는 모순율에 기초해 참이며, 따라서 모든 가능세계에서 참이다. 반면 (물리학의 진술로서의) "사과 하나와 사과 하나를 더하면 사과 두 개가 된다"는, 충족이유율에 따를 때, 신이 이 세계를 창조할 만한 충분한 이유가 있었다면, 다시 말해 이것이 모든 가능세계 가운데 최선의 세계라면, 신이 창조할 수밖에 없었을 이 세계에서 참이다. 순수수학과 응용수학의 관계는 목적론적 용어로 표현해 '마지막까지 분석'을 해보지 않더라도 아주 밀접하다. 순수수학에 대한 라이프니츠의 견해를 큰 틀에서 받아들이는 사람이라 할지라도 경험명제에 대한 라이프니츠의 설명과 이로부터 비롯되는 순수수학과 응용수학 사이의 관계에 대한 그의 설명은 받아들이지 않는다.

라이프니츠의 철학을 받아들이는 사람의 입장에서 볼 때, 논리학과 수학의 명제에 대한 라이프니츠의 분석을 통해 이 두 주제가 밀접하게 연관되었다면, 연역적 관계에 관심을 두는 모든 분야에 계산을 도입하기로 한 라이프니츠의 방법론적 착상은 ― 특정한 철학적 관점을 떠나서라도 ― 논리학과 수학의 관계를 다시 한 번 밀접하게 만들었다고 할 수 있다. 우리가 이미 보았듯이, 플라톤이 보기에 여러 종류의 그림을 그리는 것이나 표현상의 장치를 이용하는 것 등은 도움을 주기 위한 것일 뿐이다. 이런 것들은 없어도 된다. 반면 라이프니츠는 아주 복잡한 연역의 경우 그에 맞는 적절한 기호법이 없다면 그것은 실질적으로 불가능하다는 점을 분명하게 깨닫고 있었다. 그는 특히 '무한소'(infinitesimal)의 수학이 가능하다는 연구를 통해 진술과 증명을 표현하는 기호법을 발견하는 것과 이것들의 논리적 구조를 파악하는 일이 사고에서는 분리될 수 있지만 실제로는 분리되기 어렵다는 점을 알고 있었다.

복잡한 연역을 적절한 기호로 구체적으로 나타내는 일은 라이프니츠의 표현대로 정신을 안내하는 '아리아드네의 실'[13] 이다. 라이프니츠의

---

13) 〔옮긴이주〕 '아리아드네의 실'(thread of Ariadne). 그리스 신화에서 유래하는 말로, 여기서는 어려운 문제를 푸는 실마리라는 의미이다.

프로그램은 먼저 "문자나 기호를 만들어 배열함으로써 이것들이 사고를 나타내도록 하는 방법, 다시 말해 문자나 기호가 사고에 대응해 서로 연관되도록" 하는 방법을 고안하는 일이었다. [14] 이 생각은 비트겐슈타인의 《논리철학논고》(*Tractatus Logico-Philosophicus*)의 중심 원리 가운데 하나를 정확히 예견한 것이다. 라이프니츠의 프로그램은 라이프니츠의 생각에 따를 때 여러 가지 형태를 띠는데, 그것 가운데 하나는 논리학의 산수화를 함축하며, 우리가 이후 장에서 잠깐 살펴볼 괴델의 유명한 방법을 떠올리게 하기도 한다. [15]

사고의 관계를 그에 대응하는 기호들의 관계로 나타내는 보편기호(*characteristica universalis*)를 갖게 되면, 우리는 기호로 하는 추론이나 계산을 할 수 있는 방법이 필요하다. 우리는 다음과 같은 제목이 약속하는 것 ─ 그렇지만 곧바로 이것이 나온 것은 아니다 ─ 을 필요로 한다. 《연역 계산법, 또는 쉽고 오류 없이 연역하는 기술. 지금까지 알려지지 않은 것》(*Calculus Ratiocinator, seu artificium facile et infallibiter ratiocinandi. Res hactenus ignorata*). [16] [17] 연역추론의 기호화에 관해 라이프니츠가 말한 것들은 가능한 일이 무엇인지를 분명히 파악한 것에서부터 아주 모호한 암시에 지나지 않는 것까지 아주 다양한 예지적 통찰로 가득 차 있다. 새로운 것은 결코 없다고 생각하는 철학사가라면 라이프니츠의 유고집을 읽고 이 점을 스스로 확신할 것이다. 하지만 우리가 하는 작업과 같이 수학철학을 비판적으로 소개하는 경우라면 우리는 초보단계의 착상보다는 가급적 완전히 발전된 견해를 다룰 수밖에 없다.

---

14) Becker, *Die Grundlagen der Mathematik*, Freiburg, 1954, 359쪽에서 인용.
15) *Elementa Characteristicae universalis*, Couturat's edition of Leibniz, Paris, 1930, 42쪽 이하 참조.
16) Couturat, 앞의 책, 239쪽.
17) 〔옮긴이주〕라틴어 번역은 박우석 선생님의 도움을 받았다.

4. 칸트: 그의 견해 몇 가지

칸트의 철학체계는 라이프니츠가 대표하는 합리주의 철학과 흄이 대표하는 경험주의 철학의 영향을 받았으며, 이 둘을 의식적으로 비판하는 과정에서 나왔다. 흄과 라이프니츠는 명제를 서로 배타적인 두 가지, 즉 분석명제와 사실적 명제로 나누고, 수학의 명제를 분석명제로 간주하였다.[18] 하지만 흄과 라이프니츠는 사실적 명제를 두고서는 견해가 달랐다. 크게 보아 흄은 순수수학의 명제에 관해서는 거의 언급한 게 없으며, 그가 말한 것은 그다지 중요하지도 않다. 그러므로 칸트의 수학철학은 논쟁적인 측면에서 본다면 주로 라이프니츠의 견해를 비판했다고 볼 수 있다.

문제의 핵심으로 바로 들어가기 위해, 그리고 칸트 철학체계의 다른 요소와 어떻게 연관되는지를 보기 위해 라이프니츠와 흄이 받아들인 명제의 이분법을 칸트가 삼분법으로 대체하는 것부터 살펴보기로 하자. 첫 번째 부류인 분석명제(즉, 부정하면 자기모순에 빠지는 명제)는 흄이나 라이프니츠가 말한 분석명제와 일치한다. 분석명제가 아닌 것, 즉 종합명제를 칸트는 두 가지로 나눈다. 경험적 또는 후험적 명제가 그 가운데 하나이고 비경험적 또는 선험적 명제가 다른 하나이다.

후험적 종합명제는 참일 경우 감각지각을 기술하거나("내 펜은 검은 색이다") 그런 명제를 논리적으로 함축한다("까마귀는 모두 검은 색이다")는 점에서 감각지각에 의존한다. 반면 선험적 종합명제는 감각지각에 의존하지 않는다. 선험적 종합명제는 필연적이다. 물리세계에 관한 명제, 특히 물리과학에 나오는 명제가 **모두** 참일 경우, 그것도 참일 수밖에 없다는 점에서 그렇다. 바꾸어 말해, 선험적 종합명제는 객관적 경험이 가능

---

18) Hume, *Treatise*, 1권, 3장, 14절 참조.

하기 위한 필요조건이다.

여기는 선험적 종합명제가 있다는 칸트의 논증을 비판적으로 논의할 자리가 아니다. 또한 여기서 우리가 그런 모든 명제들의 목록을 완벽하게 체계적으로 나열하는 데 필요한 전제들을 제시했다고 하는 칸트의 주장, 즉 수학이나 자연과학이 변하더라도 변하지 않을 그런 목록의 전제들을 제시했다고 하는 칸트의 주장을 논의할 수도 없다. 칸트는 선험적 종합명제를 두 가지 부류, 즉 '직관적인' 것과 '논변적인'[19] 것으로 나눈다. 직관적인 것은 일차적으로 지각이나 지각판단의 구조와 관련된 것이고, 논변적인 것은 일반 개념의 순서 기능과 관련된 것이다. 논변적인 선험적 종합명제의 예는 인과율이다. 순수수학의 명제는 모두 선험적 종합명제 가운데 직관적인 부류에 속한다. 이제 이것들을 살펴보기로 하자.

만약 우리가 "내 펜은 검은색이다"나 "내 펜은 두 개의 연필 사이에 있다"와 같은 물리세계에 관한 지각판단을 생각해본다면, 이런 판단의 참/거짓은 형식논리학의 정의나 규칙에 의존할 뿐만 아니라 이 명제들이 기술하는 지각상황과의 대응여부에도 의존한다고 말하는 것이 설득력이 있어 보인다. '펜'과 '검은색'이라는 개념을 분석해도 이들 사이의 관계를 알 수는 없다. 그 관계는 경험에 근거한다. 또한 칸트와 같이 외부대상에 대한 지각의 경우 또는 외부대상에 관한 명제의 경우, 두 가지 서로 구분되는 측면이 있다는 점을 인정할 수 있을 것 같다. 그것은 경험적 질료와 시간 및 공간으로, 경험적 질료는 시간과 공간 안에 위치하며, 시간과 공간은 그 안에 경험적 질료를 담고 있는 것이다. 지각적인 공간과 시간의 구조는 경험적 질료가 바뀌더라도 영향을 받지 않는다고 가정하고, 또한

---

19) 〔옮긴이주〕 'discursive'. 칸트의 용어로 '추론적' 또는 '논변적'이라 옮길 수 있다. 여기서는 백종현의 용어를 따라 '논변적'이라 옮긴다. 이 용어에 관한 해설로는 칸트 지음, 백종현 옮김, 《순수이성비판 2》(아카넷, 2006), 1006~1007쪽 참조.

시간 안에 위치하지 않은 지각은 없고 시간과 공간 안에 위치하지 않은 외부지각은 없다고 가정한다면, 우리는 시간과 공간은 모든 지각의 형식이라고 할 수 있으며, 형식에 속하지 않는 것은 모두 지각의 질료라고 간주할 수 있다.

시간과 공간 안에 있다는 것은 지각이 가능하기 위한, 아니면 적어도 칸트가 강조하고자 했듯이, 인간의 지각이 가능하기 위한 필요조건이다. 시간과 공간이 특수자(particulars)인지, 아니면 일반 개념인지, 특히나 관계인지 하는 물음 — 가령 이것들이 물리적 대상과 비슷한 것인지, 아니면 물리적 대상의 속성과 비슷한 것인지, 또는 물리적 대상들 사이의 관계와 비슷한 것인지 하는 물음 — 에 대해 칸트는 첫 번째라고 대답한다. 그가 내세운 핵심 이유는 특수자를 나눌 수 있다고 하는 것과 일반 개념을 나눌 수 있다고 하는 것은 아주 다르다는 데 있다. 특수자, 가령 사과를 나눈다는 것은 그것을 조각들로 자른다는 말이다. 일반 개념을 나눈다는 말은 그것을 하위 개념들로 나눈다는 말이다. 칸트는 시간과 공간을 나눌 수 있다는 말은 '색이 있는'이라는 속성을 여러 가지 다른 색들로 나누는 것과 같은 것이 아니라, 도리어 사과를 조각으로 나눌 수 있는 것과 같은 것이라고 주장한다. 공간은 상자(box)와 **아주 비슷하고**, 시간은 개울(stream)과 **아주 비슷하다.**

그렇지만 공간-상자와 시간-개울은 아주 특수한 형태의 특수자들이다. 그것들은 이른바 불변의 용기(container)로 그 **안에** 지각의 질료가 들어있는 것이다. 그것들은 변화하는 경험적 지각의 질료의 일부가 아니다. 불변하는 특수자라는 점에서 시간과 공간은 플라톤의 형상을 연상시킨다. 하지만 유사성은 별로 크지 않다. 칸트는 그것들이 절대적으로('초월적으로', transcendentally) 실재적인 것은 아니라고 주장한다. 그것들은 지각과 일반적 사고를 할 수 있는 존재가 객관적 경험을 하기 위한 조건이라는 점에서 실재적일 뿐이다.

이제 우리는 직관적 유형의 선험적 종합판단이 어떻게 가능한지를 알 수 있다. ⓐ 시간과 공간을 기술할 때 우리는 특수자를 기술하는데, 이는 우리가 종합판단을 내린다는 의미이며, 반면 ⓑ 시간과 공간을 기술할 때 우리는 감각인상을 기술하는 것이 아니라 그것에 대한 영원하고 불변하는 주형(matrix)을 기술하는데, 이는 우리의 기술이 감각인상과는 독립됨을, 즉 그것들이 선험적임을 의미하기 때문이다.

칸트는 순수수학을 정의의 문제이자 수학에 속하는 상정된 실재들의 문제라는 견해를 받아들이지 않는다.[20] 그에게 순수수학은 분석적이지 않다. 그것은 선험적이고 종합적이다. 왜냐하면 순수수학은 시간과 공간에 관한 것이기(즉, 그것을 기술하기) 때문이다. 하지만 수학에 대한 그의 설명이 여기서 그쳤다면, 그것은 당시 알려진 것과 같은 수학의 풍부성과 다양성을 설명할 수 없었을 것이다. 공간, 물론 지각적 공간에 대해 기술한다면, 그것이 삼차원이라고 주장하는 것 이상으로 나아갈 수는 없을 것이다. 시간에 대한 기술은 그것이 일차원적이며 방향이 있다고 주장하는 것 이상으로 나아갈 수는 없을 것이다. 사실 후대 사상가들에게 칸트가 영향을 주게 된 이유는 (대부분) 수학의 명제가 시간과 공간에 대한 기술이라는 견해를 좀더 발전시켰기 때문이다. 칸트가 이를 어떻게 더 발전시켰는지를 대략 살펴본다면, 칸트는 수동적인 관조(contemplation)만으로 시간과 공간의 구조를 완전히 기술할 수 있다고 보지 않는다. 그것은 구성활동을 전제한다. '개념을 구성한다'는 것은 정의를 제시하고 기록하는 것을 넘어선다. 그것은 그것에 선험적 대상을 제공하는 것이다. 칸트가 이를 통해 의미하는 것이 무엇인지를 이해하기란 어렵기는 하지만 불분명하다거나 혼동을 포함하는 것은 결코 아니다. 개념을

---

20) 〔옮긴이주〕 이후 논의와 관련된 국내문헌으로는 다음을 참조. 이종권, "칸트의 직관 개념과 수학적 직관주의", 〈칸트연구〉, 15(2005), 191~222쪽 및 이종권, "칸트에서의 직관과 구성", 〈철학탐구〉, 17(2005), 285~323쪽.

구성한다는 것이 무엇을 말하고, 그것이 무엇을 함축하는지는 아주 분명하다. 그것은 개념에 맞는 대상을 **상정한다**(*postulate*)는 의미가 아니다.

예를 들어 아주 자기일관적이기는 하지만 15차원의 구(球)라는 개념은 구성될 수 없다. 물론 적어도 15차원의 '공간'에서 어떤 '점'도 공통으로 갖지 않는 그런 구가 적어도 두 개 '존재한다'는 진술을 할 수 있다면, 그런 대상을 **상정**할 수는 있다. 하지만 우리는 3차원 공간에서는 3차원 구, 또는 원(2차원 구)을 단순히 상정하는 것이 아니라 구성할 수 있다. 그것을 구성할 수 있는 이유는 단순히 '3차원 구'라는 개념이 자기일관적이어서가 아니라 지각 공간이 실제로 그렇기 때문이다. 물리적 3차원 공간을 선험적으로 구성한다는 것과 나무나 금속으로 된 구를 물리적으로 구성한다는 것을 혼동하면 안 된다. 하지만 물리적 구성의 가능성은 선험적 구성의 가능성에 기초한다. 즉, 금속으로 된 구의 가능성은 공간에서의 구의 가능성에 기초한다. 이는 15차원의 구가 물리적으로 불가능한 이유는 그에 해당하는 선험적 구성이 불가능하기 때문인 것과 마찬가지이다.

《순수이성비판》(*Critique of Pure Reason*) 재판 서문과21) 다른 곳에서 수학적 개념에 대한 사고 ─ 여기에는 내적 일관성만 있으면 된다 ─ 와 이것의 구성 ─ 이를 위해서는 지각 공간이 일정한 구조를 지녀야 한다 ─ 을 칸트가 구분했다는 점은 그의 철학을 이해하는 데 아주 중요하다. 칸트는 통상적인 유클리드 기하학 이외의 기하학도 자기일관적이라는 점을 부정하지 **않는다**. 이 점에서 그런 기하학이 실제로 발전한다고 해서 칸트가 논박되는 것은 아니다.

특수 상대성이론에서 4차원의 '유클리드' 기하학을 사용한다거나 일반 상대성이론에서 비유클리드 기하학을 사용한다는 사실은 **지각적 공간이** 유클리드적이라고 주장한 칸트가 잘못이었음을 보여준다고 말하는 경우

---

21) Ak. ed., 3권, 9쪽.

가 간혹 있다. 이것은 〔판단하기가〕 좀더 어려운 문제이다. 나는 지각적 공간이 3차원의 유클리드 기하학에 의해 기술된다고 가정한 점은 실제로 칸트의 잘못이라고 주장할 것이다. 그리고 지각적 공간은 유클리드 기하학에 의해서도 기술되지 않으며, 비유클리드 기하학에 의해서도 기술되지 않는다고 주장할 것이다. 하지만 이에 대한 논증은 다른 문제들을 논의한 뒤로 미루어두기로 하겠다.

순수산수의 명제에 대한 칸트의 설명은 순수기하학에 대한 그의 설명과 비슷하다. 3 단위에 2 단위를 더하면 5 단위가 된다는 명제는 시간과 공간 안에서 구성된 어떤 것, 즉 단위들의 연속과 모임을 종합적이고 선험적으로 기술한다.[22] 여기서도 다른 산수가 논리적으로 가능하다는 것을 부정하는 것은 아니라는 점을 주목해야 한다. 다만 그는 그런 체계들은 지각적인 시간과 공간의 체계는 아닐 것이라고 주장하는 것이다.

이제 우리는 순수수학과 응용수학의 본성에 관한 애초의 물음에 칸트가 어떻게 대답할지 대략 알 수 있다. 순수산수와 순수기하학의 명제는 필연적 명제이다. 그렇지만 그것들은 선험적 종합명제이지 분석명제가 아니다. 그것들이 종합명제인 이유는 그것들이 시간과 공간 안에서 구성될 수 있는 것이 무엇인지에 의해 드러나는 시간과 공간의 구조에 관한 것이기 때문이다. 그것들이 선험적 명제인 이유는 시간과 공간이 물리적 대상을 지각하는 데 필요한 불변의 조건이기 때문이다. 응용수학의 명제들은 그것들이 지각의 경험적 질료에 관한 것이라면 후험적이며, 그것들이 시간과 공간에 관한 것이라면 선험적이다. 순수수학의 주제는 경험적 질료가 전혀 없는 시간과 공간의 구조이다. 반면 응용수학의 주제는 경험적 질료가 들어있는 시간과 공간의 구조이다.

수학적 개념 — 이것들은 내적 일관성이 있다고 인정되거나 그렇다고

---

22) *Prolegomena*, §10, Ak. ed., 4권 참조.

가정되며, 적어도 그것이 의심의 대상이 되지는 않는다 — 의 사례를 제공하는 것으로서의 칸트의 구성 개념은 이후의 수학철학에도 여러 가지 형태로 이어진다. 무한에 대한 그의 분석도 비슷한 영향력을 지닌다. 그것은 여러 가지 점에서 아리스토텔레스의 주장을 연상시킨다. 다만 칸트는 실제무한과 잠재무한을 좀더 분명하게 구분하였다는 점이 다르다.

수학적 계열이나 수열에서 이전 단계로부터 다음 단계로 어떻게 나아가는지를 말해주는 것은 규칙이다. 칸트는 그런 규칙이 주어지면, 그런 단계들의 전체(*totality*)도 어떤 의미에서 이미 주어진 것이라는 가정을 받아들이지 않는다. 이 문제는 마지막 단계가 없는 경우나 첫 번째 단계가 없는 경우에 특히 중요하다. 예를 들어 자연수 수열을 생각해보자. 이 수열의 첫 번째 원소는 0이며, 다른 원소들은 전자에다 1을 더해서 얻어지고, 그 밖의 다른 원소는 이 수열에 없다고 전제된다. 이 규칙에 따라 점점 더 커지는 이 수열은 완성된 수열과는 아주 다르다. 이 수열의 원소를 추가로 만드는 과정이 무한히 계속될 수 있다는 말은 그것이 완성될 수 있다거나 완성된 수열이 이런 의미에서 주어진 것으로 간주될 수 있다는 것을 함축하지 않는다.

잠재무한 또는 '생성'으로서의 무한과 실제무한 또는 완전한 무한에 대한 칸트의 구분은 아리스토텔레스의 구분과 아주 비슷하다. 하지만 실제무한 개념에 대한 칸트의 설명은 아리스토텔레스의 설명과는 크게 다르다. 아리스토텔레스에 따르면, 감각경험 안에서는 실제무한의 사례가 없을 뿐만 아니라 그런 것이 있다는 것은 논리적으로도 불가능하다. 사실 아리스토텔레스는 (이후의 아퀴나스처럼) 제 1원인이 존재하지 않는다면 **실제로** 무한한 계열이 있어야 하는데, 이는 논리적으로 불합리하다고 주장함으로써 제 1원인의 존재를 입증하고자 하였다.

칸트는 실제무한 개념이 논리적으로 불가능하다고 보지는 **않는다.** 그것은 그가 이성의 이념(*idea of reason*)이라 부른 것이다. 다시 말해 그것은 내적으로 일관된 개념이다. 하지만 그것은 감각경험에는 적용될 수 없다. 왜냐하면 그것의 사례는 지각될 수도 없고 구성될 수도 없기 때문이다. 칸트의 견해는 다음과 같다. 우선 우리는 수 2를 구성할 수 있고 2개의 사물을 지각할 수 있다. 그리고 우리는 수 $10^{10^{10^{10}}}$ 을 구성할 수 있지만 그렇게 많은 대상들의 모임을 지각할 수는 없다. 끝으로 우리는 실제무한한 모임을 지각할 수도 없으며 그것을 구성할 수도 없다.

칸트는 구성될 수는 없지만 '필요한' 실제무한과 구성될 수 있는 (또는 구성된다는 점에서 존재하는) 잠재무한이 대조된다는 점을 자주 강조했다. 수학적인, 그래서 구성적인 양을 측정할 때는 "상상력이 한 번에 파악할 수 있는 양의 단위를 무엇으로 잡든지 간에, 가령 1피트로 잡든 또는 1루테나 1마일 또는 심지어 지구의 반경으로 잡든, 지성은 똑같이 사용되고 만족된다. … 어느 경우든 양에 대한 논리적 측정은 방해받지 않고 무한히 진행된다". 하지만 칸트는 이어서 말한다. "마음은 이제 이성의 소리에 귀를 기울인다. 이 이성의 소리는 모든 주어진 양에 대해 전체를 요구하며 … 무한도 이러한 요건에서 예외가 될 수 없으며, 오히려 이 무한도 완전히 주어진 것 (즉, 전체가 주어진 것) 으로 간주될 수밖에 없다."[23]

구성적 잠재무한 개념으로부터 비구성적 실제무한 개념으로 이렇게 옮겨가는 것이 칸트가 보기에 형이상학에서 혼동이 발생하는 주된 원인이다. 그것이 **수학에** 필요한 것인지, 수학에 바람직한 것인지, 수학에 들어오면 안 되는 것인지, 아니면 들어와도 상관이 없는 것인지 하는 문제를 두고 현대의 수학철학 학파들이 나뉜다고 할 수 있다.

---

23) *Critique of Judgement*, §26, Meredith's translation.
〔옮긴이주〕이 책은 우리말로 번역되어 있다. 이석윤 옮김, 《판단력비판》(박영사, 1974), 120쪽; 김상현 옮김, 《판단력비판》(책세상, 2005), 96~97쪽; 백종현 옮김, 《판단력비판》(아카넷, 2009), 261~262쪽. 여기서 나는 김상현의 번역을 많이 참조하였다.

제2장

논리학으로서의 수학: 설명

계산이 모든 연역추론에서 실제로 빠질 수 없는 도구임을 옹호했다는 점에서 라이프니츠는 하나의 방법론적 원리를 표현한 셈인데, 어떤 철학 학파에 속하든 현대의 논리학자들은 모두 이 원리를 채택한다. 하지만 논리적 진리와 수학적 진리는 모두 모순율에 근거하며 유한번의 단계를 거쳐 '동일성 명제'로 환원될 수 있다는 라이프니츠의 또 다른 원리를 옹호하는 사람은 거의 없다. 사실 후자의 이 입장은 지금 이대로라면 하나의 신조에 불과하다고 할 수 있다. 이것이 실천가능한 프로그램이 되려면 분명하게 해야 할 것들이 있으며, 그 가능성을 실제로 실현하려면 수많은 노력이 필요하다.

우리가 그 입장을 완전하게 이해하려면, 어떤 의미에서 이성의 진리가 모순율에 근거하는지, 또는 이성의 진리가 모순율에 근거함을 보여줄 '환원'이 어떤 형태의 것일지를 분명히 해야 한다. 라이프니츠는 이성의 진리는 모두 "S는 S나 Q에 포함된다"라는 형태의 주어/술어 명제에 해당한다고 여긴 것 같다. 한편, 환원의 본성에 관해서 그는 환원을 주어가 술어에 포함된다는 사실이 "S는 S나 Q에 포함된다"처럼 자명한 형태가 될 때까지 그 명제의 명사(term)를 진릿값의 변화 없이(salva veritate) 직접적으로 대입해나가는 과정이라고 가정한 것 같다.

동일성 명제라는 라이프니츠의 개념은 논리학과 수학 전체를 포괄하기에는 분명히 너무 좁아 보인다. 이와 비슷한 칸트의 분석명제라는 개념도 그렇다고 할 수 있다. 사실 우리는 모순율 자체가 라이프니츠의 의미에서 동일성 명제인지를 의심해볼 수 있다. 좀더 심각한 문제는 라이프니츠가 이성의 진리로 여긴 이중부정의 원리(the principle of double negation)가 동일성 명제인지에 대해서도 의문을 제기할 수 있다는 점이다. 왜냐하면, 우리가 6장에서 보게 되듯이 일부 논리학자들은 이 원리(즉, 'p'는 'p가 아닌 것이 아니다'를 함축하고 또한 그것에 의해 함축된다는 원리)의 논리적 타당성을 부인하기 때문이다. 1)

이러한 예들, 특히 두 번째 예는 동일성 명제라는 개념뿐만 아니라 여기 나오는 환원 — 즉 동일성 명제임이 분명하지 않은 것으로부터 동일성 명제임이 분명한 것으로의 환원 — 이라는 개념도 명확하지 않다는 점을 드러낸다. 만약 환원의 본성에 관해 의문의 여지가 전혀 없다면, 가령 이중부정을 동일성으로 환원해 이 원리를 둘러싼 논란을 종식시킬 수 있을 것이다. 하지만 라이프니츠의 틀 안에서 어떻게 그 작업을 시작해야 할지 모르겠다. 동일성 명제와 환원이라는 라이프니츠의 두 개념은 명료화될 필요가 있다. 사실 한편으로는 라이프니츠가 이 두 개념을 통해 무엇을 의미하고자 했는지를 탐구해보고, 다른 한편으로는 이 개념들이 논리학과 수학이 하나임을 입증해줄 다른 비슷한 개념으로 대체될 수 있을지를 탐구해야 한다.

---

1) 〔옮긴이주〕 이 책 본문 199쪽에서도 설명하듯이, 가령 직관주의자들은 $p \rightarrow \neg\neg p$는 정리로 받아들이지만, $\neg\neg p \rightarrow p$는 받아들이지 않는다.

1. 프로그램

프레게, 러셀 및 이들의 후예가 택한 길은 바로 대체(*replacement*)였다. 그 결과 라이프니츠에게는 하나의 신조에 불과했던 것이 이들의 손에 의해 실천가능한 프로그램이 되었다. 특히 프레게는 동일성 명제 ─ 주어가 술어에 포함된다는 점이 분명하거나 혹은 유한번의 단계를 거쳐 그 점이 분명하게 될 수 있는 명제 ─ 라는 라이프니츠의 개념을 자기 나름의 **분석명제**라는 개념으로 대체하였다. 어떤 명제가 오로지 논리학의 일반법칙과 그에 따라 형성된 정의로부터 따라 나온다는 점이 밝혀질 수 있다면, 그 명제는 **분석명제**이다.[2] 마찬가지로 프레게는 라이프니츠가 말하는 동일성 명제로의 환원을 분석명제가 분석적임을 보이는 **증명**의 절차로 대체하였다. 이를 위해 프레게는 전제로 쓰일 수 있는 모든 근본적인 논리법칙뿐만 아니라 사용할 수 있는 모든 추론방법들을 가능한 한 명료하게 나열하였다.[3]

산수가 분석적 성격을 지닌다고 하는 프레게의 설명은 그가 나열하고

---

[2] *Die Grundlagen der Arithmetik*, Breslau, 1884, 4절 참조. J. L. Austin의 영어 번역, Oxford, 1950 참조.
〔옮긴이주〕 오스틴의 영어 번역은 다음 책을 말한다. *The Foundations of Arithmetic*(Blackwell). 프레게의 이 책은 우리말로도 번역되었다. 박준용·최원배 옮김, 《산수의 기초》(아카넷, 2003) 참조. 쾨르너가 여기서 내세운 전거인 '4절'은 '3절'로 고쳐야 옳다. 프레게가 《산수의 기초》에서 분석/종합명제의 구분과 선험적/후험적 명제의 구분을 제시하는 곳은 4절이 아니라 3절이다.

[3] 예를 들어 *Grundgesetze der Arithmetik*의 서문 참조. 또한 P. Geach와 M. Black의 프레게 번역, Oxford, 1952, 137쪽 이하 참조.
〔옮긴이주〕 여기서 말하는 프레게 번역서는 다음 책이다. *Translations from the Philosophical Writings of Gottlob Frege*, ed. P. Geach & M. Black (Blackwell, 1950, 2판 1960, 3판 1980). *Grundgesetze der Arithmetik*의 일부는 영어로 번역되어 있다. G. Frege, *The Basic Laws of Arithmetic*, trans. and ed. M. Furth(Univ. of California Press, 1964).

전제로 이용하는 논리학의 일반법칙들이 일반적으로 분석적이라고 할 수 있다는 사실을 전제한다.

프레게는 이 법칙들을 그냥 나열할 뿐이다. 그는 모든 분석명제가 가진다고 할 수 있는 어떤 특징 — 비록 이 점이 곧바로 분명하지는 않을 수 있을지라도 — 을 통해 그것들을 규정하지 않는다.[4] 특히 분석명제의 구성요소로 '분석성'(*analyticity*)의 기준을 제시하려는 시도가 여러 차례 있었다. 이 가운데 하나는 러셀이 초기에 시도한 것인데, 그는 이후에 이 정의가 너무 넓다고 해서 버렸다.[5] 프레게도 비슷하게 라이프니츠가 말하는 동일성 명제로의 환원을 대체했다.

나열한 최초의 명제들로부터 추론단계에 의해 산수의 정리(*theorem*)로 나아가는 길은, 특히 모든 단계들을 철저하게 검토해야 한다면, 멀 것이라고 예상할 수 있다. 왜냐하면 최초명제도 아니고 최초명제의 귀결도 아닌 어떤 가정이 일단 한번 사용되면 그 증명은 쓸모없게 되기 때문이다. 따라서 모르는 사이에 비논리적 가정이 끼어드는 것을 방지하기 위해, 프레게와 이후 사람들은 수학자들이 사용한 연역추론을 기호로 나타내는 방법을 채택하고 이를 확장하였다. 그들은 이 과정에서 논리적 추론을 수학화하고자 했던 이전의 여러 시도 가운데 특히 집합의 논리를 다룬 불(G. Boole)의 방식에서 도움을 받았다.[6] 이런 확장은 한편으로는 전통적인 수학 분야에서 사용된 개념뿐만 아니라 모든 연역추론에서 사용된 개념을 기호화하고, 다른 한편으로는 허용할 수 있는 추론규칙을 명시적으로 정식화하는 일로 이루어진다. 이는 모든 추론단계를 ⓐ 하나나 혹은

---

4) 〔옮긴이주〕 이와 관련된 최근 논의로는 M. Dummett, *Frege: Philosophy of Mathematics*(Duckworth, 1991), 3장 참조.

5) *Principles of Mathematics*, London, 1903, 1장, 1절, 이후의 후퇴에 대해서는 2판의 서문, London, 1937 참조.

6) *The Mathematical Analysis of Logic*, Cambridge, 1847 참조.

여러 개의 기호표현을 다른 기호표현으로 변형하는 것으로 나타낼 수 있고, ⓑ 명확하게 정식화된 규칙에 호소해 정당화할 수 있다는 의미이다. 산수의 특정 정리가 분석적임을 보이는 증명, 즉 나열된 논리학의 명제들로부터 그 정리가 연역될 수 있음을 보이는 증명은 모두 도중에 기호들의 변화를 포함하게 마련이다. 첫 번째 단계에 나오는 기호표현들은 분명히 논리적 기호들일 것이며, 따라서 여기에는 명제변항(*propositional variable*)이나 부정기호(*negation sign*) 또는 연언(*conjunction*)을 나타내는 기호와 같은 **논리적 기호**만 포함될 것이다. (모순율 — 즉 **임의의 명제와 그 명제의 부정의 연언은 거짓이라는 원리**는 분명히 하나의 논리적 원리인데, 이를 표현하기 위해서는 방금 말한 기호들이 모두 필요하다.[7]) 반면에 이후 단계에 나오는 기호표현들과 형식적 연역에서 마지막에 나오는 명제는 논리적이지 않은 기호들을 포함할 것이며, 이들은 단지 연역의 결과이기 때문에 논리적이라고 여겨지는 것들일 것이다. 전제들로부터 가령 "1 + 1 = 2"로 나아가는 길 가운데 어디에선가는 명백히 논리적인 기호로부터 명백히 논리적이지 않은 기호로 나아가는 단계가 분명히 있을 수밖에 없다.

이런 이행의 본성과 정당성을 둘러싸고 불가피한 문제가 야기된다. 프레게와 러셀은 그것이 정의(*definition*)에 의해 매개된다고 여겼다. 그러나 정의에 대한 그들의 설명은 서로 달랐고, 이 차이는 수학철학에서 아주 중요하다. 러셀[8]에 따르면, 정의는 순전히 표기상의 문제이다. 정의는 이론적으로 없어도 되는 것이며, 표기를 쉽게 하기 위한 것일 뿐이다. "정의란 새로 도입되는 기호나 기호들의 조합이 우리가 이미 의미를 알고 있는 다른 기호들의 조합과 같은 의미를 지니게 된다는 선언(宣言)이다"라고 러셀은 말한다. 비록 이론적으로는 없어도 되지만, 러셀은 정의가

---

7) 〔옮긴이주〕 즉, 모순율은 '$\neg(p \& \neg p)$'로 표현되는데, 이를 표현하기 위해서는 명제변항기호 'p', 부정기호 '$\neg$', 연언기호 '$\&$'가 모두 필요하다는 말이다.

8) *Principia Mathematica*, 2판, Cambridge, 1925, 1권, 11쪽 이하 참조.

적어도 두 가지 점에서 때때로 아주 중요한 정보를 제공한다고 말한다. 정의는 "정의항이 면밀하게 검토될 필요가 있으며" 나아가 "정의되는 것이 (때로 실제로 그렇듯이) 가령 기수(基數, *cardinal number*)나 서수(序數, *ordinal number*)처럼 이미 잘 알려진 어떤 것일 경우, 그 정의는 일반적인 생각에 대한 분석을 담고 있으며, 따라서 상당한 진전을 표현할 수도 있다"는 것을 함축한다.

그 경우 정의는 단순히 표기를 쉽게 하는 [약어(略語) 같은] 것이므로 새로운 대상을 창조하는 것이 아니며, 그 대상의 존재를 통상적으로 암시하는 것도 아니다. 일정한 맥락의 의미에는 기여하지만 맥락 밖에서는 아무런 의미도 지니지 않는 낱말이 어떤 대상을 지시하는 것처럼 보이는 경우도 있다. 예를 들어 "아무도 나만큼 빨리 달리지는 못한다"(*Nobody runs as fast as I*)는 문장에서 '아무'(*Nobody*)라는 낱말이 그렇다. 이 낱말이 어떤 대상도 지시하지 않는다는 점은 "아무도 나만큼 빨리 달리지는 못한다"와 "내가 가장 빨리 달리는 사람이다"(*I am the fastest runner*)라는 두 진술이 서로 동치인데도 앞의 문장에는 '아무'라는 낱말이 나오지만 뒤 문장에는 그 낱말이 나오지 않는다는 사실을 통해 알 수 있다. '소크라테스'가 어떤 사람을 지시하듯이 '아무'가 지시하는 실재란 없다. '아무'의 정의는 맥락적이라는 점이 핵심이다. 그 용어는 일정한 용법이나 일정한 맥락에 의해 정의된다.

[가령 우리가 첫 번째 소수(*the first prime number*), 또는 … 를 만족하는 그 수(*the only number which* …)라고 말할 때처럼] 개별 수에 관해 말하거나 또는 수들의 집합(2로 나눌 수 있는 정수들의 집합)에 관해 말할 때, 우리는 비물질적, 논리적, 또는 정신적인 무언가에 관해 말하는 것 같다. 그러나 산수가 논리학으로부터 연역될 수 있다면, 연역된 산수의 명제는 어떤 종류의 대상에 관한 주장일 리 없다. 어쨌든 러셀이 주장하듯이, 논리학이 주제 중립적이라면, 그것은 어떤 대상에 관한 주장이 아닐 것이

다.〔이 점을 밝히기 위해서는〕ⓐ 실재를 나타내는 것처럼 보이는 어구〔그러그러한 그것(*the so-and-so*)이나, … 라는 조건을 만족하는 모든 사물들의 집합(*the class of all thing such that …*)〕가 논리학으로부터 산수를 연역하는 데 나올 경우에는 언제나, 그것은 맥락 안에 나오는 것이며 그 어구가 그런 정신적 대상이 존재한다는 것을 함축하는 것은 아님을 보여야 하며, ⓑ 이 맥락들을〔다른 것에 의해〕정의해야 한다.

러셀은 기술이론(*theory of description*)에서 이런 방법을 설명한다. 이 방법에 의하면, 실재를 지시하는 것처럼 보이는 '그러그러한 그것'이라는 어구는 아무것도 지시할 필요가 없는 맥락으로 흡수된다. 러셀의 예를 통해 이 방법이 어떻게 작동하는지를 보기로 하자. "《웨이블리》(*Waverley*)의 저자는 스코틀랜드 사람이다"(*The author of Waverley is Scotch*)라는 명제를 생각해보자. 이 명제는 다음 세 명제의 연언이 참일 경우에만 참이다. "적어도 한 사람이 《웨이블리》를 썼다. 많아야 한 사람이 《웨이블리》를 썼다. 《웨이블리》를 쓴 사람은 누구든 스코틀랜드 사람이다."이 방법은 여러 형태로 수정되거나 변형될 수 있다. 이 방법을 통해 《웨이블리》의 저자나 프랑스의 현재 국왕(*the present king of France*), 첫 번째 소수(*the first prime-number*) 등의 한정기술어구가 진정한 실재를 기술한다고 가정하지 않고도 이 한정기술어구들에 하나의 술어를 적용하는 것처럼 보이는 현상을 설명할 수 있다. 9)

집합에 관해 우리가 이야기할 때 — 옳든 그르든 — 우리는 실재에 관해 말하는 것이 아니라고 하는 문제를 다루는 러셀의 방식도 그의 기술이론과 유사하다. 실재를 지시하는 것처럼 보이는 '그러그러한 대상들의 집합'은 맥락에 흡수되며, 그것들 각각은 전체로서 정의되고 존재론적 함축

---

9)〔옮긴이주〕기술어구에 관한 좀더 자세한 분석으로는 B. Russell, "On Denoting"(1905) 참조. 이 논문은 우리말로 번역되어 다음 책에 실려 있다. 정대현 편, 《지칭》(문학과 지성사, 1987), 59~81쪽.

을 지니지 않는다. 러셀은 그런 존재론적 함축을 피하고자 한 것이다. 러셀이 집합을 다루는 방식인 이른바 '무집합'론('no class' theory) 은 기술이론만큼 우아하지도 않으며 그것만큼 설득력 있지도 않다. 이 이론은 수학이 논리학이고, 논리학은 물리적이든 정신적이든 논리적이든 특정 대상에 관한 주장을 포함하는 것이 아니라고 본다는 점에서 러셀에 여전히 동의하는 후대의 논리학자들에 의해 수정되었다.

정의의 기능을 두고, 프레게는 러셀과 견해를 아주 달리했다. 그의 견해는 그 자체로도 흥미가 있을 뿐만 아니라, 수학이 논리학으로부터 연역될 수 있음에도 불구하고 그것은 여전히 (논리적) 대상에 관한 주장을 포함한다는 입장을 이 시대의 논리학자들, 특히 처치(A. Church) 10) 가 옹호하기 때문에 면밀히 살펴볼 가치가 있다. 논리주의의 두 유형, 즉 러셀의 유명론적 논리주의와 프레게의 실재론적 논리주의 사이의 차이는 대개 정의에 대한 설명이 서로 다르다는 점에 있다. 수학을 해나가는 관점에서 보면 이 차이가 별로 중요하지 않을지 몰라도, 프레게와 러셀도 그렇게 주장했듯이 철학적으로는 이 차이가 아주 중요하다.

프레게에 따르면, 수는 논리적 대상이고, 11) 이 점을 분명히 하는 것이 바로 수학철학의 과제이다. 수를 정의하는 것은 수를 창조하는 것이 아니라 독립적으로 존재하는 것을 구획 짓는 것이다. 논리적 대상을 맥락적으로 정의해서는 안 된다. 왜냐하면 그것은 독립적 실재로서의 수의 특성을 드러내지 못하기 때문이다. 12) 프레게에 따를 때, 수를 상정한다는 것도 마찬가지로 말이 안 된다. 우리가 독립적으로 존재하는 논리적 대상을 상

---

10) A. Church, *Introduction to Mathematical Logic*, Princeton, 1956, 1권, 1장 참조.

11) 〔옮긴이주〕 프레게의 이 견해가 가장 명시적으로 나타나는 곳은 《산수의 근본법칙》 2권, 74절이다.

12) 예를 들어 *Grundlagen der Arithmetik*의 55~56절 참조.

정할 수 없는 이치는 마치 우리가 유니콘의 존재를 상정할 수 없는 것과 마찬가지이다. 만약 유니콘이 존재한다면 그것은 상정과 무관하게 존재할 것이며, 만약 존재하지 않는다면 그것은 아무리 강력하게 상정한다 하더라도 존재하지 않을 것이다.

동물학에서 그렇듯이 논리학에서도, 정의된 개념이 빈 개념(*empty concept*)이 아님을 정의가 보장해주지는 못한다. 만약 정의의 핵심이 대상들의 집합을 구획 짓는 데 있다면, 프레게에 따를 때는 이 대상들이 존재함을 먼저 보여야 한다. 이는 그 대상들을 인식할 수 있는 수단을 제시함으로써 이루어진다. 논리적 대상을 확인하고 인식할 수 있는 원리를 프레게는 다음과 같이 정식화한다. "나는 '함수 $\Phi(\xi)$ 가 함수 $\Psi(\xi)$ 와 같은 **치역**(*range of values*)을 가진다'는 말을 '함수 $\Phi(\xi)$ 와 함수 $\Psi(\xi)$ 가 같은 논항에 대해 같은 값을 가진다'와 같은 의미로 쓴다."[13] 이 정식화에 나오는 용어 가운데 몇 가지는 설명이 필요하다. 함수 '$\Phi(\xi)$'는 이른바 불포화되어 있다(*unsaturated*).[14] 그리스어 소문자는 대상의 이름으로 채워야 할 빈자리를 나타낸다. 프레게는 함수의 빈자리를 채운 결과가 참이나 거짓인 명제를 지시하는 표현일 경우, '$\Phi(\xi)$'를 개념이라고 부른다.[15] 개념의 치역은 그 개념 아래 속하는 모든 대상들을 포함하고 그런 대상들만 포함한다. 바꾸어 말해 개념의 치역은 개념의 외연이다.

논리적 대상을 확인할 때, 프레게가 이 원리를 어떻게 사용하는지는 다음 예를 통해 알 수 있다. $\Phi(\xi)$ 를 "ξ는 직선 a에 평행한 직선이다"라는 함수(개념)라 하고, $\Psi(\xi)$ 를 "ξ는 직선 b에 평행한 직선이다"라는 함수(개

---

13) *Grundgesetze*, 1권, 3절; Geach-Black 번역, 154쪽.

14) 〔옮긴이주〕이는 물론 비유적 표현이다. 이에 관한 자세한 논의로는 프레게의 논문 "Function and Concept" 참조. 이는 *Translations from the Philosophical Writings of Gottlob Frege*에 실려 있다.

15) 〔옮긴이주〕즉, 개념은 함숫값이 진릿값인 함수이다. 한편 '…의 아버지'도 함수이지만 이 함수의 값은 진릿값이 아니며, 따라서 개념이 아니다.

념)라 하자. 이제 어떤 직선 c가 $\Phi(\xi)$의 치역(외연)에도 속하고 $\Psi(\xi)$의 치역(외연)에도 속한다면, 그것은 $\Phi(\xi)$ 및 $\Psi(\xi)$와 **공통의 무엇을** 가진 다. 이렇게 발견된(확인된) — 이것은 상정된 것이 아니다 — 공통의 특 징을 이제 정의할 수 있다. 가령 직선 a의 **방향**은 "ξ는 직선 a에 평행한 직선이다"라는 함수의 치역이다. 16)

두 번째 예는 널리 알려진 프레게의 '수' 정의이다. 이 정의에서는 평 행한 직선이라는 익숙한 용어가 했던 역할을 이보다 생소한 용어인 '동수 인'17)이라는 개념이 맡게 된다. 대상들의 두 집합이 대등하다는 말은 이 집합들의 원소 사이에 일대일대응을 확립할 수 있다는 의미이다. 내 손 가락의 집합은 이 의미에서 내 발가락의 집합과 대등하지만, 내 눈의 집 합과는 대등하지 않다. (수 개념을 쓰지 않고도 일대일대응이 있는지 여부를 알 수 있다는 점을 깨닫는 것이 중요하다.) 이미 보았듯이 모든 개념은 어떤 사물들의 집합, 즉 그 개념 아래 속하는 사물들의 집합, 다시 말해 그 개 념의 외연을 결정한다. 두 개념 아래 속하는 사물들의 집합이 대등할 때, 즉 두 개념의 외연이 같을 때, 우리는 그 개념들이 동수라고 말한다. 예를 들어 '정상인의 손가락'이라는 개념은 '정상인의 발가락'이라는 개념 과 동수이다.

$\Phi(\xi)$를 "ξ는 개념 a와 동수인 개념이다"라는 함수(개념)라 하고, $\Psi(\xi)$ 를 "ξ는 개념 b와 동수인 개념이다"라는 함수(개념)라고 하자. 어떤 개

---

16) 〔옮긴이주〕함수의 치역을 두고 정확히 같은 방식의 설명을 제시하는 책으로 는 프레게, 《산수의 근본법칙》, 2권, 146절 참조.

17) 〔옮긴이주〕쾨르너가 여기서 사용하는 표현은 '*similar*'이다. 하지만 요즘의 표 준적 용어는 '*equinumerous*'이다. 《산수의 기초》, 68절에서 프레게가 실제로 쓴 표현은 '*gleichzahlig*'로, 이는 프레게가 새로 만든 말이다. 쾨르너는 개념 사이에 성립하는 이 관계뿐만 아니라 집합 사이의 관계에도 같은 표현을 쓴 다. 하지만 우리는 이를 나누어 번역했다. 집합 사이에 일대일대응이 성립할 경우, 두 집합이 '대등하다'고 말하고, 두 개념 아래 속하는 대상들이 일대일 대응이 성립할 경우, 그 두 개념이 서로 동수관계에 있다고 말한다.

념, 가령 c가 $\Phi(\xi)$와 $\Psi(\xi)$ 아래 모두 속한다면, 그것은 그 두 개념과 공통된 무엇, 즉 수를 지닌다. 수의 존재를 증명했기 — 그것을 상정한 것이 아니다 — 때문에, 우리는 가령 개념 a의 수를 "ξ는 a와 동수인 개념이다"라는 개념의 치역(외연)으로 정의할 수 있다. 프레게가 주장하듯이, 이런 '수'의 정의에 도달하는 방식과 '방향'의 정의에 도달하는 방식을 비교해본다면 많은 시사점을 얻을 수 있다. 특히 이런 대비를 통해 두 정의가 모두 '순환적'이거나 아니면 어느 것도 그렇지 않음이 드러날 것이다. 또한 이런 정의를 정당화하는 데 사용되는 원리를 추상화 원리(the principle of abstraction) [18] 라고 부르는데, 이런 대비는 그런 이름이 적절한 선택임을 보여준다.

우리는 프레게의 추상화 원리나 이와 비슷한 원리가 그의 프로그램을 실행하는 데 필요하다는 점을 곧 알게 될 것이다. 하지만 명백히 논리적인 원리들 가운데 하나로 이 원리를 채택한다고 해서 논리적 대상이 구체적으로 존재한다는 견해를 받아들인다는 의미는 아니다. 사실 맥락적 정의의 방법을 사용해 — 러셀은 이를 사용하였다 — 추상화 원리를 적용해서 생겨나는 진정한 실재나 외관상의 실재의 이름들을 더 큰 맥락으로 흡수할 수도 있다. 그런 맥락에서는 그 이름들이 실재의 이름으로 나오지 않고 불완전한 기호, 즉 일정한 맥락 안에서만 정의되는 기호가 된다.

프레게와 러셀은 정의에 대한 견해가 달랐고, 그 결과 추상화 원리에 대한 견해뿐만 아니라 추상적 대상을 바라보는 입장에서도 차이가 있었지만, 다른 모든 점에서는 이들의 프로그램이 일치했다. 러셀의 말을 빌린다면, 그 프로그램은 "순수수학에서 다루는 개념은 모두 아주 적은 수의 근본적으로 논리적인 개념들에 의해 정의될 수 있으며, 수학의 명제

---

18) 〔옮긴이주〕 이 원리에 관한 최근 논의로는 K. Fine, *The Limits of Abstraction* (Oxford Univ. Press, 2002) 과 B. Hale and C. Wright, *The Reason's Proper Study* (Oxford Univ. Press, 2001) 참조.

는 모두 아주 적은 수의 논리적 원리들로부터 연역될 수 있음"을 "수학의 증명처럼 아주 확실하고 정확하게" 증명하는 것이었다. [19]

위에서 말한 프로그램이 어떻게 실행되었는지를 대략 보여주는 것이 좋겠다. 이 과정에서 나는 전문적인 문제는 가급적 다루지 않을 것이며, 그것을 다룰 경우에는 철학적인 문제, 특히 여기서 우리의 관심인 수학의 본성과 기능에 관한 물음을 해명하는 데 꼭 필요한 것에 국한하기로 한다. 전체에 걸쳐 수학적 전문지식과 철학적 판단을 구분하는 것이 중요하며, 전자에 대한 숭배 때문에 후자에 들어있는 결함을 흐리게 해서는 안 된다.

논리학 — 논리주의에 필요한 넓은 의미에서 — 의 분야들 가운데 여기서 간단히 살펴보아야 할 것들은 다음과 같다. 진리함수의 논리, 외연적 집합논리, 양화논리. 이렇게 분야를 나누는 것은 편리하고 역사적으로 정당성을 지니기는 하지만 꼭 필요한 것은 아니다. 아마도 논리주의의 일반적 프로그램에 대한 최근의 설명과 증명 가운데 가장 탁월한 것은 콰인의 것이라 할 수 있다. [20]

2. 진리함수의 논리

참이나 거짓인 복합명제 — 이 명제의 구성요소도 참이나 거짓인 명제이다 — 가 진리함수적 명제라는 말은 그 복합명제의 참이나 거짓이 구성명제의 참이나 거짓에만 의존한다(그것들의 함수이다)는 의미이다. 진리함수는 엄밀한 의미에서 함수이며 그냥 비유적으로 말해서 함수인 것이 아니다. 이 점을 분명히 하기 위해 잘 알고 있는 함수 $x + y$, 이를 다르게

---

19) *Principles of Mathematics*, 서문.
20) 특히 *Mathematical Logic*, 개정판, Cambridge, Mass., 1955 참조.

적은 $Sum\,(x,\,y)$ 를 예로 들어보자. 여기서 독립변수($argument$)[21] 가 갖는 값을 자연수라고 하고, 함수의 값도 자연수라고 가정하자. 그러면 Sum $(2,\,3)=5$. 진리함수의 경우, 논항의 값은 **참**(간단히 T)이거나 **거짓**(간단히 F)이고, 함수의 값도 또한 T이거나 F이다. 그래서 p와 q가 명제변항이라면, 연언(p이고 q) 또는 $And\,(p,\,q)$는 p와 q가 모두 T값을 가진다면, 그리고 그런 경우에만 T값을 가진다. 그래서 우리는 다음을 얻게 된다. $And\,(T,\,T)=T$, $And\,(T,\,F)=F$, $And\,(F,\,T)=F$, $And\,(F,\,F)=F$. 바꾸어 말해 두 명제의 연언은 논항이 모두 T값을 가질 경우 T값을 갖고, 그 밖의 경우 F값을 갖는 두 명제의 진리함수라고 정의된다.

두 명제가 포괄적 의미의 '이거나'(or) — 법률 관련 문헌에서 '이고/이거나' — 로 결합될 경우, 그것도 두 논항을 지닌 진리함수로 여겨질 수 있으며, 그것을 $or\,(p,\,q)$라고 적기로 하자. 이 함수는 다음과 같이 정의된다. $or\,(T,\,T)=T$, $or\,(T,\,F)=T$, $or\,(F,\,T)=T$, $or\,(F,\,F)=F$. 이 함수의 값은 논항 가운데 적어도 하나가 T값을 가진다면 T이고, 두 논항의 값이 모두 F일 때 F임을 알 수 있다. **배타적** 의미의 '이거나'(OR) — 카이사르이거나 아무것도 아니다 — 에 의해 두 명제를 결합한 것은 다음과 같은 진리함수로 정의된다. $OR\,(T,\,T)=F$, $OR\,(T,\,F)=T$, $OR\,(F,\,T)=T$, $OR\,(F,\,F)=F$. 두 명제를 '⊃'으로 결합한 것 — 때로 이를 '만약 … 이면'으로 옮기기도 하는데, 이는 오해의 소지가 있다 — 은 다음과 같이 정의된다. $⊃(T,\,T)=T$, $⊃(T,\,F)=F$, $⊃(F,\,T)=T$, $⊃(F,\,F)=T$. 세 번째 식은 특히 '만약 … 이면'의 여러 용법과는 맞지 않는다. 두 명제를 '≡'로 결합한 것 — 때로는 이를 '만약 … 이면, 그리고 그런 경우에만'으로 옮긴다 — 은 다음과 같이 정의된다. $≡(T,\,T)=T$, $≡(T,\,F)=F$, $≡(F,\,T)=F$, $≡(F,\,F)=T$. 'or' 대신에 ∨ 기호가, 'And' 대신에 & 기호가 종종 사

---

21) 〔옮긴이주〕 보통 논리학계의 관행대로, 나는 여기서 '$argument$' 자리에 들어오는 것이 수일 경우 이를 '독립변수'라 옮기고, 수가 아닐 경우 '논항'이라 옮긴다.

용된다.

두 개의 명제변항을 갖는 다른 진리함수 — 전체 16개의 진리함수[22]가 있다 — 도 같은 방식으로 정의될 수 있다. 하지만 일상언어에서 그에 해당하는 표현을 언제나 찾을 수 있는 것은 아니다. 그것들이 일상언어에 나오지 말아야 한다거나, 원하는데도 그것들을 일상언어 안에 도입하지 말아야 할 이유가 있는 것은 아니지만 말이다.

만약 우리가 ⓐ 비연언(*alternative denial*), [23] 즉 진리함수 '$p|q$' — 이는 '$T|T$'에 대해서는 F값을 갖고, 다른 세 경우에는 T값을 가진다 — 로부터 시작하거나 아니면 ⓑ 비선언(*joint denial*), [24] 즉 함수 'pJq' — 이는 'FJF'

---

22) 〔옮긴이주〕 이것들을 표로 나열하면 다음과 같다.

2항일 경우 가능한 진리함수들

A B	1	2	3	4	5	6	7	8	9	10	11	12	13	14	15	16
T T	T	T	T	T	T	T	T	T	F	F	F	F	F	F	F	F
T F	T	T	T	T	F	F	F	F	T	T	T	T	F	F	F	F
F T	T	T	F	F	T	T	F	F	T	T	F	F	T	T	F	F
F F	T	F	T	F	T	F	T	F	T	F	T	F	T	F	T	F

23) 〔옮긴이주〕 이 결합사는 두 논항이 모두 참일 경우에만 거짓이다. 연언은 논항이 모두 참일 때만 참이므로, 이 결합사는 결국 연언을 부정한 것에 해당한다. 바로 이 이유에서 이 결합사를 *non-conjunction*이라 부르기도 하며, '비연언'으로 옮겼다. 일상어의 ' … 이고 … 인 것은 아니다'(*not both … and ….*)에 해당한다. 둘 다 참이라는 것은 사실이 아니다(둘 다 참은 아니다)＝적어도 하나는 거짓이다(*alternative denial*).

24) 〔옮긴이주〕 이 결합사는 두 논항이 모두 거짓일 경우에만 참이다. 선언은 논항이 모두 거짓일 때만 거짓이므로, 이 결합사는 결국 선언을 부정한 것에 해당한다. 바로 이 이유에서 이 결합사를 *non-disjunction*이라 부르기도 하며, '비선언'으로 옮겼다. 일상어의 ' … 도 아니고 … 도 아니다'(*neither … nor ….*)에 해당한다. 적어도 하나는 참이라는 것은 사실이 아니다(하나도 참이 아니다)＝둘 다 거짓이다(*joint denial*).

에 대해서는 T값을 갖고, 다른 모든 경우에는 F값을 가진다 — 라는 개념을 도입한다면, 다른 모든 진리함수(엄밀히 말해 모든 2항 진리함수, 즉 두 개의 논항을 가진 진리함수)를 이것들을 이용해 정의에 의해 도입할 수 있다는 점이 입증되었다.[25] (여기서 결합된 명제 사이의 진리함수적 결합을 나타내는 기호로 '|'과 'J'를 사용했다는 점을 명심하라. 우리가 어느 것을 택하든 차이는 없다.)

'$And\,(p,\ q)$', '$or\,(p,\ q)$', '$OR\,(p,\ q)$'의 정의는 세 개 이상의 논항을 가진 함수에도 적용될 수 있다. 그래서 n개의 논항을 가진 진리함수 '$And\,(p_1, \cdots,\ p_n)$'은 모든 논항이 T값을 가질 때에만 T값을 가진다. '$or(p_1, \cdots,\ p_n)$'은 모든 논항이 F값을 가질 때에만 F값을 가진다. 그리고 '$OR\,(p_1, \cdots,\ p_n)$'은 정확히 하나가 T값을 가질 때에만 T값을 가진다. 한 개의 논항을 지닌 진리함수 가운데 아주 분명한 것은 '$Not\text{-}(p)$'로, 이는 p가 T값을 가질 경우에는 F값을 갖고, p가 F값을 가질 경우에는 T값을 가진다고 정의된다. ($Not\text{-}$ 대신 틸드 기호 $\sim$가 사용되기도 한다.)

진리함수로 여겨지는 복합명제의 특징이 정확히 무엇인지를 분명히 할 필요가 있다. 예를 들어 "(브루투스가 카이사르를 죽였다) 그리고 (로마는 이탈리아에 있다)"가 진리함수라고 한다면, 문제가 되는 것은 그것들이 함수 '$And\,(p,\ q)$'의 두 논항이며, 따라서 그 함수 자체는 T값을 가진다는 점이다. 진리함수로서의 그 복합명제는 $And\,(T,\ T)$에 의해, 좀더 정확히 말하면, $And\,(T,\ T) = T$에 의해 완전하게 나타낼 수 있다. 논항이 둘 다 참인 명제로 이루어진 다음 명제, "(사자는 포유동물이다) 그리고 (코끼리는 쥐보다 크다)"도 첫 번째 예와 똑같은 진리함수적 구조를 지닌다. 이 두 명제가 진리함수라는 점에서, 이들을 모두 하나의 동일한 정식 '$And\,(T,\ T)$', 좀더 정확히 말하면 '$And\,(T,\ T) = T$'로 나타낼 수 있다.

---

25) 〔옮긴이주〕여기 나온 이른바 셰퍼 스트로크를 도입한다면, 이를 이용해 다른 모든 진리함수적 결합사를 표현할 수 있다는 말이다.

프레게는 개념의 내포와 외연의 구분, 더 정확하게는 프레게 자신의 뜻(sense, Sinn)과 지시체(reference, Bedeutung)의 구분을 명제에까지 확장함으로써 이 상황을 설명하는데, 이 점은 처음에는 좀 이상하게 보인다.[26] 진부한 예를 들면, '이성적 동물'과 '날개가 없으면서 다리가 둘인 동물'(featherless biped)은 뜻은 다르지만 **지시체**는 같다. 비슷한 방식으로 프레게에 따르면, "브루투스가 카이사르를 죽였다"는 명제는 "사자는 포유동물이다"라는 명제와 뜻은 다르지만 지시체가 같다. 그것들은 모두 **참**(the true), 진릿값 T를 지시한다. 일반적으로 말해, 모든 명제는 T 또는 F를 지시한다. 예컨대 "$2+2=5$"나 "사자는 어류이다"나 다른 거짓인 명제는 F를 지시한다.

우리가 이 견해 — 참인 명제는 모두 진릿값 T를 지시하고(또는 진릿값 T의 이름이고) 거짓인 명제는 모두 진릿값 F를 지시한다(또는 진릿값 F의 이름이다)는 견해 — 를 받아들여야 하는가 하는 문제는 여기서 따질 문제가 아니다. 여기서 중요한 것은 우리가 명제를 구성요소들의 진리함수로 여기는 한, 명제의 참/거짓만을 고려해야 하고, 구성요소가 지닌 다른 정보는 무시해야 한다는 점이다.

모든 복합명제가 진리함수로 간주될 수 있는 것은 아니다. 예를 들어 "나는 앞으로 20년 동안은 전쟁이 일어나지 않을 것이라고 믿는다"라는 복합명제를 생각해보자. 이 명제의 참/거짓은 이 명제의 구성요소인 "앞으로 20년 동안은 전쟁이 일어나지 않을 것이다"의 진릿값에 의존하지 않는다. 또한 "'모든 사람은 죽게 마련이고 소크라테스는 사람이다'는 '소크라테스도 죽게 마련이다'를 함축한다"의 진릿값도 전제와 결론이 참인지 여부에 의존하지 않는다. 연역가능성을 주장하거나 부인하는 경우에도

26) [옮긴이주] 프레게의 이 구분에 관해서는 프레게의 논문, "뜻과 지시체에 관하여"를 참조. 이는 앞에서 말한 정대현 편, 《지칭》에 우리말로 번역되어 수록되어 있다. 그 책 31~58쪽 참조.

같은 이야기를 할 수 있다.

  끝으로 모든 명제가 다 참이거나 거짓인지도 결코 분명하지 않다. 언어에는 불확정적인 명제도 들어있다고 주장할 수도 있다. 예를 들어 양자역학을 제대로 표현하자면 불확정적 진릿값을 가진 명제가 필요하고 또한 그런 명제가 실제로 있다고 주장할 수도 있다.[27] 철학적이고 논리적인 어떤 심오한 이유 때문에 배중률 — 명제들을 진릿값 T를 갖는 것과 진릿값 F를 갖는 것으로 나누는 이분법은 이 원리에 근거한다 — 이 일반적으로 타당하다는 점을 받아들이기는 어렵다고 주장할 수도 있다. 진리함수가 논리학과 논리주의 철학에서 중요하기 때문에, 그것은 아주 특수한 형태의 추상적 복합명제라는 점을 강조할 필요가 있다. 즉, 진리함수는 어떤 점에서는 영어나 다른 자연언어(위의 예들을 보시오)가 지닌 **일정한 특징**을 반영하기는 하지만, 다른 점에서는 일종의 이상화이자 단순화(예를 들어 두 가지의 확정적 진릿값이 있다는 가정)라고 할 수 있다. 그렇기 때문에 진리함수는 어떤 목적에는 잘 맞지만, 다른 목적에는 맞지 않을 수 있다.

  이제 논리주의의 관점에서 볼 때 가장 중요한 문제로 넘어가기로 하자. 어떤 진리함수가 논리적으로 필연적인 명제이며, 그래서 어떤 진리함수가 논리학에서 산수를 연역할 때 전제로 이용될 수 있는가? 이에 대한 대답은 분명하다. 가령 $f(p_1, p_2, \cdots, p_n)$이라는 진리함수가 논리적으로 필연적이라는 말은 그것이 항진,[28] 즉 논항들 $p_1, p_2, \cdots, p_n$이 무슨 값을

---

27) 예로 H. Reichenbach, *Philosophic Foundations of Quantum Mechanics*, Berkeley, 1948 참조.

28) 〔옮긴이주〕 '*identically true*'. 이것은 앞서 나온 라이프니츠의 '*identical proposition*'('동일성 명제')을 연상하게 하며, 이 표현을 통해 쾨르너는 '동일성 명제로 환원할 수 있기 때문에 논리적으로 참인'을 의도했을 수도 있다. 하지만 진리함수적 명제 가운데 논리적으로 참인 명제를 통상적으로 '항진명제'(*tautology*)라고 부르고, 조금 뒤(다음 쪽)에 쾨르너도 이 표현을 쓰므로 여기서

갖든지 참이라는 의미이다. 바꾸어 말해, 그것은 논항 자리를 T와 F로 어떻게 채우든 간에, f로 기호화된 구성규칙 때문에 복합명제의 진릿값이 언제나 T가 되는 경우이다. 간단한 예로 'p이거나 $non\text{-}p$'라는 복합명제, 아니면 이를 좀더 익숙한 방식으로 다르게 적은 것인 '$p \lor \sim p$'를 생각해보자. 여기서 p가 참이면, $\sim p$는 거짓이고, p가 거짓이면 $\sim p$는 참이다. 두 개의 구성요소 명제 가운데 하나는 참일 수밖에 없다. 둘 다 거짓인 경우란 있을 수 없다. 그러므로 구성요소 명제 가운데 하나는 참일 수밖에 없다. 한 성원이 참일 경우 선언은 참이기 때문에, p가 참이거나 거짓인 **어떠한** 진술이든, **모든** 복합명제 '$p \lor \sim p$'는 참일 수밖에 없다.

항진인 명제가 모두 이처럼 쉽게 인식될 수 있는 것은 아니다. 하지만 복합명제가 참이거나 거짓인 유한개의 구성요소로 이루어진 진리함수인 이상, 복합적인 진리함수가 가능한 모든 논항의 값에 대해 참인지 여부는 유한번의 단계를 거쳐 순전히 기계적으로 결정할 수 있다. (이런 방법들은 기호논리학의 초급 교재에서 예를 들어 설명된다.)[29] 물론 항진인 진리함수의 부정은 모순이다.[30] 즉 구성요소가 무슨 값을 갖든지 거짓이다.

형식논리를 벗어난다면, 항진이나 모순인 진리함수는 당연히 아무런 관심거리도 되지 못한다. 예를 들어, 내년에 전쟁이 일어나거나 일어나지 않을 것이라고 말한다면, 이는 아무런 의미도 없을 것이다. 정보를 전달하는 일상적인 맥락에서라면, 우리는 항진도 아니고 모순도 아닌 진술, 가령 "내년에 전쟁이 일어날 것이고 그때 핵무기가 사용되지는 않을

는 이를 '항진인'이나 '항진명제'로 옮기기로 한다.

29) 〔옮긴이주〕 가장 간단한 예는 진리표(*truth-table*) 방법일 것이다. 이외에 요즘 많이 사용하는 진리 나무(*truth-tree*) 방법도 그런 기계적 장치 가운데 하나이다.

30) 〔옮긴이주〕 '*identically false*'. 쾨르너는 '*identically true*'에 맞추어 이 표현을 쓴다. 앞에서 우리가 후자를 '항진'으로 옮겼으므로, 이것도 우리는 통상적 용어대로 '모순인'이나 '모순명제'로 옮기기로 한다.

것이다"와 같은 진술에만 관심을 둔다. 이 진술은 필연적 참도 아니고 필연적 거짓도 아니다.

항진인 진리함수의 집합은 잘 정의되어 있고 주어진 진리함수가 항진인지 여부를 기계적인 방법으로 결정할 수 있기 때문에, 항진인 진리함수는 모두 공준(*postulate*)과 정리에 포함되지만 그렇지 않은 것은 하나도 포함되지 않는 그런 연역체계를 구성할 필요는 없다. 그런 연역체계는 이른바 '명제계산'(*propositional calculus*)이라 불릴 것이다. 그런 체계는 이미 여러 개 구성되었다. 우리 관점에서 볼 때, 그런 체계가 지니는 주된 의미는 이른바 교육적인 것이다. 그것은 수리논리학(*mathematical logic*)에서 공준과 정의로부터 변형규칙에 따라 정리가 연역된다는 점을 엄밀하게 보여주는 간단한 예이다. 나아가 그것은 좀더 포괄적이고 강력한 논리체계의 핵심을 이루는데, 그 체계 안에서 산수와 다른 순수수학 분야의 정리들이 연역될 수 있다. 31)

지금 단계의 논의에서 명심해야 할 것은 항진인 진리함수적 명제(모든 진리함수적 항진명제32))는 모두 논리학에서 산수를 도출할 때 전제로 쓰일 수 있으며, 유한번의 단계를 통해 주어진 진리함수적 명제가 항진명제인지 여부를 기계적으로 파악할 수 있다는 사실이다. 진리함수적 논리학에서는, 명백한 분석(논리적으로 필연적) 명제와 그렇지 않은 분석명제 사이의 차이가 그다지 중요하지 않다. 이것들에 대해서는 후자를 전자로 **환원**시키는 라이프니츠의 문제가 해결된 것이다. 진리함수적 항진명제는 모두 전제로 쓰일 수 있고, 일부는 실제로 전제로 쓰인다. 하지만 이

---

31) 〔옮긴이주〕 명제논리 이상의 양화논리나 2단계 논리를 이용해야 수학의 정리들을 증명할 수 있음을 말한다. 하지만 명제논리는 여전히 양화논리의 핵심 부분을 이룬다.

32) 〔옮긴이주〕 '*truth-functional tautology*'. 여기서 쾨르너는 '토톨로지', 즉 '항진명제'라는 말을 쓴다. 이를 '동어반복 명제'라고 옮기는 경우도 있으나 이 맥락에서는 '항진(恒眞) 명제'라고 옮기는 것이 더 적절하다.

러한 전제들 외에도 〔수학을 논리학으로부터 연역하려면〕 우리에게는 다른 전제가 또 필요하다.

3. 집합논리에 관하여

논리학에 속하므로 논리학으로부터 순수수학을 연역할 때 전제로 쓸 수 있는 명제들 가운데는 집합과 집합의 관계 및 집합과 원소의 관계에 관한 여러 원리들도 있다. 대개 불에 의해 이것이 연역체계 형태로 체계화되었는데, 이 작업은 진리함수의 논리가 연역체계 형태로 제시되기 이전에 이루어졌으며, 이것은 현대 논리학이 탄생하게 된 여러 원천 가운데 하나라고 할 수 있다.

루이스와 랑포드[33]를 따라 우리는 먼저 초보적 집합논리를 간단히 살펴볼 것이다. 우리는 이것이 집합에 관한 우리의 일상적 생각과 크게 다르지 않다는 점을 쉽게 알 수 있을 것이다. 하지만 프레게/러셀 프로그램을 실행할 수 있을 정도로 강력한 전제가 되려면 그것을 확장해야 한다. 초보적 집합논리의 여러 체계 가운데 한 체계를 골랐는데, 이 체계에서는 아래 개념들이 분명하다고 간주된다. 집합, 이는 a, b, c, ⋯ 로 기호화된다. 두 집합의 **곱**(*product*), 즉 $a \cap b$, 이는 a와 b에 공통된 모든 원소를 원소로 포함하고 다른 원소는 전혀 포함하지 않는다. 전체집합, 이는 $\vee$로 기호화되는데, 이는 주어진 유형의 논의영역(*universe of discourse*)에 있는 모든 원소들로 이루어진다. 여집합(*complementary class*), 예를 들어 a의 여집합 a'은 $\vee$의 원소 가운데 a의 원소가 아닌 모든 원소를 포함한다.

---

33) *Symbolic Logic*, New York, 1932.

이 개념들을 활용하여 우리는 '$\wedge$'를 '$\vee'$', 즉 공집합으로 정의하고, '$(a \cup b)$'를 '$(a' \cap b')'$'로, '$a \subset b$'를 '$a \cap b = a$'로 정의한다. '$(a \cup b)$', 즉 a와 b의 합(sum)은 a의 모든 원소와 b의 모든 원소, 그리고 a와 b 모두에 공통된 모든 원소를 원소로 갖는 집합이다. $a \subset b$는 a의 원소는 모두 b의 원소임을, 즉 a가 b에 포함됨을 나타낸다.

아래 6개의 식이 공준으로 쓰인다.

(1) $a \cap a = a$

(2) $a \cap b = b \cap a$

(3) $a \cap (b \cap c) = (a \cap b) \cap c$

(4) $a \cap \wedge = \wedge$

(5) 만약 $a \cap b' = \wedge$이면, $a \subset b$

(6) 만약 $a \subset b$이고, $a \subset b'$이면, $a = \wedge$

이 식들로부터 간단한 추론을 통해, '통상적' 대수(algebra)에서처럼, 초보적 집합논리의 정리들이 따라 나온다. 형식논리학 교재들에서는 식의 변형규칙 대신 비형식적인 추론규칙을 적절히 사용한다.

이 형식체계[34]가 집합에 관한 우리의 직관적 추론에 적합한지를 보기 위해, 우리는 a, b, c, … 를 예컨대 (명확히 정의된) 여러 동물들의 집합으로 해석하고, $\vee$를 모든 동물들의 집합으로, 그리고 $\wedge$를 공집합으로 해석해보기로 하자. 원소의 수가 무한하든 유한하든 상관없이, 유사성을 거론하거나 우리가 잘 알고 있는 분류 목적과 무관하게 원소들이 모임을 이루는 인위적인 집합들을 고려할 때 어려움이 생겨난다. 집합론의

---

34) 〔옮긴이주〕 'formalism'. 이 책에서 쾨르너는 이 말로 어떤 때는 '형식체계'를 의미하고, 어떤 때는 철학적 입장으로서의 '형식주의'를 의미한다. 나는 맥락에 따라 이를 구분해 옮겼다.

창시자인 칸토르(G. Cantor)는 집합(*Menge*)을 "우리 지각이나 사고에서 일정하고 서로 구분되는 대상들 ─ 그 집합의 원소들 ─ 을 하나의 전체로 모은 것"[35]이라고 정의하였다. 그에 따르면, 예를 들어 우리가 ⓐ(따로 떨어져 있는 것으로 간주되는) 모든 무리수를 '하나의 전체로 모은 것'이나 ⓑ(하나의 원소로 간주되는) 모든 무리수의 **집합**을 '하나의 전체로 모은 것' 또는 ⓒ 피타고라스를 '하나의 전체로 모은 것'이라고 할 경우, 이들은 모두 하나의 집합이 될 것이다.

수리논리학과 수학철학의 역사에서 가장 중요하고 유익한 사건 가운데 하나는, 칸토르의 집합논리는 그 모임이 어떻게 형성되든 상관없이 모든 모임을 다 집합으로 인정함으로써 모순을 초래한다는 사실을 알아낸 것이다. 우리가 곧 보게 되듯이, 모순이 발생하기 때문에 허용가능한 집합과 허용불가능한 집합, 즉 내적 비일관성을 야기하는 집합과 그렇지 않은 집합을 반드시 구분해야 한다. 이런 구분이 꼭 필요한 사고영역은 마치 어느 누구도 헤어날 수 없는 무시무시한 늪이어서 어떤 인위적 수단을 써서 반드시 다리를 놓아야 하는 지점과 흡사하다. 논리학으로부터 수학을 연역하는 길은 이 지점을 지나가야 한다. 여기가 바로 라이프니츠의 후예들인 프레게와 러셀이 '명백히 논리적'이지는 않은 ─ 적어도 라이프니츠나 프레게, 러셀이 사용한 '논리적'이란 말의 의미에서는 그렇다 ─ 가정을 할 수밖에 없었던 곳이기도 하다.

이제 러셀과 체르멜로[36]가 독자적으로 각각 발견한, 잘 알려진 집합론의 역설(*antinomy*)의 문제로 넘어가기로 하겠다. 만약 우리가 칸토르

---

35) "Beiträge zur Begründung der transfiniten Mengenlehre I" in *Mathematische Annalen*, 1895.

36) Fraenkel, *Einleitung in die Mengenleher*, reprinted by Dover Publications, New York, 1946 또는 Fraenkel and Bar-Hillel, *Foundations of Set Theory*, Amsterdam, 1958 참조.

의 정의에 맞는 대상들의 모임을 모두 집합으로 인정한다면, 즉 모든 모임을 집합으로 인정한다면, 우리는 자기 자신을 원소로 갖는 집합도 인정해야 한다. 예를 들어 모든 집합들로 이루어진 집합도 그 자체로 하나의 집합이며, 그래서 그것은 모든 집합들의 집합의 한 원소, 즉 자기 자신의 한 원소가 된다. 아니면 10개 이상의 원소를 지닌 모든 집합들의 집합은 10개 이상의 원소를 가지며, 따라서 다시 그 자신을 하나의 원소로 포함하게 된다. 이런 집합은 자기 자신을 원소로 포함하지 않는 정상적인 집합과 견주어볼 때 약간 비정상적인 것으로 비칠 수도 있다. 예를 들어 모든 사람들의 집합은 모든 사람을 원소로 갖지만 자기 자신을 원소로 갖지는 않는 정상집합이다.

n을 모든 **정상집합**들의 집합, 즉 자기 자신을 원소로 갖지 않는 모든 집합들의 집합이라 하자. 만약 m이 임의의 특정한 정상집합, 가령 모든 사람들의 집합이라면, m은 n의 원소이다. 기호로 적으면 $m \in n$, 임의의 비정상집합 a (예를 들어 모든 집합들의 집합)에 대해서는 $\sim(a \in n)$ 라고 말할 수 있을 것이다.

만약 $m \in n$이면(만약 m이 정상집합이라면) 그리고 그런 경우에만 $\sim(m \in m)$ (m은 그 자신의 원소가 아니다). 이제 우리는 n — 즉 모든 정상집합들의 집합 — 이 정상집합인지 여부를 물을 수 있다. 만약 $n \in n$이면(만약 n이 정상집합이라면) 그리고 그런 경우에만 $\sim(n \in n)$ (n은 그 자신의 원소가 아니다). 바꾸어 말해 n이 정상집합이라는 진술은 n이 정상집합이 아니라는 진술을 함축하고, 그리고 그것에 의해 함축된다. 만약 우리가 통상적 집합논리 안에서 모든 정상집합들의 집합 n과 이의 여집합인 모든 비정상집합들의 집합 $n' = a$ 을 정의할 경우 역설이 일어난다.

논리학으로부터 산수를 연역하는 데 필요한 집합논리는 역설을 일으키지 않으면서도 이 목적에 적합한 원리들을 제공할 수 있어야 한다. 단순히 실용적 근거가 아니라 좀더 나은 근거에서 이 원리들을 정당화할 필요가 있다. 논리주의 프로그램은 논리적 원리들로부터 산수를 연역하는 것이지, 일부는 논리적이지만 다른 일부는 논리적이지 않은 원리들로부터 산수를 연역하는 것이 아니다. 전제들이 논리적 원리라는 점을 보일 수 없다면, 그 프로그램이 수행되었다고 할 수 없다. 물론 산수 전체를 아주 적은 수의 공준집합으로부터 형식화된 추리규칙에 의해 연역할 수 있는 연역기법이 존재한다는 것을 보이는 것도 큰 의미를 지닐 수 있다. 하지만 여기서 말하는 적은 수의 집합이 명백히 논리적이거나 아니면 명백히 논리적임을 입증할 수 있는 공준이 아니라면, 그것은 논리주의가 참임을 증명한 것이 아니다.

러셀은 우리가 논의한 역설과 칸토르의 집합론의 틀 안에서 구성될 수 있는 다른 역설들은 어떤 형태의 악순환(*vicious circle*) 때문에 생겨난다고 주장했다. 무엇을 피해야 하고 어떻게 피할 수 있을지를 보여주는 원리는 《수학원리》(*Principia Mathematica*)에서 다음과 같이 정식화된다. 37) "모든 모임을 포함하는 것은 그 모임 가운데 하나이어서는 안 된다." 거꾸로 말해 "어떤 모임의 전체가 있다고 할 경우, 어떤 모임이 바로 그 전체에 의해서만 정의될 수 있는 원소를 가진다면, 방금 말한 그 모임은 전체를 갖지 못한다." 이 원리는 유형들(*types*)의 계층을 제안하는 것이고, 이런 계층을 통해 집합형성에 어떤 제한을 두자는 제안이다. 우리는 유형에 따라 다음과 같이 집합들을 서로 구분할 수 있다. 유형 0: 개체들, 유형 1: 개체들의 집합들, 유형 2: 개체들의 집합들의 집합들 등으로 계속 진행된다. 이러한 순수 유형의 집합들 외에도 혼합된 유형의 집합들38)이 있을 수 있다.

우리가 정상집합을 자기 자신을 원소로 갖지 않는 집합으로 정의할 경

---

37) 2판, 1권, 37쪽.
38) 〔옮긴이주〕가령 개체들과 개체들의 집합을 원소로 갖는 집합은 혼합된 유형의 집합일 것이다.

우, "$n \in n$이면 그리고 그런 경우에만 $\sim (n \in n)$" — 여기서 n은 모든 정상 집합들의 집합이다 — 이라는 골칫거리를 피할 수 있는 한 가지 방식이 늘 존재한다. 우리는 그냥 집합은 자기 자신을 원소로 포함해서는 안 된다고 규정하면 된다. 모든 집합은 그보다 낮은 유형의 집합만을 원소로 가져야 한다거나, 아니면 모든 집합은 바로 아래 유형의 집합만을 원소로 가져야 한다고 규정함으로써 이 규정을 더 강화할 수도 있다. 러셀은 실제로 마지막 이 규칙, 즉 어떤 집합이 n번째 유형에 속한다면, 그 집합의 원소는 모두 $n-1$번째 유형이어야 한다는 규칙을 채택하였다.

악순환 원리를 통해 역설을 피할 수는 있지만, 이는 또 다른 어려움을 야기하고, 이를 방지하기 위해서는 새로운 공준이 필요하다. 악순환 원리는 집합을 유형별로 계층화하고, 이 계층은 모든 명제함수에까지 확장된다. 즉 명제함수 $\Phi(x)$는 $\Phi(x)$를 참되게 주장할 수 있는 모든 대상들의 집합이다. 그래서 이것은 모든 명제에까지 확장된다. 왜냐하면 어떤 명제를 주장한다는 것은 명제함수(프레게의 표현을 사용한다면) 개념을 대상에 적용하는 것이기 때문이다. 〔엄밀하게 한다면, 우리는 물론 $n > 1$인 $\Phi(x_1, x_2, \cdots, x_n)$도 고려해야 한다.〕[39]

러셀은 이 점을 잘 알고 있었다. 그는 《수학원리》[40]에서 "여러 유형의 명제와 함수가 있기 때문에 … '모든 명제'나 '모든 함수' 또는 '어떤 (불특정한) 명제'를 가리키는 어구는 모두 무의미하다는 점을 깨닫는 것이 중요하다"고 말한다. 그는 이 점을 강조한다. "수학이 가능하려면, 우리가 (부정확하게) 'x의 모든 속성'이라고 말할 때 우리가 염두에 두는 것과 일반적으로 동치인 진술을 표현할 수 있는 어떤 방법을 반드시 찾아내야 한다"고 말한다. 우리가 여기서 러셀이 제시한 방법이나 거기에 포함된 추가 공준들을 살펴볼 필요는 없다. 나아가 우리는 러셀의 후계자들이 이

---

39) 〔옮긴이주〕 즉 개념뿐만 아니라 다항관계도 고려해야 한다는 말이다.
40) 1권, 166쪽.

른바 주전원(*epicycle*) 들[41] 을 줄이기 위해 기울인 많은 노력에 관해서도 애기할 필요가 없다. 그런 주전원들은 악순환 원리 — 이는 칸토르의 집합론에 대한 하나의 주전원이다 — 에 부가되어야 한다고 러셀이 생각했던 것들이다.

4. 양화논리에 관하여

프레게/러셀 프로그램을 수행하는 데 필요한 공준들 가운데 마지막 것은 수학에 나오는 '모든'과 '어떤'이라는 용어의 사용과 관련된 것이다. 이것들은 형식화되어야 할 논리적 도구 가운데 마지막 부분을 이룬다. 이것들이 필요하다는 점은 하나의 개별 대상에 대해 어떤 속성을 주장하는 진술로부터 유한한 수의 대상에 대해 그 속성을 주장하는 진술로 나아가고, 더구나 실제무한한 수의 대상들에 대해 그것을 주장하는 진술로 나아가는 경우를 생각해볼 때 분명해진다.

"소크라테스는 죽게 마련이다"(*Socrates is mortal*) 라는 진술을 생각해보자. 여기서 우리는, 프레게(앞의 55쪽 참조)를 따라, ① 불포화된 함수인 "x는 죽게 마련이다"와 ② 그 값들 가운데 하나의 이름[42] 으로서의 '소크라테스'를 구별할 수 있다. 어떤 대상의 이름으로 이 함수를 채우게 되면 참

---

41) 〔옮긴이주〕 근대에 천동설을 구하기 위해 여러 가지 주전원(周轉圓)의 존재를 가정했던 역사적 사례에 빗댄 설명이다.

42) 〔옮긴이주〕 'the name of one of its value'. 간단히 말해 이는 x 자리에 올 수 있는 대상의 이름을 말한다. 여기서도 밝히듯, 본문 55쪽에서 쾨르너는 이미 1항 함수가 개념을 나타내며, 바로 그 점에서 1항 함수의 자리를 채울 수 있는 것을 그 개념의 값으로, 그리고 그런 값들의 치역을 외연으로 이해한다. 따라서 여기서 말하는 값은 그 함수의 함숫값이 아니다. 여기 나온 함수의 함숫값은 물론 프레게에 따르면, 참이나 거짓이라는 진릿값이다!

이나 거짓인 명제가 생겨나기 때문에, 불포화된 함수를 러셀은 '명제함수'라 불렀고 프레게는 '개념'이라 불렀다. 사람들의 수가 유한하고 모든 사람들을 이름을 통해 분명하게 구분할 수 있다고 가정해보자. 이때 "모든 사람은 죽게 마련이다"라는 주장은, 우리 관점에서 볼 때, "소크라테스는 죽게 마련이고 플라톤은 죽게 마련이고 …"라는 주장과 같다. 여기서 말줄임표는 이것이 아주 긴 명제들의 연언으로 이루어짐을 암시한다. 그 명제들은 개수가 유한하고, 모두 똑같은 명제함수로부터 간단하고 직접적인 방식으로 만들어진다. 이 연언은 요소들의 진리함수적 결합으로, 그것은 모든 구성요소가 T값을 가질 **경우에만** T값을 가진다. 그 밖의 경우 그것은 F값을 가진다. 우리는 아주 긴 그 연언을 다음과 같이 나타낼 수 있다. "(x) (x는 죽게 마련이다)"나 또는 좀더 도식적으로 '$(x)f(x)$'. (간단하게 하기 위해 우리는 논의영역이 사람들로만 구성되었다고 가정한다.)

　어떤 사람이 존재한다는 주장은 "소크라테스가 사람이거나 플라톤이 사람이거나 …"라는 주장이다. 여기서 말줄임표는 이것이 아주 긴 선언으로 이루어져 있음을 암시한다. 그 명제들은 똑같은 명제함수들로부터 쉽게 만들어진다. 이 선언도 하나의 진리함수이다. 그것은 모든 구성요소가 F값을 가질 **경우에만** F값을 갖는 진리함수이다. 우리는 그것을 다음과 같이 나타낼 수 있다. "$(\exists x)$ (x는 사람이다)" 또는 좀더 도식적으로 '$(\exists x) \Phi(x)$'. 바꾸어 말해, 명제함수의 영역이 유한한 한, 보편명제와 존재명제는 진리함수의 논리 안에 완전히 통합될 수 있다.

　"x는 정수이다"나 "x는 무리수이다"처럼 순수수학에서 아주 중요한 명제함수들 가운데 일부는 유한하지 않은 영역을 가진다. 그것들은 적어도 잠재무한으로 간주되어야 한다. 러셀 식의 프로그램을 채택하는 수학철학자는 "x는 정수이다"나 "x는 무리수이다"의 영역을 실제무한으로 간주하며, 정확히 정의할 수 있는 어떤 의미에서 후자의 영역이 전자보다 더 크다고 간주한다. 따라서 '모든 x에 대해서'와 '그러그러한 x가 있다'를 사용하는 규칙이 정식화될 수 있다면, 그 규칙은 결합사 '*and*'나 '*or*'(기호로는 '&'와 '∨')을 포함하는 진리함수적 결합의 규칙으로는 간주될 수 없다. 그럼에도 불구하고 보편명제와 존재명제에 대한 유익한 유비로서, 진리함수적 연언과 선언이 사실상 사용되었다.

그래서 두 개의 대상, 가령 a와 b로 이루어진 논의영역이라면, '$f(a)$ 이고 $f(b)$'라는 명제를 '$(x)f(x)$'라고 적을 수 있다. '$(f(a)\,\&\,f(b))\supset f(a)$'는 진리함수적 항진명제(63~64쪽 참조)이므로, 정식 '$(x)f(x)\supset f(a)$'도 두 개의 대상으로 이루어진 유한한 논의영역에서는 역시 진리함수적 항진명제다. '$f(x)$'의 영역이 무한하다 하더라도, 우리는 여전히 '$(x)f(x)\supset f(a)$'를 우리 논리체계의 공준으로 삼거나 그것이 정리로 연역될 수 있도록 함으로써 타당한 것으로 간주할 수 있다. 마찬가지로 두 개의 대상으로 이루어진 유한한 논의영역에서라면 '$f(a)\supset(f(a)\lor f(b))$'도 진리함수적 항진명제이다. a와 b가 유일한 대상이기 때문에 그 식을 '$f(a)\supset((\exists x)f(x))$'라고 적을 수 있다. 논의영역이 무한할 경우, 이 식을 우리가 일반적으로 주장하려고 한다면, 우리는 그것을 공준이나 정리에 포함시켜야 한다. 명제함수의 유한한 영역을 '무한한' 영역으로 확장해 양화의 원리들을 도입한다는 점[43]은 수학을 논리학으로부터 연역할 수 있으려면 '논리학'이 얼마나 강력해야 하는지를 보여준다는 점에서 아주 시사적이다.

논리주의에서 말하는 '모든 정수에 대해서 …'나 '모든 실수에 대해서 …'라는 어구가 포괄하는 무한한 영역이 어떤 것인지를 말해주는 공준들을 여러 방식으로 해석할 수 있다. 모순을 야기하지 않는다는 점이 증명될 수 있기만 한다면, 그것들을 받아들여도 되는 단순한 기계적 장치라고 생각할 수도 있다. 이는 힐베르트와 그의 학파의 견해였다. 한편, 그것들은 수학의 본성을 오해하게 만들기 때문에 받아들일 수 없다고 간주

---

43) Hilbert and Bernays, *Grundlagen der Mathematik*, Berlin, 1934 and 1939, 1권, 99쪽 이하에서 자세하게 다루었다.

할 수도 있다. 이는 브라우어와 그 제자들의 견해였다. 끝으로, 그것들을 세계에 관한 경험적 가정으로 간주할 수도 있다. 그래서 러셀은 우주에 무한히 많은 개체들의 집합이 존재한다는 진술을 하나의 경험적 가설로 간주했다. 이 세계에는 9개 이하의 개체가 존재한다는 말은 거짓인 경험명제를 주장하는 것이 될 테고, 이 세계에는 9개 이상의 개체가 존재한다는 말은 참인 경험명제를 주장하는 것이 된다. 러셀에 따르면, 이 세계에 무한히 많은 개체들이 존재한다는 말은 참이거나 거짓일 수 있는 경험적 진술이다. 그러나 《수학원리》에서는 참이라고 가정되었다. 44)

5. 논리주의 체계에 관하여

어떠한 논리주의 체계이든 그것은 수학적 관점과 철학적 관점이라는 두 측면에서 판단되어야 한다. 수학적 측면에서는 현존하는 수학의 기법에 비추어볼 때 논리주의 체계의 기호법이 어느 정도 정확한지, 그리고 연역이 어느 정도 엄밀한지를 물어야 하고, 그 체계가 실제로 이것들에 대한 진전이라고 할 수 있을지를 물어야 한다. 철학적 측면에서는 논리주의 체계를 라이프니츠, 프레게, 러셀 등이 밝힌 논리주의의 철학적 논제 및 프로그램과 비교 검토해보아야 한다. 우리는 그 체계를 '수학이 논리학이다'(이 슬로건이 지닌 여러 의미에서)라는 논제에 비추어 판단해야 하고, 이 논제가 논리주의 체계에 의해 얼마나 해명되었는지 아니면 더 모호해졌는지를 판단해야 한다. 만약 그 체계가 **수학적 측면에서** 결함이

---

44) 또한 *Introduction to Mathematical Philosophy*, 2판, London, 1920, 131쪽 이하 참조.
〔옮긴이주〕이 책은 우리말로 번역되어 있다. 러셀 지음, 임정대 옮김, 《수리철학의 기초》(연세대출판부, 1986), 같은 제목으로 2002년 경문사에서 재출간되었다.

있다면, 철학적 논제와 프로그램들을 검토해보는 일은 때로 무의미할 수도 있다. 하지만 그 체계가 수학적으로 완벽하다고 해서 바로 논리주의 수학철학을 정당화할 수 있는 것은 아니다.

이 책에서 수리논리학에 대한 우리의 관심은 그것이 수학철학과 관련되는 경우에 국한되기 때문에, 나는 수학적 관점에서 논리주의 체계나 아니면 다른 체계를 비판하지는 않겠다. 나는 늘 여기서 논의되는 형식체계가 수학적으로 건전하거나 아니면 큰 수정 없이 그렇게 될 수 있다고 가정하겠다. 러셀의 수학을 받아들이면서도, 수학이 논리학으로부터 연역가능하다거나 논리학으로 번역가능하다는 그의 철학적 논제를 받아들이지 않는다는 것은, 예를 들어 유클리드의 수학을 받아들이면서도 지각적 공간이 유클리드 공간이라는 철학적 논제를 문제 삼는 것과 같다.

논리주의 체계는 모두 진리함수의 논리와 이를 확장한 집합논리 및 양화논리로부터 비롯한 공준과 추리규칙을 이용한다. 공준의 목록과 추리규칙의 목록은 서로 독립적이지 않다. 예를 들어 공준을 아주 많이 잡으면, 추리규칙의 수를 줄일 수 있다. 가령 진리함수적 항진명제는 모두 공준이 된다고 규정하거나, 아니면 일정한 도식적 기술에 맞는 정식은 모두 공준이 된다고 규정함으로써, 때로 무한한 수의 공준을 채택하는 경우도 있다. 콰인은 《수리논리학》(*Mathematical Logic*)에서 공준을 바로 이런 식으로 규정하는 방식을 채택한다. 반면 *M. L.* — 대개 이 체계를 이렇게 부르는데 — 에서 추리규칙은 하나, 즉 전건긍정규칙 — 만약 $(\varPhi \supset \varPsi)$와 $\varPhi$가 둘 다 정리라면, $\varPsi$도 정리이다 — 만 있으면 된다.

*M. L.*은 논리주의의 이상에 맞게 구성된 체계 가운데 상당히 영향력 있는 체계이다. 이 체계는 《수학원리》의 몇 가지 난점, 특히 유형이론과 관련된 난점을 피하고 개선하는 데 그 목적이 있다. 우리는 수학철학으로서의 논리주의에 관심이 있고 *M. L.*이나 이와 비슷한 체계의 수학적 주장들은 가능한 한 그냥 인정하고자 하기 때문에, 콰인 자신이 *M. L.*에 대

해 무엇이라고 주장하는지를 살펴보는 것이 좋을 것 같다.

콰인은 산수의 개념이 순수 논리적 용어로 정의될 수 있다고 주장한다. "동일성, 관계, 수, 함수, 합, 곱, 멱, 극한, 도함수 등의 개념은 모두 세 가지 표현 장치, 즉 원소임(membership), 비선언(joint denial), 변항을 지닌 양화(quantification with its variable)를 통해 정의될 수 있다."[45] 여기서 말하는 정의는 명시적 정의일 수도 있고 맥락적 정의일 수도 있으며, 이렇게 정의된 개념 아래 속하는 대상들의 존재를 전혀 함축하지 않는다.

콰인은 산수의 정리를 순수 논리적 원리들로부터 연역했다고 주장하지 않는다. M. L.은 (사실상의) 고전수학 전체를 구축하고자 하는 모든 체계가 그렇듯이, "어떠어떠한 그런 모든 **집합** …"이나 "그러그러한 **집합**이 존재한다. …"와 같은 어구의 자유로운 사용을 제한하는 원리를 공준으로 포함한다. 왜냐하면 그것들을 자유롭게 사용하게 내버려두면 모순이 야기되기 때문이다. M. L.에서 집합, 집합들의 집합 등에 대한 양화의 자유는 논의영역의 계층과 관련된 규칙 ― 이는 러셀의 유형이론보다 더 간단하다 ― 에 의해 제한된다. 콰인은 이것이 논리적 원리라고 주장하지는 않는다.

다음이 바로 모순을 피하면서 논리주의의 목적을 달성하는 여러 방법에 관해 콰인이 말해야 했던 것이다. "가장 덜 인위적이면서도 기술적으로 가장 편리한 형식화는 모순을 야기하지 않으면서 지나칠 정도로 자유로워 보이는 상식의 규준들에 가급적 가까이 다가가는 것으로 보인다. 하지만 우리가 이런 이상적인 자유의 지점에 가까이 가면 갈수록, 나중에라도 모순을 발견할 위험은 더 커진다."[46] (M. L.의 초기판은 비일관적임이 드러났다.)

이 장을 요약해보기로 하자. 나는 이후의 비판적 논의를 위해, 라이프

---

45) M. L., 126쪽.

46) M. L., 166쪽.

니츠, 프레게, 러셀의 논리주의 수학철학의 프로그램이 어떻게 수행되었는지를 설명하고자 했다. 그것은 (해석된) 수학체계를 실제로 구성하는 결과를 낳았다. 이 체계 각각은 한편으로는 공준과 추리규칙을 통해 ① 모든 진리함수적 항진명제와 ② 집합이론에서 논란의 여지가 없는 정리들과 ③ 양화이론을 도출할 수 있게 하는 것으로 이루어지고, 다른 한편으로는 비일관성을 피하기 위한 공준으로 구성된다. 철학적 논의를 위해 우리는 형식체계는 필요한 연역적 힘을 지니며(아니면 적절히 수정하면 그렇게 될 수 있으며) 모순을 야기하지 않는다고 가정했는데, 후자에 대해서는 전문적인 수학자들 사이에서도 견해가 나뉜다.

이 형식체계들은 순수수학이 논리학의 일부라는 철학논제를 지지해주는가? 논리주의 수학철학은 응용수학을 만족스럽게 설명해줄 수 있는가? 이런 물음을 다루는 것이 다음 장의 과제이다.

제3장

논리학으로서의 수학: 비판

이 책 서론에서 지적한 바 있듯이, 수학철학이 다루어야 할 문제로는 첫째, 순수수학의 구조와 기능의 문제, 둘째, 응용수학의 구조와 기능의 문제, 셋째, 무한 개념을 둘러싼 문제 등이 있다. 이 가운데 첫 번째 문제에 대한 논리주의의 대답은 앞 장에서 살펴본 "1 + 1＝2"라는 명제에 대한 설명을 통해 잘 드러날 것이다. 그것은 대략 다음과 같다.

프레게와 러셀에 따를 때, 수 1은 하나의 속성, 좀더 통상적으로는 하나의 집합, 즉 하나의 원소를 포함하는 모든 집합들의 집합으로 정의된다. 더 정확히 말해 "집합 x가 오직 하나의 원소를 포함한다, 즉 x가 집합들의 집합 1의 원소이다($x \in 1$)"라고 할 수 있으려면 다음 조건을 만족시켜야 한다. ① $(u \in 1)$인 하나의 실재 u가 존재하고, ② 임의의 두 실재 v와 w에 대해, 만약 $(v \in x)$이고 $(w \in x)$이면, $v＝w$. (사실 x의 원소인 두 실재가 서로 동일하다면, 그것들은 하나의 실재이며 그래서 하나로 x 안에 있게 된다.) 수 '2'도 비슷한 방식으로 정의된다. "y가 집합들의 집합 2의 원소이다"는 표현, 즉 $(y \in 2)$는 다음 조건에서 성립한다고 설명된다. ① $u_1 \in y$

인 하나의 실재 u_1이 존재하고, $u_2 \in y$인 또 다른 실재 u_2가 존재하며 ②
임의의 실재 v에 대해, 만약 $(v \in y)$이면, $(v = u_1 \lor v = u_2)$.

1과 2에 대한 이러한 정의를 이용해, 이제 우리는 진리함수의 논리와
양화논리 및 집합논리에 의해 "1 + 1 = 2"를 표현할 수 있다. 이를 위해서
는 첫째, 진리함수의 논리가 필요하고, 둘째, 양화논리에서 보편양화사
라는 개념이 필요하며, 셋째, 집합논리에서 합집합 $\alpha \cup \beta$(즉 α의 원소나
β의 원소를 원소로 갖는 집합)이라는 개념과 곱집합[교집합] $\alpha \cap \beta$(즉 α와
β에 공통된 모든 원소의 집합)이라는 개념이 필요하다. 특히 $\alpha \cap \beta = \wedge$이
면, 즉 곱집합이 공집합이면, α와 β는 공통의 원소를 전혀 갖지 않는다.

형식적 정의를 간단히 하기 위해, 우리는 여기 나오는 x와 y가 공집합
이 아니며 아무런 공통의 원소도 갖지 않는다고 가정하겠다. 우리는 "1 +
1 = 2"를 "$(x)(y)(((x \in 1) \& (y \in 1)) \equiv ((x \cup y) \in 2))$"로 정의한다. 말로 풀
자면, x와 y가 공집합이 아니며 공통의 원소를 갖지 않는다는 가정 아래,
임의의 집합 x와 y에 대해 만약 x가 1의 원소이고 y도 1의 원소라면, 그리
고 그런 경우에만 이들의 합집합은 2의 원소이다. 우리는 이 정의를 통해
적어도 수의 덧셈이 두 집합의 합집합을 형성하는 집합이론의 연산으로
환원되었다고 말할 수 있다.

만약 우리가 "1 + 1 = 2"의 분석에서 드러난 그대로를 순수수학에 대한
논리주의의 설명으로 받아들일 수 있다면, "하나의 사과와 하나의 사과
를 더하면 두 개의 사과가 된다"의 분석에서 드러나는 그대로를 응용수
학에 대한 논리주의의 설명으로 받아들일 수도 있을 것이다. 우리는 그
냥 논리학의 두 진술을 다루는 것이다. 만약 a와 b가 사과들의 집합(이들
은 공집합이 아니고 공통의 원소를 갖지 않는다)이라면, 위의 식은 이 경우
$((a \in 1) \& (b \in 1)) \equiv ((a \cup b) \in 2))$가 된다. 바꾸어 말해, "1 + 1 = 2"는
일반적으로 집합들의 집합에 관한 논리학의 진술인 반면, "하나의 사과
와 하나의 사과를 더하면 두 개의 사과가 된다"는 것은 특정한 집합들의

집합에 관한 — 일정한 특성을 지닌 물리적 사과가 우연히 존재하게 된 어떤 세계에 관한 경험적 진술이 아니라 — 논리학의 진술이다. 사실 일반적으로 집합들의 집합에 관해 논리적으로 참인 것은 사과나 배(*pears*)나 수 등의 집합들의 집합에 대해서도 논리적으로 참이다.

논리주의는 순수기하학과 응용기하학의 명제를 별개의 문제로 보지 않으며, 그들의 상호관계도 별개의 문제로 보지 않는다. 바이어스트라스와 펠릭스 클라인의 표현을 빌려 말한다면, 논리주의는 데카르트의 해석기하학의 형태를 따라 기하학 전체를 산수화한다. 그래서 논리주의 체계 안에 기하학을 통합시킨다. 이런 접근방식이 올바른지는 순수산수와 응용산수에 대한 논리주의의 설명이 받아들일 만한지에 전적으로 달려 있다.

수학철학이 다루어야 할 세 번째 문제인 수학적 무한의 개념과 관련해서, 자연수 수열에 대한 논리주의의 설명은 실제무한이라는 가정을 포함한다. 칸토르를 따라 논리주의가 다양한 크기와 다양한 내적 구조를 지닌 무한의 수학을 개발해 이 개념을 아주 자유롭게 사용하기는 하지만, 이 수학이론이 철학이론이나 철학적 분석을 통해 뒷받침된 것은 아니다.

지금까지의 대략적인 설명에 비추어볼 때, 논리주의 수학철학을 평가하고자 할 경우 다음과 같은 순서로 진행하는 것이 적절할 것 같다. 나는 먼저 비록 논리주의가 수학을 논리학으로 환원한다고 주장하지만, 논리학의 영역이 어디까지인지를 논리주의가 정확히 말해주지 못한다고 주장할 것이다. 그 다음으로 나는 순수수학과 응용수학에 대한 논리주의의 설명으로는 "1 + 1 = 2"와 같은 순수수학의 명제는 선험적, 비경험적 명제인 반면, "하나의 사과와 하나의 사과를 더하면 두 개의 사과가 된다"와 같은 응용수학의 명제는 후험적이거나 경험적이라는 사실을 정당화하지 못한다는 점을 보일 것이다. 간단히 말해, 나는 논리주의는 비경험적 개념이나 명제와 경험적 개념이나 명제 사이의 근본적 차이를 무시한다고 주장할 것이다. 그 다음 나는 논리주의에서 말하는 실제무한이라는 개념을 살펴볼 텐데, 이 개념은 자연수라는 수학적 개념에는 들어있지만 경험적 개념에는 들어있지 않은 것이다. 나는 여기서 이런 용법은 논리주의가 어떤 식으로도 대답하지 못하는 문제들을 야기한다는 점을 보이겠다. 끝으로 나는 순수기하학과 응용기하학에 관한 논리주의의 설명을 살펴볼 것이다. 그것을 살펴보는 이유는 그 자체로도 흥미로울 뿐만 아니라, 그것이 순수산수와 응용산수에 대한 논리주의의 분석을 비판하는 근거가 되고, 나아가 그런 비판을 좀더 분명히 해주기 때문이다.

1. 논리학에 대한 논리주의의 설명

논리학은 — 이 논리학으로 순수수학을 환원할 수 있다고 논리주의는 주장한다 — 모든 지식을 경험적 지식과 비경험적 지식, 또는 칸트 이래 통상적으로 표현하듯이, 후험적 지식과 선험적 지식으로 나누는 이분법을 전제한다. 플라톤, 아리스토텔레스, 라이프니츠, 흄, 칸트, 프레게, 러셀을 포함해 아주 많은 철학자들이 이 이분법을 받아들인다. 헤겔 (Hegel) 이나 브래들리 (Bradley) 와 보즌켓 (Bosanquet) 과 같은 현대의 절대적 관념론자들, 그리고 여러 유형의 실용주의자들은 이 이분법을 받아들이지 않는다.

이분법은 여러 가지 방식으로 설명되지만, 아래 나오는 점 — 우리 논의를 위해서는 이것으로 충분하다 — 에서 의도는 모두 비슷하다. 우리는 여기서 어떤 진술이 지각이나 감각경험을 기술한다는 것이 무엇을 뜻하며, 한 진술이 다른 진술을 논리적으로 함축한다는 것이 무엇을 뜻하는지를 알고 있다고 가정한다. 우리는 (거의 칸트 식으로) 어떤 진술이 후험적이라는 것은 다음을 의미한다고 할 수 있다. ① 그 진술이 감각경험을 기술하거나 ② 그 진술이 내적으로 일관적이면서, 그것이 감각경험을 기술하는 어떤 진술을 함축한다. 그러므로 "이 책이 인쇄된 이 종이는 흰색이다"는 후험적이다. 왜냐하면 그것은 감각지각을 기술하기 때문이다. 그리고 "모든 책은 흰색 종이로 인쇄되었다"는 참이든 거짓이든 상관없이 후험적 진술이다. 왜냐하면 그것은 이 책이 인쇄된 이 종이가 흰색이라는 것을 함축하기 때문이다.

후험적 명제가 아닌 것은 선험적 명제이다. 선험적 명제의 예로는 다음이 있다. $p \vee \sim p$나 다른 임의의 진리함수적 항진명제, $1+1=2$나 다른 순수수학의 임의의 명제, 그리고 아마도 "사람은 불멸하는 영혼을 지닌다"나 다른 신학의 주장들. (우리가 여기서 이런 신학의 명제는 '무의미'한 것이 아닌가 하는 물음을 살펴볼 필요는 없다. 왜냐하면 비록 [무의미해서] 그런 명제들을 없애버린다고 하더라도, 우리가 들 수 있는 간단한 예가 몇 개 줄어드는 데 불과하기 때문이다.) 후험적 명제와 선험적 명제의 구분에 대응하는 것이 바로 이와 유사한 선험적 개념과 후험적 개념의 구분이다. 한 개념을 대상에 적용할 때, 후험적 명제를 진술하게 된다면, 그 개념은 후험적 개념이다.

방금 본 대로 모든 지식을 선험적인 것과 후험적인 것으로 양분하는 철학자들은 모두 — 아마 밀(J. S. Mill)이 예외일 것이다 — 논리학과 순수수학의 명제를 선험적 명제로 간주한다. 이들 사이의 견해 차이가 있다면 그것은 선험적 명제들의 집합 안에서 그것들을 다시 논리학의 명제와 순수수학의 명제로 더 나눌 수 있느냐 여부이다. 순수수학의 영역과 이성신학[1]의 영역은 선험적이라는 특징을 공유한다. 하지만 이 둘은 뚜렷이 구분될 수 있으며, 이 가운데 어느 하나가 다른 하나로 환원될 수 없다. 이와 마찬가지로 순수수학이 논리학과 선험적 성격을 공유하면서도

---

1) [옮긴이주] 'rational theology'는 natural theology(자연신학)의 동의어로 revealed theology(계시신학)와 대조된다. 따라서 뜻은 자연신학이지만, 이 맥락에서는 '사변신학'으로 옮길 수도 있을 것 같다.

이들이 어느 하나로 환원될 수 없는 경우도 있을 수 있다.

1장에서 우리는 이미 라이프니츠의 논리주의가 논리적 명제 — 그는 이를 이성의 진리라 불렀는데, 이것은 너무 좁은 개념이었다 — 라는 개념과 형식적 입증이나 증명이라는 개념에 근거함을 보았다. 그의 후계자들은 후자의 개념을 더 분명히 했고 완벽하게 만들었다. 반면에 논리적 명제라는 개념은 점차 더 희미해졌다. 이 때문에 순수수학이 논리학으로부터 연역될 수 있다고 하는 논제도 불분명하게 되었다.

이를 보기 위해, 명제의 어떤 특징, 예컨대 L이 존재해서 어떤 명제들은 이 특징을 지니지만 다른 명제들은 이 특징을 지니지 않으며, 이 특징을 지닌 전제들로부터 연역될 수 있는 명제들은 모두 이 특징을 지닌다고 가정해보자. 이런 ('유전적'이라고 하는) 요건을 만족시키는 특징 가운데 하나는 예를 들어 진리가 될 것이다. 이런 요건을 만족시키지 못하는 특징을 하나 든다면 사소함이 될 것이다. 모든 명제들은 L을 지니거나 지니지 않음이 분명하게 정해져 있다고 가정할 필요는 없다. 경계사례[2]가 있을 수 있다.

그런데 원래 형태의 논리주의는 논리적 명제들이 지닌 어떤 유전적 특징 L, 즉 논리적 성격이 존재한다고 가정한 다음, ① 가령 l_1, l_2, $\cdots$, l_n 이라는 명제들이 분명히 L을 지니고, 그리고 ② 이들로부터 순수산수의 명제들, 가령 m_1, m_2, $\cdots$, m_n이 모두 형식적으로 연역될 수 있음 — 당분간 이것이 어떤 의미인지는 논의하지 않겠으며 이를 비판하지도 않겠다 — 을 보였으므로, 따라서 순수수학의 명제들도 L을 지닌다는 것을 보이고자 하였다. 여기에 서로 다른 두 가지 주장이 행해짐을 주목해야 한

---

2) 〔옮긴이주〕 'border-line case'. 쾨르너는 이후 8장에서 수학의 적용과 관련한 자신의 견해를 설명하면서 정확한 개념과 부정확한 개념을 구분하는데, 이때 구분 기준이 바로 여기 나오는 이런 사례를 허용하는지 여부이다. 문자 그대로는 '경계선 주변에 위치하는 사례'를 말하는데, 간단하게 '경계사례'로 옮긴다.

다. 논리주의의 수학적 주장은 명제 l로부터 명제 m을 연역했다는 것이다. 철학적 주장은 명제 l과 이에 따라 명제 m도 일반적인 특징 L을 지닌다는 점을 분명히 보였다는 것이다. 철학적 주장을 옹호하려면, 수학적 주장이 옹호될 수 있음을 미리 전제해야 한다. 하지만 수학적 주장, 즉 명제 l_1, l_2, $\cdots$, l_n로부터 명제 m을 연역할 수 있다는 주장은 l_1, l_2, $\cdots$, l_n이 공통의 일반적 특징을 지님을 보이지 않고도 옹호될 수 있다.

예를 들어 콰인의 논리주의 체계를 살펴본다면, 거기에서는 논리·수학적 체계의 전제들이 **일반적 특징 L** — 이 특징은 연역과 정의의 결과로, 언뜻 보아서는 그렇지 않을지라도 순수산수의 명제들에 이 특징이 있음을 알 수 있는 그런 특징이다 — 을 지닌다는 논증은커녕 그런 주장조차 찾아볼 수 없다. 전제들은 그냥 나열될 뿐이다. 그것들은 어떤 목록의 성원들일 뿐 일반적 특징 L을 명백히 지닌 것들이 아니다. 콰인의 체계는 수학적 과업을 목표로 했고, 그 과업을 실제로 달성했다(혹은 그렇다고 가정할 수 있다). 하지만 그 체계는 순수수학이 논리학으로 환원될 수 있다고 하는 논리주의 논제를 뒷받침해주지는 못한다. 왜냐하면 그것은 논리학의 명제가 정확히 무엇인지를 완전히 설명했다고 볼 수는 없기 때문이다. 다른 논리체계가 콰인의 체계보다 낫다고 주장되기도 했지만, 그들 체계 가운데 어느 것도 공준들의 목록이 논리적이라고 하는 일반적 특징을 지녔다는 점을 보이지 못했다. 〔공준들의 목록이〕 이런 특징을 지니고 있지 못하다는 점은 대부분의 현대 논리주의자들과 이에 가까운 입장을 지닌 사람들도 인정한다.[3]

하지만 단지 만족스런 논리주의 체계의 전제가 지닌 어떤 일반적 특징 L이 있다는 것을 보일 수 없다는 이유 때문에 논리학에 대한 논리주의의 설명이 불명확하다고 말하는 것은 아니다. 이것을 보일 수 없는 이유는 L

---

3) 예로 Carnap, *Introduction to Semantics*, Harvard, 1946, C장 참조.

이 분석될 수 없는 특징이라는 점에서 노랑과 비슷하기(또는 일부에 따르면, 도덕적 선과 비슷하기) 때문이며, 우리는 주어진 논리주의 체계의 공리들이 이런 특징을 지닌다는 점을 다행히 직접 파악할 수 있다고 말함으로써 그 문제를 설명하거나 해소할 수도 있기 때문이다. 사실 집합론의 역설이 발견되기 이전에 프레게는 이런 입장을 가졌던 것 같다. 역설 이후 모든 논리주의 체계는 적어도 하나의 공준을 포함해야만 하게 되었는데, 이 공준은 순전히 실용적 근거에서 받아들여진 것이다. 러셀은 악순환 원리와 이를 보충하는 가정들이 논리학의 원리가 지니는 직접적으로 명백하고 직관적으로 부인할 여지가 없는 특징을 지닌다고 주장하지 않았다. 콰인도 좀더 우아한 자신의 체계가 이런 특징을 지닌다고 주장하지는 않았다. 논리학에 대한 논리주의의 설명은 불명료할 뿐만 아니라 철학적으로도 부적절하다.

이 점이 근본적으로 개선될 수 없다고 한다면, 다음과 같은 방안들이 자연스럽게 떠오른다. 첫째, 논리학과 수학은 하나의 선험적 학문이 아니라 두 개의 서로 다른 선험적 학문이다. 바꾸어 말해, 전통 논리학의 명제들과 《수학원리》의 여러 명제들을 포함하는 선험적 명제들의 집합을 일반적인 유전적 특징 L로 특징짓고, 순수산수의 명제들과 순수수학의 다른 여러 명제들을 포함하는 선험적 명제들의 집합을 또 하나의 일반적 유전적 특징 M으로 특징지을 수 있다. 그렇지만 L의 소유자들로 이루어진 부분집합들 가운데 순수수학의 모든 명제들을 이끌어낼 수 있는 전제들을 가진 부분집합은 없다는 것이다. 이런 입장은 사실 논리주의가 바로 논박하고자 했던 견해이다. 칸트가 이런 입장 가운데 하나를 견지했고, 이 입장은 여전히 형식주의와 직관주의 수학철학에서 영향력이 있는 견해이다.

둘째, 논리주의 체계의 공리들이 분명히 지니고, 그 체계의 정리들도 명백히 지니고 있거나 지니고 있다는 것을 증명할 수 있는 일반적 특징 L

을 찾을 수 없는 이유는 논리학과 순수수학이 이보다 훨씬 더 밀접하게 연관되기 때문이라고 주장할 수도 있다. 이런 견해에 따르면, 논리학과 순수수학은 아예 하나의 학문이어서, 프레게와 러셀이 그랬듯이 이들을 구분하는 것조차 불가능하다. 그 경우 수학을 논리학으로 환원한다는 말은, 논리학을 논리학으로 환원한다거나 수학을 수학으로 환원한다는 말만큼이나 무의미할 것이다. 만약 이 견해가 옳다면, 일반적 특징, 가령 A — 즉 논리·수학체계의 공리들이 분명히 지니고, 정리들도 지님이 분명하거나 그렇다는 점을 증명할 수 있는 그런 특징 — 를 발견할 수 있어야 할 것이다. 하지만 논리학과 수학을 포괄하는 그런 일반적 특징(오래된 용어법이지만, 이른바 **분석성**의 특징)을 찾으려는 노력은 지금까지 성공하지 못했다. 아마 이 점은 논리주의 체계의 공준들 가운데는 실용적 원리, 특히 우주에 관한 경험적 가설과 거의 구분되지 않는 원리들이 포함된다는 점에 비추어볼 때, 그다지 놀라운 일이 아니다.

세 번째로 생각해볼 수 있는 견해는 특징 L을 찾을 수 없을 뿐만 아니라, 논리학이나 수학의 명제와 경험적 명제를 구분해줄 일반적 특징 A마저도 찾을 수 없다고 주장하는 것이다. 이런 견해에 따를 때, 논리학과 수학이 하나라는 주장은 선험적 명제와 후험적 명제를 뚜렷이 나눌 수 없다는 데 근거하게 된다. 여러 철학자들 가운데 《수학원리》의 체계를 완벽하게 만드는 데 논리학자로서의 목표를 두었던 사람인 콰인이 이 입장, 즉 논리주의와 정확히 상반되는 논제인 이 입장을 주장했다는 점은 이상하다. 이런 관점을 따른다면, 논리학으로부터 순수수학을 연역하는 프로그램은 아주 소수의 명제로부터 얼마나 많은 다른 명제가 연역될 수 있는지를 보여주는 프로그램으로 바뀌고 만다. 논리학이나 수학의 비경험적 명제와 경험적 명제 사이에 존재한다고 하는 논리적 차이는 단순히 실용적 차이, 즉 여러 사람들이 여러 다양한 명제에 대해 갖게 되는 강고함의 정도 차이 — 논리학과 수학의 명제들은 가장 어렵게 배제되는 반면,

경험적 명제는 가장 쉽게 배제될 수 있다는 차이 — 에 지나지 않는 것으로 여겨지게 된다. 프레게와 러셀의 원래 논리주의는 이제 이러한 '철저한 실용주의적 논리주의'가 되었다. 이런 복잡한 이름[즉 '철저한 실용주의적 논리주의'라는 이름]에서 '논리주의'는 실현될 수 없는 역사적 기록임을 보여줄 뿐이다.

나는 나중에[4] 수학의 명제와 이론은 경험적 명제나 이론과 달리 어떤 의미에서 정확하며, 논리학 이론 — '논리학'의 여러 의미에서 — 은 존재적이지 않지만, 수학이론은 어떤 의미에서 존재적이라고 주장하겠다. 다시 말해 나는 큰 틀에서 수학과 논리학은 두 개의 서로 구분되는 선험적 학문이라는 견해를 옹호할 것이다.

2. 논리주의가 범하는 경험적 개념과 비경험적 개념의 혼용

자연수와 자연수 개념에 대한 프레게/러셀의 정의는 논리주의의 가장 인상적인 특징 가운데 하나로 간주된다. 사실 우리가 보았듯이, 수를 독립된 실재로 보는 프레게의 설명을 받아들이는 사람과 러셀을 따라 수 개념을 나타내는 낱말을 불완전 기호 — 즉 맥락에 의해서만 정의되는 기호 — 로 간주하는 사람들 사이에는 견해차가 있다. 하지만 러셀/프레게 설명의 요지가 이 때문에 영향을 받는 것은 아니다. 중요한 점은 그 개념을 정의할 수 있다(순수 논리적 용어로 정의할 수 있다)는 주장이며, 그런 정의를 하나 제시했다는 것이다. 실재론적인 형이상학적 원리에 근거하느냐 아니면 유명론적인 형이상학적 원리에 근거하느냐는 문제가 되지 않는다.

논리주의의 분석은 여러 이유에서 비판을 받았다. 예를 들어 논리주의

---

4) 〔옮긴이주〕 이 책 8장 참조.

의 분석이 순환적이라고 비판받기도 했다. 어떤 집합의 속성으로서 일정한 수를 가진다는 것이 집합들 사이의 대등(similarity)이라는 개념에 의해 정의되기 때문에, 우리가 그런 대등함을 어떻게 확립할 수 있는지를 두고 의문이 제기된다. 적어도 몇몇 경우에는 분명히 우리는 셈을 해야 한다. 다시 말해, 수 개념을 적용해야 한다. 프레게는 이런 비판을 미리 예상하고, 직선의 평행에 의해 직선의 방향을 통상적으로 정의하는 것이 순환적이지 않듯이, 집합들 사이의 대등에 의해 집합의 수를 정의하는 것도 순환적이지 않다고 주장했다. 하지만 프레게와 러셀은 그럴듯하지 않은 가정을 했다. 사실 그들은 두 집합이 대등한지 여부, 즉 두 집합의 원소들 사이에 일대일대응이 존재하는지 여부가 모든 경우에 다 확립될 수 있다고 주장해야만 했던 것은 아니다. 하지만 그들은 이것이 어떠한 두 집합의 경우에도 참이라고 가정했다. 즉 대등한지 여부를 파악할 수 있는 방법이 전혀 존재하지 않을지라도 두 집합은 대등하거나 대등하지 않다고 가정했다. 이런 가정의 본성은 불분명하며 정당화가 필요하다. [5]

러셀의 수 정의에 대한 또 다른, 아마도 좀더 자주 거론되는 비판은 순수 논리적 개념이 비논리적 가설에 의해 정의될 수는 없다는 것이다. 우리가 앞에서 보았듯이, 러셀은 이런 비판에 정면으로 맞섰다. 러셀은 모든 자연수 n을 유일한 후자 $n+1$을 갖는 것으로 **정의**할 뿐만 아니라, **비논리적 가설**로 무한공리(the axiom of infinity)를 **가정**해야 했다. 무한공리는 "(참이든 거짓이든 간에) n개의 원소를 갖는 집합이 존재한다는 점을 우리에게 보장해주고, 그래서 우리가 n은 $n+1$과 같지 않다는 것을 주장할 수 있도록 해주는" 공리이다. 그는 이어 이 공리 없이는 "n과 $n+1$이 둘 다 공집합일 수 있는 가능성도 열어놓게 된다"고 말한다. [6] 러셀의 수 정

---

5) 또한 Waismann, *Einführung in das mathematische Denken*, Vienna, 1947, 76쪽 이하; 영어 번역, New York, 1951 참조.

6) *Introduction to Mathematical Philosophy*, 132쪽.

의에 대한 이런 형태의 비판 — 즉 그것은 논리주의 프로그램을 위반한다는 비판 — 은 어디까지나 정당하다. 그 프로그램은 수학을 논리학으로 환원하는 것이지, 비논리적 가설이 더해진 논리학으로 환원하는 것이 아니었다. 하지만 이런 비판은 충분하지 않다.

"n은 **자연수**(*Natural Number*)[7] 이다"라고 정의되는 개념을 생각해보자. 그 개념은 "n은 유일한 직후자(*immediate successor*)를 가진다"는 것을 함축하지 **않도록** 정의되었다고 하자. 바꾸어 말해 우리는, 러셀이 예상한 바 있듯이, 수 계열이 끝이 있을 수 있다는 가능성을 인정한다고 해보자. 나아가 마지막 **자연수**가 존재한다 하더라도, 우리는 그것이 워낙 커서 어느 누구도 — 과학자든 가게주인이든 상관없이 — 그것 때문에 혼란을 겪지는 않는다고 가정해보자. 이 **자연수** 개념은 확실히 지각적 대상들의 모임(*group*)에 잘 적용될 수 있다. 예를 들어 이 책상에 있는 사과들의 모임은 **자연수** 2를 가진다는 진술은 '**자연수**' 개념의 적용이며, 이 진술의 참은 **자연수**가 끝이 없는 수열을 형성하느냐 여부와 무관하다.

다음으로 "n은 자연수(*natural number*) 이다"라는 개념을 생각해보자. 이 개념은 "n은 유일한 직후자를 가진다"는 것을 함축하며, 따라서 "n은 무한히 많은 후자를 가진다"는 것도 함축하도록 정의된 개념이다. 이 개념은 지각적 대상의 모임에는 적용되지 않을 수도 있다. 예를 들어 이 책상에 있는 사과들의 모임은 자연수 2를 가진다는 진술의 참은 끝없는 수열을 형성하는 자연수 — 정의상 2는 이 수열의 한 원소이다 — 에 의존한다. 만약 그것들이 그런 수열을 '우연히도 형성하지' 않는다면, '자연수'라는 개념은 경험적으로 빈 개념일 것이다. 그러므로 '**자연수**'라는 개념과 '자연수'라는 개념은 논리적 내용에서, 즉 적어도 다른 한 개념과 갖는 논리적 관계에서, 다시 말해 유일한 직후자를 가진다는 점에서 다를 뿐

---

7) 〔옮긴이주〕 쾨르너는 이를 'Natural Number'라고 적어 'natural number'와 대비한다. 우리는 여기서 전자를 '**자연수**'로 표시했다.

만 아니라 그들의 〔적용〕 범위나 외연에서도 다르다.

나아가 자연수가 무한수열을 이룬다는 가설 ─ '자연수'라는 개념은 이 가설에 의해 정의되고 무한한 범위를 지닌다 ─ 은 경험적 반증이나 확증의 여지가 없다. 그것은 이와 유사한 유형의 또 다른 '가설들'의 여지를 남겨둔다. 그런 것들 가운데는 자연수 집합이 완전히 주어져 있음을 '우리에게 확신시켜 주는' 것도 있고, 그 외에 그것의 부분집합들의 집합도 주어져 있음을 '우리에게 확신시켜 주는' 것도 있다. 하지만 이와 반대되는 점을 확신시켜 주는 가설도 있다. 서로 비일관적인 개념들을 이처럼 마음대로 정의할 수 있고, 정의에 의해 서로 다른 범위를 마음대로 제시할 수 있다는 사실은 이 개념들 가운데 어느 것도 경험적 개념이 아님을 보여준다. 반면에 자연수는 경험적 개념이며, 막대기들(stroke)[8]의 모임이나 시간적으로 분리된 경험들의 모임과 같은 지각적 패턴들의 특징이다. 그 것들과 그것들 사이의 상호관계는 상정되는 것이 아니라 발견된다.

그리고 자연수 1, 2 등은 경계사례를 허용한다는 의미에서, 즉 할당할 수도 있고 거부할 수도 있는 패턴들을 허용한다는 의미에서 정확하지 않다. 그것들은 다른 경험적 개념들과 이런 부정확성을 공유한다. 반면에 자연수 1, 2 등은 정확하다.

순수수학을 적용할 때, 우리는 순수 수 개념을 자연수에 의해 '해석'할 뿐만 아니라, 순수수학적 관계와 (덧셈과 같은) 연산을 경험적 관계와 연

---

8) 〔옮긴이주〕 'stroke'. 이 책에서 가장 번역하기 어려운 용어이다. 대략 1과 같이 생긴 막대기 모양의 기호를 말한다. 그래서 여기서는 '막대기'로 옮겼다. 하지만 형식주의를 본격적으로 논의하는 4장 이후에는 '스트로크'로 그냥 두었다. 뒤에서 나오듯이, 이것을 정확히 어떤 것으로 보아야 할지는 형식주의를 비판하는 쾨르너의 논지 가운데 하나이기도 하다. 힐베르트는 그것을 애초 '사고 대상'이라고 불렀다가(Hilbert, 1904), 이후 Hilbert 1922("*The New Grounding of Mathematics*")에서는 'number-sign'으로, 그리고 그 이후에는 그냥 'numeral'이라 부른다. 그렇다고 이 기호들이 마치 '철수'가 철수라는 사람의 기호이듯이, 수 1의 기호인 것도 아니다.

산에 의해 '해석'한다. 응용수학자들, 특히 경험에 대한 새로운 수학적 모형을 찾고자 하는 사람들도 대개 물리적 또는 경험적 개념과 이에 대응하는 서로 다른 논리적 내용과 지시 범위를 갖는 수학적 개념 사이에는 차이가 있다는 점을 인정한다. 예를 들어 다음은 경제학의 일부를 새로운 방식으로 수학화하려는 시도를 하기에 앞서 나온 어떤 주장이다. 9)

> 수학의 연산 — 앞에 나온 '덧셈'의 예와 같이 — 을 연상시키는 이름이 붙은 그런 '자연적' 연산의 경우에 우리는 오해를 하지 말아야 한다. 이런 용어를 쓴다고 해서 같은 이름을 지닌 두 연산이 동일하다 — 이것은 분명히 그렇지 않다 — 고 주장하는 것은 아니다. 그것은 다만 이들이 비슷한 특성을 지닌다는 점을 나타낼 뿐이며, 이들 사이의 어떤 대응이 나중에라도 확립될 수 있을지 모른다는 바람을 드러내는 것일 뿐이다.

비슷한 경고를 하면서, 수학적 개념이나 관계와 경험적 개념이나 관계 사이의 대응에 대해서도 비슷한 주장을 한 것을, 측정이론에 의해 통계학을 (아주) 새롭게 수학화하는 표준적인 교과서에서도 찾아볼 수 있다. 10) 수학을 경험에 적용한다는 것은 경험적 개념과 그것들에 대한 '이상화' — 이것은 수학적 개념이다 — 사이에, 즉 한편에는 변위나 속도, 다른 한편에는 벡터 사이에 대응이 성립한다는 사실을 전제한다는 점은 거의 상식이다. 내 주장은 이것이 '**자연수**'와 '자연수'의 경우에도 그대로 성립한다는 것이다.

하지만 '**자연수**'를 '자연수'의 여러 개념과 구분하고, 다른 경험적 개념을 그에 '대응하는' 수학적 개념과 구분하는 이유가 아직 완벽하게 제시되

---

9) V. Neumann and Morgenstern, *Theory of Games and Economic Behaviour*, 2판, Princeton, 1947, 21쪽.

10) H. Cramér, *Mathematical Methods of Statistics*, Princeton, 1946, 145쪽 이하.

지는 않았다. 논리적 내용의 측면에서 개념들을 비교하면서 우리는 암암리에 두 가지 가정을 해왔다. 하나는 한 개념이 다른 개념과 일정한 논리적 관계에 있는지 여부가 언제나 분명하다는 것이었다. 다른 하나는 수학적 개념들 사이에 성립하는 논리적 관계는 경험적 개념들 사이에 성립하는 논리적 관계와 근본적으로 다르지 않다는 것이었다. 그런데 이 두 가정은 모두 옳지 않다.

첫째와 관련해, 특히 형식화된 체계에서 수학적 개념들을 연결짓는 논리적 관계는 경험적 개념들 사이의 논리적 관계보다 훨씬 더 엄밀하게 정의된다. 그렇기 때문에 두 개의 수학적 개념이 일정한 논리적 관계에 있는지의 물음은 결정될 수 있지만, 그에 상응하는 경험적 개념 사이에 그런 관계가 성립하는지의 물음은 결정될 수 없는 경우도 있다. 함축이라는 직관적 개념이나 다른 논리적 관계를 엄밀하게 하는 일은 여러 가지 방식으로 이루어질 수 있고, 또한 그렇게 이루어졌다. 수학적 개념들 사이의 논리적 연결망은 논리체계, 특히 논리체계가 구체화되는 논리적인 형식체계에 의존한다. 그러나 경험적 개념은 그와 비슷한 어떤 체계에도 의존하지 않는다.

두 번째 가정과 관련하여, 이후에 나는 경험적 개념들이 지니는 논리적 관계는 수학적 개념들 사이에 성립하는 논리적 관계와는 근본적으로 다르다고 주장할 것이다. 이 차이는 경험적 개념은 부정확한 반면, 수학적 개념은 정확하다는 점과 연관됨이 드러날 것이다.

이 절에서 나는 응용수학에 대한 논리주의의 설명이 수학적 수 개념과 이에 대응하는 경험적 수 개념을 부적절하게 뒤섞는다는 것을 보이고자 했다. 대응하는 개념들 사이의 차이를 무시하기 때문에, 논리주의는 이런 대응의 본성에 관해 아무것도 말해줄 수 없으며, 실제로 아무것도 말해주지 않는다. 이것이 바로 우리가 끝에 가서 살펴보아야 할 과제이다(8장 참조).

3. 수학적 무한에 대한 논리주의의 이론

만약 실제무한을 염두에 둔다고 한다면, 선분 위에 있는(혹은 선분을 구성하는) 크기가 없는 점들의 전체와 시간의 흐름 안에 있는(혹은 시간의 흐름을 구성하는) 길이가 없는 순간들의 전체는 **어떤 의미에서** 모든 양의 정수들의 전체나 모든 분수들의 전체보다 더 크다는 점은 그리스 시대 이래 분명했다. 연속적인 공간적 배열과 연속적인 시간적 변화를 수적인 관계로 이해하려면, 즉 기하학과 시간측정학(*chronometry*)을 산수화하려면, 실제로 수적인 크기와 순서 구조에 따라 무한집합들을 비교해보아야 한다. 특히 아리스토텔레스가 그랬듯이, 그리스인들은 실제무한을 거부했기 때문에, 그들은 데카르트와 라이프니츠 및 이들의 후계자들이 했던 식으로 산수와 기하학을 통합할 수는 없었다고 이야기되곤 한다. 산수와 기하학이 이처럼 통합됨으로써 여러 가지 실제무한의 크기들을 구분하고 그것들의 구조를 구분하며, 무한기수와 무한서수를 가지고 연산하는 수학이 자연스레 생겨날 수밖에 없게 되었다.

칸토르가 처음 만들었고 《수학원리》에 거의 전부 들어있는 '소박한' 초한수학(*transfinite mathematics*)은 역사적으로 아주 중요하다. 그것이 없었다면, 덜 소박한 이론들을 재구성을 위해 분석하거나 비판할 일도 없었을 것이기 때문이다. 아래에서 나는 이 초한산수의 핵심 개념 몇 가지와, 연속적 모양과 과정을 이해하는 데 이것이 지닌 중요성 및 재구성이 필요해 보이는 그런 개념들의 특성을 간단히 살펴보고자 한다. 11)

집합 x의 원소는 모두 y의 원소이지만, y의 원소가 모두 x의 원소는 아닐 경우, 집합 x를 집합 y의 진부분집합(*proper subclass*)이라 부르기로 하

---

11) 앞서 말한 프랑켈의 책 말고, 너무 어렵지 않으면서 독자들이 읽을 만한 좋은 소개서는 다음이 있다. E. V. Huntington, *The Continuum*, 2판(Harvard Univ. Press, Dover Publications, 1955)

자. 가령 |1, 2, 3| 과 같은 유한집합의 경우 이 집합과 이것의 진부분집합, 가령 |1, 2| 사이에는 일대일대응이 성립할 수 없다는 점은 분명하다. 적어도 원래 집합의 한 원소는 언제나 대응되지 않고 남을 것이다. 무한집합의 경우에는 이것이 그렇지 않다. 이 경우는 어떤 집합과 그 집합의 진부분집합 사이에 일대일대응이 성립할 수 있다. 예를 들어, 모든 자연수들로 이루어진 무한집합은 모든 짝수들로 이루어진 집합을 진부분집합으로 가진다. 그런데 이 두 집합을 다음과 같은 규칙에 따라 일대일로 대응시킬 수 있다. ⓐ 자연수들을 크기 순서대로 1, 2, 3, ⋯ 으로 나열하고 짝수들을 그들의 보통 순서대로 2, 4, 6, ⋯ 으로 나열한다. 그리고 ⓑ 첫 번째 수열의 첫 번째 수를 두 번째 수열의 첫 번째 수와 짝짓고, 첫 번째 수열의 두 번째 수를 두 번째 수열의 두 번째 수와 짝짓고, 이렇게 계속한다. 그러면 첫 번째 수열의 원소는 모두 두 번째 수열의 원소 하나와 정확히 짝을 이루게 되고, 두 수열의 원소 가운데 짝지어지지 않은 것은 아무것도 없게 된다.

'진부분집합'과 '대등'(*similarity*) 이라는 개념으로 유한집합과 무한집합의 구분을 명확하게 정의할 수 있다. 무한집합은 자신의 진부분집합과 일대일대응이 될 수 있는 집합이다. 무한집합이 아닌 집합은 유한집합이다. 분명히 프레게/러셀의 수 정의, 좀더 정확히 말해 그들의 기수 정의는 초한기수도 포괄한다. 초한기수 α는 모든 자연수들의 집합인 |1, 2, 3, ⋯| 과 대등한 모든 집합들의 집합으로 정의된다. 기수 α를 가진 집합을 '가부번'[12] 집합이라 부르기도 한다. 모든 유리수들의 집합과 이보다 더 큰, (복잡한) 대수적 수들(정수를 계수로 갖는 다항식의 근이 되는 수들)의 집합은 모두 가부번이라는 점을 쉽게 알 수 있다(관련 교재를 참조). 마찬가지로 모든 유리수의 집합과 두 유리수 사이에 있는 모든 대수적 수

---

12) 〔옮긴이주〕'*denumerable*'. '가부번'으로 옮긴다.

들의 집합도 가부번 집합임을 쉽게 보일 수 있다.

현대 수학의 해석학, 특히 미분과 적분의 발전을 가져온 수 개념은 실수 개념이다. 바로 이 개념과 관련해 실제무한이라는 개념이 수학철학자들에게뿐만 아니라 순수수학자들에게도 문제가 된다. 0보다 크고 가령 1과 같거나 1보다 작은 모든 실수들의 집합은 가부번이 아니다(non-denumerable). 즉 그 집합은 기수가 α인 집합과 대등하지 않다. 이 증명은 칸토르가 제시한 것으로, 대략 다음과 같다. 그 구간에 있는 모든 실수는 $0. a_1a_2a_3 \cdots$ 형태를 지닌 끝이 없는 소수(이렇게 나타낼 경우 유리수는 자리수가 순환한다)로 나타낼 수 있다.[13] 이제 이런 모든 소수를 하나의 수열로, 즉 1, 2, 3, … 수열에 대응하도록 적는다고 하자. 이제 첫 번째 소수의 소수점 첫 번째 자리가 1일 경우 2로 바꾸고 1이 아닐 경우 1로 바꾸며, 두 번째 소수의 소수점 두 번째 자리가 1일 경우 2로 바꾸고 1이 아닐 경우 1로 바꾸기로 하자. 이렇게 만들어진 수는 분명히 소수이기는 하지만 앞의 수열에는 나오지 않는 수이다. 왜냐하면 이 수는 소수점 첫 번째 자리는 첫 번째 수와 다르고, 두 번째 자리는 두 번째 수와 다르며, 이런 식으로 계속 다르기 때문이다. 따라서 모든 실수들의 집합과 모든 정수들의 집합은 일대일로 대응하지 않는다. 어떤 구간에 있든 실수들의 집합은 모두 대등하다는 점을 보일 수 있다. 이런 모든 대등한 집합들과 이 집합들과 대등한 다른 모든 집합들은 같은 기수 c를 가지며, 이 기수가 바로 연속체의 기수이다.

따라서 α와 c는 서로 다른 두 개의 초한수이며, α는 c보다 작다. 그것은 α는 c의 진부분집합과 일대일로 대응될 수 있지만, c 자체와는 일대일로 대응될 수 없다는 의미에서 정확히 그렇다. 그러면 c보다 더 큰 기수가 있는가? 칸토르와 러셀에 따르면 그런 수가 있다. 사실 그런 수는

---

13) 부록 A에 고전적 '실수' 개념에 대한 간략한 설명을 수록했다.

아주 많다. 다음과 같은 점을 생각해보면, 이를 보여주는 칸토르의 논증이 대략 어떤 것일지를 짐작할 수 있다. {1, 2, 3}이라는 집합을 생각하고, 공집합과 이 집합 자체를 포함해 이 집합의 모든 부분집합으로 이루어진 집합을 하나 생각해보자. 그러면 그 집합은 {∅, {1}, {2}, {3}, {1, 2}, {1, 3}, {2, 3}, {1, 2, 3}}일 것이다. 원래의 집합이 3개의 원소를 가지므로, 이 집합의 부분집합들로 이루어진 새 집합은 2^3개의 원소를 가진다. 칸토르는 기수가 x인 집합이 있을 때, 그것이 유한집합이든 무한집합이든, 그 집합의 모든 부분집합들로 이루어진 기수가 2^x인 집합이 존재한다고 주장한다. 그래서 기수가 2^x인 집합은 기수가 x인 어떤 집합과도 대등한 부분집합을 가지지만, 그 역은 성립하지 않는다고 그는 주장한다. 그러므로 모든 x에 대해 그보다 더 큰 2^x가 존재하며, 결국 가장 큰 초한기수란 존재하지 않는다.

우리는 지금까지 초한기수들이 서로 같은 경우도 있다는 것을 보았으며, 또한 기수들 가운데 정확한 의미에서 하나가 다른 하나보다 더 클 수도 있다는 점을 알았다. 만약 a와 b가 **유한수**(finite number)라면, 다음 세 가지 관계 가운데 하나가 성립한다. $a=b$, $a>b$, $a<b$. 만약 a와 b가 **초한수**(transfinite number)라면, 그것들을 서로 비교할 수 없는 경우도 생각해볼 수 있을 것 같다. 집합론자들은 유한기수들 사이에 성립하는 것과 똑같은 비교가능성을 초한기수들 사이에서도 성립시키기 위해, 실제로는 그렇게 할 수 있는 효과적인 방법이 알려진 게 없을지라도, 모든 집합을 일정한 표준적인 순서로 배열할 수 있다고 가정했다. 이 가정은 모든 집합은 정렬될(well ordered) 수 있다, 즉 다음 조건을 만족하는 순서로 배열될 수 있다는 것을 말한다.[14]

---

14) Huntington, 앞의 책 참조.

(1) 관계 R이 존재해서, ① 만약 x와 y가 그 집합의 서로 다른 원소라면, (xRy) 이거나 (yRx) 이다. ② 만약 (xRy) 라면, x와 y는 서로 다르다. ③ 만약 (xRy) 이고 (yRz) 이면 (xRz) 이다.

(2) 이 계열에 있는 부분집합은 모두 첫 번째 원소를 가진다(이것이 꼭 필요하지는 않다. 가령 0을 제외하고 0부터 1 사이에 있는 실수들을 크기 순서대로 배열한 이 계열은 첫 번째 원소를 갖지 않는다).

모든 집합은 정렬될 수 있다는 공준은 논리학 및 초한수의 산수와 관련이 있을 뿐만 아니라 또한 르베그 적분(Lebesgue integral) 이론과 같은 '통상적' 수학과도 관련이 있다.

모든 집합은 정렬될 수 있다는 공준을 통해 기수의 초한산수와 서수의 초한산수가 서로 연결된다. 후자는 또한 무한히 계속되는 계층을 형성하며, 여러 관계에 의해 순서 지어지는 집합들 사이의 일대일대응에 의해 정의된다. 이 이론에서 정의되는 개념 가운데 일부는 위상수학이나 순수수학의 다른 분야에서 아주 중요한 역할을 한다. 초한기수의 산수에 대한 지금까지의 대략적인 설명에, 똑같이 대략적일 수밖에 없을 초한서수의 산수에 대한 설명을 덧붙일 필요는 없을 것 같다. 지금까지 전자에 관해 이야기한 것들은 대체로 후자에도 똑같이 적용된다.

지금까지 우리는 초한수학의 본성과 거대한 범위를 대략 살펴보았는데, 이 초한수학이 모순을 낳는다는 사실이 이내 밝혀졌다. 우리가 보았듯이, 이 이론에서는 임의의 기수의 유한집합이나 무한집합의 **모든** 원소에 관한 진술이 허용된다. 가령 **모든** 자연수들의 집합에 관한 진술, 그리고 이보다 더 큰 집합인, 이 집합의 모든 부분집합들로 이루어진 집합, 그리고 다시 이보다 더 큰 집합인, 방금 말한 집합들의 모든 부분집합들로 이루어진 집합이라는 진술을 할 수 있다. 그러나 **모든** 기수들의 집합이 존재한다고 가정한다면, 이 가정은 — 이것은 칸토르의 이론에서 금지되지 않는다 — 가장 큰 초한기수는 존재하지 않는다는 칸토르 이론의 정리와 양립할 수 없다. 모든 기수들의 집합은 완전히 주어진 것으로 생각될 수 없다.

칸토르의 이론뿐만 아니라 이에 대한 논리주의자들의 견해에서 이 역설이 지닌 의의를 칸토르 이론을 표준적으로 설명하는 책의 저자 하우스도르프는 다음과 같이 잘 설명한다. [15]

> 이 역설이 우리를 불안하게 하는 것은 모순이 일어난다는 점이 아니라 모순에 대한 대비가 전혀 없다는 점이다. 모든 기수들의 집합은 모든 자연수들의 집합만큼이나 선험적으로 아주 분명해 보인다. 그래서 혹시나 다른 무한집합도, 아니면 다른 모든 무한집합도 그와 같이 모순을 안은 사이비 집합이 아닌가 하는 불안감이 생겨나며, 그 경우 이런 불안감을 떨쳐버릴 수 있느냐 하는 과제가 생겨난다. …

논리주의의 형식체계에서, 특히 《수학원리》에서 가장 큰 기수의 역설이나 또는 자기 자신을 원소로 갖지 않는 모든 집합들의 집합에 관한 역설, 그리고 다른 역설들을 피하는 데 사용되는 원리들은 불행하게도 논리적인 것이 아니며 논리적인 것임을 입증할 수도 없다. 그 원리들은 임시방편적 해결책이며, 대개 그렇다고 여겨진다. 그런 원리들을 제안한 사람들은 자신들이 질병의 원인이 무엇인지를 진단해냈다고 주장하지 않는다. 다만 그들은 그렇게 해서 모순을 피할 수 있기를 바란다는 희망을 표명할 뿐이다.

만약 서로 다른 기수를 가진 실제무한한 전체라는 개념이 문제를 일으키지 않도록 하는 방법이 임시방편적이고 잠정적인 것일 뿐이라면, 그런

---

15) F. Hausdorff, *Mengenlehre*, 3판, 34쪽. 도버출판사에서 나온 것도 있다.

개념에 대해 우리는 여러 가지 철학적 입장을 취할 수 있다. 우선 하나는 문제가 있는 그 개념을 같은 역할을 하면서도 문제가 없는 건전한 개념으로 바꾸는 것이다. 이것이 바로 힐베르트와 힐베르트 학파가 시도했던 것이다. 이 수학철학자들은 — 우리는 나중에 이를 아주 자세히 살펴볼 것이다 — 수학이론의 진술은 지각가능하거나 구성가능한 대상 및 이 대상들에 대한 지각가능한 연산과 분명하게 연관될(비록 이런 대상에 대한 기술이어야만 하는 것은 아니지만) 수 있어야 한다고 본다. 그 이유는 실제적이거나 가능한 지각을 기술하는 진술은 결코 서로 비일관적일 수 없다는 논제에 근거한다. 이 철학자와 수학자들의 과제는 소박한 논리주의 이론의 '비구성적' 개념들을 '구성적' 개념들로 대치하는 것이다. 이런 과제는 실수의 수학에 특히 중요하다. 실수의 수학은 고전수학에서 비구성적으로, 즉 실제무한한 집합(가령 실수는 무한한 소수로 정의되는데, 무한 소수는 어떤 식으로 완전히 '적어서 나열할 수 있는' 또는 균일하게 펼쳐진 것으로 간주된다)에 의해 정의되기 때문이다.

또 하나 가능한 입장은 모든 실제무한이나 모든 비가부번인 무한을 버리고 그 대가를 치르는 것이다. 그런 대가에는 수학의 일부 분야, 특히 해석학이 훨씬 복잡해지고 장황하게 된다는 점과 수학의 일부 분야를 희생해야 한다는 것도 포함된다. 이런 태도를 취한 것이 바로 브라우어와 그를 전적으로 또는 부분적으로 따랐던 사람들이다. 그 사람들은 수학에서 실제무한한 전체를 배제하려고 노력하였다.

대체로 프레게와 러셀은 산수를 분석하면서, 혹은 — 우리가 이런 표현을 쓸 수 있다면 — 산수를 논리학화하면서, 칸토르의 실제무한을 무비판적으로 채용하였다. 물체라는 개념을 무비판적으로 사용한 사람은 철학적 실재론자라기보다는 '소박한' 실재론자이듯이, 실제무한이라는 개념을 무비판적으로 사용한 논리주의자에게 무한의 철학이 있었다고 말하기는 어렵다. 그들에게 이런 빈틈이 있다는 사실은 그들의 수학철학이 지닌 커다란 문제점이다.

4. 기하학에 대한 논리주의의 설명

우리가 알고 있는 기하학이론을 전개하는 데는 아주 다른 두 가지 방식이 있다. 우선 그 가운데 하나에 따르면, 기하학의 실재인 점, 선, 면 등은 수나 수들의 집합과 일대일로 대응(또는 동일시)되며, 기하학에서 다루는 관계 또한 수들 사이의 관계와 대응된다. 이런 형태의 해석기하학 또는 산수화된 기하학은 고도로 발전된 수 개념, 특히 실수 개념을 전제한다. 만약 이것을 칸토르나 논리주의 식으로 생각한다면, 그것은 다시 가부번인 실제무한과 비가부번인 실제무한을 **모두** 전제하게 된다. 그러므로 실제무한과 관련된 문제점은 기하학을 산수와 수학의 해석학으로 흡수하는 것이 합당한가 하는 문제에도 영향을 미치게 된다.

기하학이론을 전개하는 또 다른 방식은 기하학의 실재들 — 그것이 실재하는 것이든 허구적인 것이든 — 과 이들 사이의 관계를 수적 표상과는 독립해서 고려하는 것이다. 이 경우 기하학의 실재들은 부분적으로만 정의된다. 그것은 그 실재가 같은 혹은 다른 유형의 또 다른 기하학적 실재와 갖는 관계를 진술해 부분적으로 정의될 뿐, 그런 실재를 우리가 지각하거나 구성하거나 생각할 수 있게 하는 어떤 특성에 의해 정의되지는 않는다. 예를 들어 주어진 **직선** 위에 있지 않은 **점**을 통해서는 주어진 **선**과 **평행한 선**을 오직 하나 그을 수 있다고 말할 때, 이 진술을 공준이나 정리로 포함하는 기하학 체계라면 거기에는 **점**이나 **선**(**평행**하든 하지 않든)을 칠판에 있는 그림이나 또는 다른 어떤 물리적 대상과 동일시할 수 있게 해주는 진술은 포함되지 않는다.

물론 논리주의자라면 비가부번인 실제무한이나 이런 개념을 포함하는 실수라는 개념, 또는 기하학을 실수 개념에 의해 산수화하는 작업에 문제가 있다고 보지 않을 것이다. 따라서 그런 사람들은 콰인이 말하듯, "우리가 기하학의 개념을 해석기하학과의 상관관계를 통해 대수적 개념과 동일시할 수 있다고 생각한다면", 16) 《수학원리》의 체계나 이와 비슷한 체계가 기하학에도 '제시되었다'고 주장할 수 있다.

순수산수와 응용산수에 관한 논리주의자들의 설명과 실제무한에 대한 그들의 무비판적 수용을 고려해볼 때, 기하학에 대한 그들의 설명에 대해 지금까지는 다루지 않았던 새로운 비판이 제기될 것 같지는 않다. 만약 본질적으로 새로운 비판이 제기된다면, 그것은 논리주의의 방법으로는 결코 기하학을 산수화할 수 없다고 하는 어떤 가정에 근거한 것이 될 것이다. 우리가 이런 논증을 하고자 하지 않는 이상, 우리의 논의는 산수화의 수단, 즉 현재의 경우 논리주의가 지닌 핵심적인 비기하학적 개념에만 관심을 둘 것이다. 그럼에도 불구하고 나는 기하학에 대한 논리주의의 견해를 좀더 자세히 살펴보고자 한다. 이렇게 하게 되면, 이미 살펴본 일반적 논증, 특히 논리주의는 경험적 진술이나 개념을 비경험적인 것들과 뒤섞는다는 논증을 다시 한 번 강조하고 그것을 강화하는 데 도움이 될 것이다.

자연수와 **자연수**의 구분이 일부 사람들에게 이상하게 비칠 수도 있겠지만, 유클리드 기하학의 삼각형과 물리적 삼각형처럼 이에 대응하는 구분은 대개 받아들여진다. 유클리드의 삼각형 — 우리는 지금 이것을 수적 표상과 독립해 생각한다 — 을 실제 그려진 삼각형과 동일시하거나 실제 그려진 삼각형을 '유클리드의 삼각형'이란 개념의 사례라고 간주하는 사람은 없을 것이다. 플라톤이 이미 이런 구분을 아주 분명하게 했다. 그에 의하면 물리적 삼각형이 수학적 삼각형의 형상을 분유한다는 것은 사례

---

16) 앞의 책, 81쪽.

화와는 아주 다른 것이다. 철학자나 수학자들도 이 점을 여러 차례 표현했다. 그런 사람들 가운데 가장 체계적이었던 사람은 기하학자 펠릭스 클라인이다. 예를 들어 클라인은 다음과 같이 말한다.

> (기하학의) 기본 개념과 공리는 직접적인 지각의 사실이 아니라 이런 사실을 적절히 골라 이상화한 것이다라는 주장은 일반적으로 참이다(클라인의 강조). 17)

흥미로운 기하학적 진술의 예로, 우리가 잘 알고 있는 평행선 공준을 생각해보자. 그것은 임의의 직선과 그 선 위에 있지 않은 임의의 점에 대해 그 점을 지나는 평행선이 하나 **있으며**, 오직 하나라는 것이다. 이것은 다른 것들과 합쳐질 경우, 수적 표상을 떠나서라도 유클리드 기하학 전체를 도출할 수 있게 하는, 기하학적 점과 선에 관한 여러 명제들 가운데 하나로 이해해야 한다. 기하학적 명제가 지닌 다음과 같은 특성을 강조할 필요가 있다.

우선 기하학의 명제는 위에서(본문 83쪽에서) 설명한 의미에서 선험적 명제이다. 그 명제와 지각적 명제 사이에 연역가능성이나 양립불가능성과 같은 논리적 관계란 있을 수 없다. 우리의 명제는 지각적 명제와는 논리적으로 단절되어 (*disconnected*) 있다. 간단히 말해 그것은 지각과는 단절되어 있다. 사실 지각적 진술이 길이와 폭과 높이를 가진 물리적 점과 물리적 직선을 기술하고 이들을 관계 짓는 것이라면, 그 진술은 대상에 관한 진술이기는 하지만 그 대상은 어떤 특성을 갖든 3차원적인 대상은 아니다. 도리어 그것은 기하학적 점일 경우 크기가 없고, 직선일 경우 1차원적인 대상이다.

---

17) *Elementary Mathematics from an Advanced Standpoint*, Geometry; 영어 번역, Dover Publications, 186쪽.

이와 관련해 기하학의 직선은 무한한 외연을 지닌다는 점을 주목할 필요가 있다. 지각적인 선분과 달리, 기하학의 선분은 무한한 직선에 들어 있다. 여기서도 무한한 수열 안에 들어있지 않은 **자연수**와 무한한 수열 안에 들어있는 자연수의 경우처럼, 무한에 지각을 투영했는지 여부가 바로 기하학의 개념과 이에 대응하는 경험적 개념을 구분해주는 특징이다.

둘째, 기하학적 진술은 분명히 다르게 제시될 수 있고, 그것들이 서로 양립불가능할 수도 있다. 간단히 말해 그것은 유일하지 (*unique*) 않다. 가령 공준과 같은 어떤 명제가 유일하지 않다는 것은 이 명제가 다른 명제, 가령 *q*와 양립불가능하다는 것에서부터 양립불가능한 이 두 명제 가운데 하나가 거짓이라는 것은 따라 나오지 않는다는 말이다. 그런 식으로 유일한 것이 아닌 명제 유형의 예로 규칙을 들 수 있다. ("아침 식사 후 바로 담배를 피우라"는 것은 "점심 전에는 담배를 피우지 마라"는 것과 양립불가능하다. 하지만 이것들 가운데 어느 것도 거짓은 아니다. 규칙은 참도 아니고 거짓도 아니다.) 반면에 후험적 명제나 논리적으로 필연적인 명제는 유일하다. (아래 8장 참조.)

기하학적 진술이 유일하지 않다는 점은 자기일관적인 비유클리드 기하학을 구성한 데서 증명되었다. 평행선 공준이나 이의 부정은 모두 지각적 진술, 특히 지각 공간에 관한 진술에 의해 확증되거나 반증되지 않는다. 지각 — 경험과 관찰 — 에 의해 확증되거나 반증될 수 있는 것은 기하학이나 선험적 진술의 집합이 아니라 기하학을 사용하는 물리이론이다. 마이컬슨 몰리 실험[18]에 의해 반증된 것은 유클리드 기하학이 아니라 유클리드 기하학을 사용하는 물리이론이다. 경험에 의해 확증된 것은

---

18) 〔옮긴이주〕 마이컬슨과 몰리가 협력해 지구와 에테르의 상대운동에 관한 측정 실험에 착수하여, 1887년 측정결과가 부정적임을 밝힘으로써(마이컬슨 몰리의 실험), 아인슈타인의 상대성이론을 확립하는 데 중요한 하나의 걸음이 된 실험을 말한다.

특정한 비유클리드 기하학이 아니라, 이 경우도 또한 그것을 사용하는 물리이론이다. 지각적 공간에 대한 **유일한** 기하학은 유클리드 기하학이라는 칸트의 논제가 잘못이듯이, 지각적 공간의 기하학은 유클리드 기하학이 아니라는 논제 또한 잘못이다.

셋째, 평행선 공준은 다른 기하학적 진술이 지니지 않은 어떤 특징을 지닌다. 평행선 공준은 개념이 함축하는 것이 무엇인지를 진술하는 것을 넘어 그 개념이 빈 개념이 아니라는 점을 주장(요구 또는 가정) 한다는 의미에서 존재진술이다. 그것은 점이나 선이라는 개념들을 결정할 뿐만 아니라 ― 이 개념들의 범위에 관한 물음은 독립적인 탐구를 통해 결정되도록 남겨둔다 ― 그 개념들의 범위를 직접적으로 결정한다. 가령 '사람임'이 '언젠가는 죽게 됨'을 함축하는지 여부와 사람이 존재하는지 여부의 물음은 아주 다른 구분되는 두 가지 물음이다. '사람임'이라는 말을 정의할 때, 그것이 "적어도 한 사람이 존재한다"는 것을 함축한다고 간주한다면 이는 이 개념의 논리적 내용, 즉 의미를 결정하는 것 이상을 한다고 해서 거부될 것이다. 평행선 공준의 역할이 바로 이런 것이다. 그것은 서로 다른 두 개념 사이의 논리적 관계를 진술해 '직선과 평행한'의 범위를 간접적으로뿐만 아니라 직접적으로 결정하기도 한다.

수학에서 '존재' 진술이 어떤 본성을 지니는지에 대해서는 나중에(8장에서) 살펴볼 것이다. 여기서는 다음 사실을 지적하는 것으로 충분하다. 어떤 개념이 지각에 주어지지 않는 어떤 대상에 적용된다고 '정의'될 경우, 그런 대상은 다른 곳에서 발견되어야 하거나 아니면 다른 방식으로 제공되어야 한다고 주장할 수도 있다. 힐베르트와 버네이즈[19]가 이런 견해를 강력히 지지했다. 그들은 어떤 공리이론에서든 ― 지금 우리는 그런 이론이 수로 표상될 수 있는지 그리고 논리주의자의 형식체계 안에 들

---

19) 앞의 책, 1권, 2쪽.

여올 수 있는지는 논외로 한다 — "우리는 사물들의 고정된 체계(혹은 그런 여러 체계)를 다룬다. 그 체계는 모든 술어에 대해 애초부터 정해진 주어의 범위를 구성하며, 이로부터 그 이론의 진술들이 형성된다"고 분명히 말한다. 통상적인 정의와 달리, 공리가 술어를 제공하며, 공리가 개별자들(주어)과 함께 술어의 논리적 내용을 결정한다. (가령 평행선 공준은 존재적 성격을 지닌다는 점에서는 규칙과 구분되지만, 지각과 논리적으로 단절되고 유일하지 않다는 특성을 공유한다는 사실을 눈여겨볼 필요가 있다.)

넷째, 평행선 공준은 하나의 이상화이다. 그것은 지각적 판단을 이상화한 것이다. 이상화라는 개념은 보통 생각하는 것보다 좀더 설명이 필요하다. 특히 이상화되는 것이 무엇이고 이상화하는 것은 무엇인지, 그리고 이들 사이의 관계는 어떠한지를 규정할 필요가 있다. 지금으로서는 공준과 다른 기하학의 진술들은 선험적 명제라고 말하는 것 정도로도 충분하다. 그 명제들은 논리적으로는 지각과 단절되지만, 특정한 **목적**을 위해서는 경험적 명제와 서로 교환되어 사용될 수 있다. 우리가 들었던 네 번째 특성은 순수 논리적인 특성은 아니라는 점을 강조할 필요가 있다. 이것은 우리가 규정한 명제가 쓰일 수도 있는 가능한 목적을 거론한다. 이것은 실제로 그래야 한다. 예를 들어 어떤 물리학자가 지각에 대한 유클리드 식의 이상화를 사용할지 아니면 비유클리드 식의 이상화를 사용할지 여부는 바로 그 사람의 목적이 무엇인지에 달려 있다.

지금까지 보았듯이, 기하학에 대한 논리주의 설명은 기하학을 산수화하는 것이다. 즉 기하학의 개념들을 수들의 순서집합으로 나타내고, 그 개념들의 사례를 이들 집합의 원소들로 나타내고, 그리고 이들의 관계를 수들의 관계로 나타내는 데 있다. 기하학의 산수화와 이에 따라 기하학을 논리주의 형식체계로 통합하는 일은 기하학의 명제와 경험적 명제 — 기하학의 명제는 이를 이상화한 것이다 — 사이의 차이에 아무런 영향도 미치지 않는다. 수학철학으로서의 논리주의는 이들의 차이와 이들 사이의 관계를 설명하지 못한다. 더구나 철학에서는 순수기하학을 기하학의 산수화와 별도로 생각해서는 안 된다는 점을 받아들인다 할지라도, 논리주의자들이 자연수와 **자연수**를 뒤섞는다는 비판은 기하학에 대한 논리주의의 설명에도 똑같이 적용될 수 있다.

제4장

형식체계의 학문으로서의 수학: 설명

이제 다른 역사적 뿌리를 지닌 또 다른 학파를 살펴보기로 하자. 라이프니츠가 수학의 자명성과 내용의 원천을 명제와 개념 사이의 논리적 관계에서 찾았다면, 칸트는 그것을 지각에서 찾았다. 또한 라이프니츠가 논리주의의 지도적 원리를 생각해냈다면, 칸트는 현대 수학철학의 두 학파인 형식주의와 직관주의의 지도적 원리를 생각해냈다고 할 수 있다.

칸트가 보기에 논리학이 수학에서 하는 역할은 그것이 다른 지식 분야에서 하는 역할과 꼭 같다. 그는 수학의 정리는 논리학의 원리에 따라 공리로부터 비롯되는 것이기는 하지만, 공리와 정리 **자체**는 논리학의 원리가 아니며 그런 원리의 적용도 아니라고 주장한다. 반대로 그는 수학의 정리가 기술적인 것, 즉 두 가지 지각 자료인 공간과 시간의 구조를 기술하는 것이라고 생각한다. 시공간의 구조는 우리가 다양한 경험적 내용을 추상화할 때 우리가 지각에서 발견하는 어떤 것임이 드러난다. 두 개의 사과를 지각할 때, 지각되는 그 반복(*iteration*)은 사과들이 놓여 있는 공간과 시간의 특징이다. 똑같은 구조가 세심한 기하학적 구성에서도 그대로 드러난다. 즉 그런 구성을 가능하게 하고 그것들을 한계 안에 한정지을 때, 가령 3차원의 대상은 구성하지만 4차원의 대상은 구성하지 않는다는 데서 그런 것이 그대로 드러난다.

힐베르트는 자신의 프로그램을 실제 수행하면서 칸트의 기본 생각을 차용하였다. 그는 칸트의 '근본적인 철학적 입장'과 자신의 입장을 다음과 같이 표현한다.

> " … 논리적 추론을 하고 논리적 연산을 할 때 전제되는 어떤 것이 이미 표상에 주어져 있다. 즉 어떤 논리외적인 구체적 대상이 표상에 주어져 있으며, 그 대상들은 직접적인 경험으로서 직관적으로 존재하고, 모든 사고의 근저에 놓여 있다. 논리적 사고가 확고하게 뿌리내리려면, 이들 대상을 부분까지 완전하게 탐구할 수 있어야 한다. 이 부분들의 모양, 구분, 연속과 이것들의 배열이 그 대상 자체와 함께 다른 어떤 것으로 환원될 수 없거나 또는 그런 환원이 필요하지 않은 무엇으로 제시될 수 있어야 한다. "[1]

힐베르트는 칸트와 이런 근본적 입장을 공유했을 뿐만 아니라, 브라우어 및 그의 학파와도 이런 입장을 공유했다. 만약 수학이 일정한 종류의 구체적 대상에 대한 기술과 그런 기술들 사이의 관계에 ― 완전히 그리고 아무 단서조항 없이 ― 국한될 수 있다면, 그 안에서는 아무런 모순도 일어나지 않을 것이다. 구체적 대상에 대한 정확한 기술은 언제나 서로 양립가능하다. 특히 이런 형태의 수학이라면 실제무한 개념 때문에 생겨나 우리를 괴롭히는 역설도 없을 것이다. 왜냐하면 아주 간단한 이유로, 실제무한 개념은 구체적 대상에 대한 기술이 아닐 것이기 때문이다.

하지만 ― 이 점이 바로 힐베르트와 같은 형식주의자와 브라우어와 같

---

1) Hilbert, *Die Grundlagen der Mathematik*, Sem. der Hamburger Universität, 6권, 65쪽. 또한 Becker, 371쪽.

은 직관주의자들 사이에 견해차가 나는 원천인데 — 힐베르트는 그의 입장을 따를 경우 칸토르의 초한수학을 버려야 한다고 생각하지 않는다. 그가 내세운 과제는 초한수학을 칸트 식으로 구체적 대상에 관한 것이라고 생각되는 수학에 맞게 고치는 일이었다. 그는 "어느 누구도 칸토르가 창조한 천국에서 우리를 내쫓을 수 없다"고 말한다. 2)

구체적인 유한수학과 칸토르의 추상적인 초한이론을 화해시키는 힐베르트의 방법 또한, 적어도 근본적인 측면에서 본다면 칸트에게서 따온 것이다. 3) 사실 힐베르트의 화해 방법에 이용되는 원리를 칸트가 수학철학에서 채택했던 것은 아니다. 칸트는 자신이 보기에 훨씬 더 중요한 철학의 일부에, 즉 도덕적 자유와 종교적 신념을 자연의 필연성과 조화시키는 데 그 원리를 사용하였다. 이런 맥락에서 칸트는 도덕적 자유의 개념(그리고 실제무한 개념을 포함해 다른 몇 가지 개념들)이 이성의 이념 (*ideas of reason*)임을 처음으로 지적했다. 이성의 이념은 지각으로부터 추상화된 것도 아니고 지각에 적용될 수 있는 것도 아니라는 의미에서, 지각과는 무관하다. 그런 다음 그는 구체적 대상에 일차적으로 적용될 수 있는 개념을 포함하는 체계(가령 당대의 수학과 물리학)는 모두 이념에 의해 확장될 수 있다고 주장하였다. 다만 그렇게 되려면 확장된 체계가 일관적이라는 점을 보일 수 있어야 한다. 이론과학의 발견 결과들뿐만 아니라 도덕과 신앙의 이념도 포괄하는 어떤 체계에서 일관성을 증명하는 것은, 스스로 말하듯 '신앙의 여지를 마련하기 위한'4) 칸트의 방법이었다.

---

2) 〔옮긴이주〕 자주 인용되는 힐베르트의 이 말은 "On the Infinite"(1925)에 나온다. *From Frege to Gödel*, ed. van. Heijenoort(Harvard Univ. Press, 1967), 376쪽 참조. 이 글은 다음 책에 우리말로도 번역되어 실려 있다. 베나세라프·퍼트넘 엮음, 박세희 옮김, 《수학의 철학》(아카넷, 2002), 282~309쪽. 인용되는 구절은 294쪽에 나온다.

3) 가령 앞의 책, 71쪽 참조.

4) 〔옮긴이주〕 칸트의 《순수이성비판》 서문 B 30에 나오는 유명한 말이다. 백종

이와 비슷하게 힐베르트도 유한수학의 구체적 또는 실재적(*real*) 개념과 초한수학의 이상적(*ideal*)⁵⁾ 개념(이념)을 구분한다. 그는 이상적 개념을 실재적 개념에 덧붙이는 것이 정당화되려면 그 체계가 일관적임을 보여야 한다고 생각한다. 그래서 힐베르트의 과제는 유한수학과 초한수학을 이루는 체계의 일관성을 증명하는 일이었다. 그는 다음과 같은 칸트의 논제를 채택한다. ① 수학은 구체적 대상과 구성에 대한 기술을 포함하는 것이다. ② 이론에 이상적 요소를 덧붙일 경우 그렇게 확장된 체계가 일관적임을 보여주는 증명이 필요하다. 힐베르트에게 이 작업은 지각하거나 지각가능한 것 위에 수학의 기초를 세우기 위한 실제적 프로그램으로 변형된다. 이제 이것을 검토하기로 하자.⁶⁾

현 옮김, 《순수이성비판 1》, 191쪽 참조.

5) 〔옮긴이주〕'*real*'과 대비되는 '*ideal*'을 어떻게 옮길지는 논의가 필요하다. 이를 '이념적', '관념적', '이상적' 등 여러 가지로 옮겼는데, 여기서는 잠정적으로 '이상적'으로 옮긴다.

6) 〔옮긴이주〕힐베르트의 형식주의를 다루는 국내문헌으로는 다음을 참조.
김상문, 《수학기초론》(1989, 민음사) ; 임정대, 《수학기초론의 이해》(청문각, 2003) ; 베나세라프·퍼트남 편, 박세희 옮김, 《수학의 철학》(아카넷, 2002) ; 리드, 이일해 옮김, 《힐베르트》(사이언스북스, 2005) ; 박정일, "힐베르트의 프로그램에 관하여 I", 〈철학〉 59(1999), 249~278쪽; 박정일, "유한주의와 철학적 해석", 〈논리연구〉, 4(2000), 37~62쪽; 박정일, "힐베르트 프로그램과 구성주의적 해석", 서울대학교 박사학위논문(2000) ; 신향균, "힐버트 증명론에 대하여", 〈과학과 교육〉, 3(1995), 15~48쪽; 양문흠, "형식체계, 스콜렘 역설, 그리고 플라톤주의", 〈철학사상〉, 16(1995), 47~75쪽; 이종권, "힐버트의 프로그램과 괴델 정리의 해석", 〈철학탐구〉, 10(1993), 35~45쪽; 이종권, "수학적 형식주의의 전개과정(I)", 〈철학탐구〉, 11(1999), 167~201쪽; 최병일, "역수학 계획에서 힐버트의 계획으로", 〈논리연구〉, 1(1997), 95~115쪽; 최병일, "비트겐슈타인의 힐버트 프로그램에 대한 비판", 〈철학연구〉, 48(2000), 113~128쪽; 한경혜, "힐베르트의 '수학문제'에 관하여", 〈한국수학사학회지〉, 16(4)(2003), 33~44쪽; 홍성사·홍영희, "선택공리와 19세기 수학", 〈한국수학사학회지〉, 9(1)(1996), 1~11쪽; 홍성사·홍영희, "*Zermelo* 이후의 선택공리", 〈한국수학사학회지〉, 9(2)(1996), 1~9쪽.

1. 프로그램

명제들의 체계, 가령 수학이론의 정리들이 내적으로 일관적임을 보인다는 것은 그 체계가 어떤 명제와 그 명제의 부정인 명제를 동시에 포함하지는 않는다는 것, 또는 아무 명제나 다 따라 나오는 어떤 명제를 포함하지는 않는다[7]는 것을 보이는 것이다. (부정 표현이 없는 형식체계라 하더라도 두 번째 정식화는 성립한다.) 아주 간단한 체계라야 모든 명제들의 목록을 만들어 그 목록이 비일관적인지를 점검할 수 있다. 따라서 일반적으로 체계 전체의 구조에 대한 좀더 복잡한 탐구가 필요하다.

그런 탐구는 체계의 범위가 분명하게 설정되어 다 조사할 수 있다는 점을 전제한다. 프레게가 알았듯이, 공리화를 통해 체계의 범위를 어느 정도 분명하게 설정할 수 있다. 즉 그 체계에서 정의되지 않은 개념들과 미리 전제된 가정 및 추론규칙들(정리들을 연역하는 규칙들, 즉 가정과 이미 연역된 정리들로부터 새로운 정리들을 연역하는 규칙들)을 나열해 체계의 범위를 설정할 수 있다. 우리는 (앞의 2장에서) 명제논리와 집합논리 및 양화논리의 여러 가지 공리화 방법을 언급했다. 다른 체계, 가령 (산수화되지 않은) 기하학과 이론물리학 일부와 같은 체계에 대해서도 비슷한 식의 공리화가 제시되었다. 문장 형성과 추론 절차의 규칙이 얼마나 분명하고 정확하게 정식화되느냐에 따라, 공리화가 좀더 엄밀할 수도 있고 덜 엄밀할 수도 있다.

체계의 일관성을 증명하는 데는 두 가지 방법, 즉 직접적 방법과 간접적 방법이 있다. 어떤 경우에는 조합적 방법으로 주어진 이론에서 비일관적 진술이 연역될 수 없다는 것을 보일 수 있다. 직접적 방법은 그 이론

---

7) 〔옮긴이주〕 모순명제로부터는 아무 명제나 다 따라 나오기 때문이다. 이런 이유로 일관성을 보이기 위해서는 어떤 체계에서 모든 명제들이 다 정리는 아니라는, 즉 정리가 아닌 명제가 적어도 하나 있다는 것을 보여도 된다.

의 지각적 모형을 제시하는 것으로 진행된다. 더 정확히 말해 그것은 다음과 같이 이루어진다. ① 그 이론의 대상들을 구체적 대상들과 동일시한다. ② 공준을 이들 대상과 이들의 상호관계에 대한 정확한 기술과 동일시한다. ③ 그 체계 안에서의 추리는 정확한 기술 이외의 것은 낳지 않는다는 것을 보인다. 수학에는 지각적 대상과 동일시될 수 없는 실제무한의 개념들이 무수히 있으므로, 직접적 방법을 사용할 수 있는 범위는 수학의 작은 부분에 국한된다. 8)

언뜻 보기에 실제무한을 포함하는 이론은 간접적 방법을 통해서만 일관성이 검사될 수 있다. 이 경우 이 작업은 ⓐ 원래 이론의 공준들 및 정리들과 ⓑ 일관적이라고 가정되는 두 번째 이론의 공준들 및 정리들 전부나 일부 사이에 일대일대응을 확립하는 것으로 이루어진다. 두 번째 이론의 일관성은 어떤 경우 제삼의 이론의 일관성으로 다시 환원되기도 한다. 하지만 이런 이론들 가운데 어느 것도 구체적인 모형을 갖지는 못한다.

기하학이론이나 물리이론의 일관성을 간접적으로 증명하는 방법 가운데 가장 일반적인 것은 산수화, 즉 이 이론들의 대상을 실수나 실수 체계로 나타내는 것이다. 9) 이것은 놀라운 일이 전혀 아니다. 데카르트 이래 수학자들에게 요구되었던 작업은 수학을 산수에 구현하는 것이라고 할 수 있고, 갈릴레오 이래 물리학자들에게 요구되었던 작업은 물리학을 수학화하는 것이라고 할 수 있기 때문이다. 이것은 철학적 요구이자 확신이며, 이를 통해 수학은 물리학의 형식체계에도 맞도록 확장되어왔다. 그리고 이를 통해 모든 수학, 특히 모든 기하학과 추상적 대수를 일대일대응을 통해 포괄하도록 산수가 확장되었다. 이처럼 과학의 산수화가 무한히 계속될 것이라고 선험적으로 말할 수는 없다. 하지만 이상적 개념

---

8) 예를 들어 Hilbert-Bernays, 앞의 책, 12쪽 참조.
9) 〔옮긴이주〕 가령 힐베르트가 《기하학의 기초》에서 하는 작업이 바로 이런 것이다.

을 포함하고 직접적 방법으로는 일관성을 증명할 수 없는 물리이론과 수학이론을 산수로 환원할 수 있다는 사실은 산수 자체의 일관성 문제를 제기한다. 힐베르트 이전에는 산수의 일관성을 증명하는 실제적인 방법이 제시된 적이 없다. (수학이 명백히 일관적인 논리학으로 환원될 수 있다는 게 밝혀진다면, 물론 이런 문제는 야기되지 않을 것이다.)

여기서 힐베르트의 기본 생각은 간단하고도 천재적이다. 그 수학자는 구체적 대상이나 그런 대상들의 체계를 다룬다. 따라서 그는 '유한적 방법'(finite method)에 근거할 수 있다. 바꾸어 말해 그는 지각에서 예를 찾을 수 있는 개념들만을 사용할 수 있고, 이런 개념들이 올바르게 적용되는 진술들만으로 수학을 해나갈 수 있으며, 이런 형태의 진술로부터 또 다른 이런 형태의 진술로 나아가는 추리들만으로 수학을 해나갈 수 있다. 유한적 방법은 구체적 대상들의 범위를 효과적으로 설정할 수 있는 수학에서는 비일관성을 초래하지 않는다.

물론 고전산수는 실제무한과 같은 추상적이고 이상적인 대상들을 다룬다. 그러나 이 설명에 따르면, 비유한적 방법이 산수 **안에서** 사용되어야 하는 경우에도, 산수 **자체**를 유한적 방법으로 다룰 수 있는 하나의 구체적 대상으로 간주하거나 그런 대상으로 재구성할 수 있다. 그렇게 할 경우 우리는 그런 구체적 대상이 보통 우리가 생각하는 고전산수가 어떤 것일지를 밝혀줄 속성들을 가질 것이라고 예상할 수 있다. 특히 그런 속성들 가운데 어떤 것은 고전산수가 일관성을 지니고 있음을 보장하는 속성일 것이다.

이런 점들을 좀더 자세히 설명하기 전에, 고전산수의 일관성을 증명하는 프로그램을 힐베르트의 말로 정식화해보는 것이 좋을 것 같다.

수에 관한 통상적인 유한적 이론의 본질과 방법을 생각해보자. 이것은 분명히 구체적이고 직관적인 고려에 의한 수 구성을 통해 전개될 수 있다. 그러나 수학에는 수 등식만 나오는 것이 아니며, 모든 것을 수 등식으로 환원할 수 있는 것도 아니다. 하지만 우리는 그것이 하나의 장치라고 주장할 수 있으며, 그 장치를 전체 수에 적용하면 언제나 올바른 수 등식을 낳는다고 할 수 있다. 그 경우 그 장치의 구조를 충분히 탐구해 그 주장이 참이라는 점을 분명하게 인정할 수 있도록 해야 한다. 우리는 그와 똑같은 구체적인 탐구방법을 하나의 보조 장치로서 알고 있고, 수 이론을 전개할 때 수의 등식을 도출하는 데 적용된 유한적 사고방법 또한 알고 있다. 이런 과학적 요구는 실제로 충족될 수 있다. 즉 순전히 직관적이고 유한적인 방법으로 — 수의 이론의 참을 다룰 때와 꼭 같이 — 수학적 장치가 신뢰할 만한 것임을 보장해주는 통찰을 얻을 수 있다. 10)

고전산수 — 이에는 칸토르 이론의 핵심 부분도 포함된다고 말할 수 있다 — 의 일관성은 증명될 수 있으며, 이를 달성하는 프로그램은 다음과 같은 것이 될 것이다. ① 가능한 한 아주 분명하게, 비유한적 방법과 대비되는 유한적 방법이 수학에서 어떤 것인지를 정의하고, ② 가급적 고전산수를 지각에 주어지거나 지각을 통해 알 수 있는, 정확하게 구획된 구체적 대상으로 재구성하고 ③ 이 대상에 고전산수의 일관성을 분명히 보장해주는 속성이 있다는 것을 보이는 것이다.

형식주의자는 자신의 형식체계가 일관적인 이론을 형식화할 뿐만 아니라 또한 그것이 형식화하기로 한 것을 모두 형식화한다는 점을 보여야 한다. 어떤 형식체계가 완전하려면, 그 형식체계에서 — 의도된 해석에 따라 — 증명될 수 있는 정식은 모두 참인 명제이어야 하고, 역으로 참인 명제들은 모두 증명가능한 정식에 들어있어야 한다. (이것이 '완전성'이라는 말의 원래 의미이다. 그 말은 이와 연관이 있지만 이와는 다른 의미도 지닌다. 어떤 문헌에서는 원래의 형식화되지 않은 이론을 전혀 언급하지 않는 경우

---

10) 앞의 책, 71쪽. Becker, 372쪽.

도 있다.) 그런 형식체계 가운데 일부의 경우에는 기계적 방법, 즉 결정 절차가 있어서 이를 통해 어떤 정식이 증명가능한지를 결정할 수 있고, 이에 따라 형식체계에 포함되는 명제가 참인지 거짓인지를 결정할 수 있다. 그러나 모든 수학에 대해 일관되고 완전하며 기계적으로 결정가능한 형식체계를 제시하는 것이 가장 이상적일 것이다.

2. 유한적 방법과 무한한 전체

양립불가능성은 명제들이나 개념들 사이의 관계이다. 지각가능한 대상이나 과정은 양립불가능할 수 없다. 또한 명제들이 그런 대상과 과정을 **정확히** 기술한다면, 명제들은 양립불가능할 수 없다. 왜냐하면 양립불가능할 수 없는 실재들을 두고 양립불가능성을 함축하는 기술이라면 그 기술은 정확한 것일 리 없기 때문이다. 하지만 문제는 기술이 정확한지 여부를 결정해줄 일반적인 검사방법이 없다는 점이다. 많은 사람들은 정확하게 기술될 수 있는 대상들의 범위를 일반적으로 설정하기 위한 이론인 러셀의 감각자료 이론이나 기술적 명제들의 범위를 정확하게 설정하기 위한 이론인 노이라트의 '프로토콜 문장' 이론이 실제로 성공적이었다고 보지 않는다. 수학의 경우에는 상황이 다른 것 같다. 수학의 경우 정확하게 기술하거나 아니면 적어도 모순이 없이 기술할 수 있는 지각적 대상과 과정의 범위를 설정하기가 비교적 쉬워 보이기 때문이다. 초급수론에서 우리는 그런 대상과 과정을 다룬다. 그런 것을 다루는 방법, 이른바 유한적〔또는 '유한주의적'(finitary)〕방법에 대한 설명은 앞에서 언급한 힐베르트의 논문과 힐베르트와 버네이즈가 쓴 고전적 저작인 《수학의 기초》(Die Grundlagen der Mathematik)에 나와 있다. 11) 여기에 나오는 것에 맞추어 그 입장을 서술한다면 다음과 같다.

초급수론의 주제는 '1', '11', '111' 등의 기호와 '1'로 시작해 이전 기호의 마지막 스트로크[12]에 또 하나의 스트로크를 덧붙여 기호를 만드는 과정으로 이루어진다. 최초의 숫자(*figure*) '1'과 산출규칙이 합쳐져 이 이론의 대상들이 만들어진다. 이 대상들은 통상적인 표현방식을 사용해 표현될 수 있다. 가령 숫자 '111'을 '3'이라고 적어 간단히 나타낼 수 있다. 소문자 a, b, c 등은 불특정한 숫자를 나타내기 위해 사용된다. 숫자에 행해지는 연산을 나타내기 위해 기호들이 추가로 사용되는데, 그런 기호에는 괄호, '$\equiv$'(이 기호는 두 숫자가 같은 구조를 가진다는 것을 나타낸다), 그리고 '$<$'(이 기호는 한 숫자가 다른 기호 안에 분명하고 지각가능한 방식으로 포함된다는 것을 나타낸다) 등이 있다. 그래서 '11 < 111'은 '1'로 시작해 우리가 '11'를 구성하고 같은 단계를 통해 '111'을 구성한다면, 전자가 후자보다 먼저 종료된다는 것을 말해준다.

이런 초급수론 안에서 우리는 구체적인 덧셈, 뺄셈, 곱셈, 나눗셈을 하고 그것을 기술할 수 있다. 결합법칙, 교환법칙, 분배법칙 그리고 수학적 귀납법은 이런 연산들이 갖는 분명한 특징에 불과하게 된다. 그래서 '11 + 111 = 111 + 11'는 '$a + b = b + a$'의 한 사례이며, 후자의 등식은 일반적으로 스트로크를 반복해 숫자를 만드는 일은 순서와 무관하다는 것을 말해준다.

산수의 원리 가운데 가장 특징적인 수학적 귀납법도, 힐베르트와 버네이즈의 견해에 따르면, [13] '독립된 원리'가 아니라 '숫자를 구체적으로 구성해서 우리가 얻게 되는 결과'일 뿐이다. 사실 ⓐ '1'이 일정한 속성을 갖

---

11) 또한 클린의 책 참조. Kleene, *Introduction to Metamathematics*, Amsterdam, 1952.

12) 〔옮긴이주〕 '*stroke*'. 3장, 8번 주석 참조. 여기서는 마땅한 번역어를 찾지 못해 잠정적으로 그냥 '스트로크'로 두었다.

13) 앞의 책, 23쪽.

고 ⓑ 어떠한 스트로크 표현도 그 속성을 가진다고 할 경우, 그 스트로크 표현 다음에 나오는 것(원래 표현에 '1'을 추가해서 형성된 표현)도 또한 그 속성을 가진다고 한다면, 형성될 수 있는 모든 스트로크 표현은 이 속성을 가진다고 할 수 있다. 구체적인 기본연산을 구체적인 귀납원리에 의해 정의했기 때문에, 우리는 소수(*prime number*)라는 개념을 정의할 수 있고, 주어진 소수에 대해 그보다 더 큰 소수도 구성할 수 있게 된다. 회귀적 정의(*recursive definition*)의 과정도 마찬가지로 구체적으로 정의되고, 실제로 그렇게 이루어질 수 있다. 예를 들어 차례곱[14] 함수 $\rho(n) = 1 \cdot 2 \cdot 3 \cdot \cdots \cdot n$은 ⓐ $\rho(1) = 1$이고 ⓑ $\rho(n+1) = \rho(n) \cdot (n+1)$이라고 회귀적으로 정의된다. 이 정의는 $\rho(1) = 1$에서 시작해, 구체적인 덧셈과 곱셈만을 사용해 지각적으로 주어지는 임의의 수 n에 대해 $\rho(n)$을 구성하는 방법을 명확히 규정해준다.

초급산수는 수학이론의 전형이다. 그것은 정식을 만들어내는 장치이며, 유한적 방법을 사용해 완전하게 전개될 수 있다. 하지만 초급산수를 전개한다고 할 때 이 주장이 정확히 무슨 뜻인지는 여전히 불분명하다. 따라서 '유한적 방법'이 정확히 무슨 뜻인지를 명시적으로 규정할 필요가 있다.

첫째, 수학에서 다루는 개념이나 특성이라고 말할 수 있으려면, 어떤 대상이 그런 개념이나 특성을 갖는지 여부를 실제로 구성한 대상이나 그런 대상을 산출하는 구성적 절차를 검토해 결정할 수 있어야 한다. 그리고 구성적 절차의 경우 여기서 말하는 유한적 특성과 유한적 방법의 허용 범위를 정해야 한다. 우리는 '원리상' 수행 가능한 구성과정으로도 적당히 만족할 수 있다. 사실 바로 이 점에서, 즉 형식주의 프로그램을 완화하느냐 아니면 수학을 희생하느냐를 선택해야 할 때, 유한적 관점을 어

---

14) 〔옮긴이주〕 '*factorial*'. 일반적으로 '계승'이나 '차례곱'으로 옮기는데 여기서는 순수 우리말 표현인 차례곱으로 옮겼다.

느 정도 완화하는 것도 생각해볼 수 있다.

둘째, 진정한 보편명제, 가령 모든 스트로크 표현에 관한 명제는 유한적(*finite*)이지 않다. 무제한적인 수의 대상들로 이루어진 전체를 실제로나 '원리상' 조사해볼 수는 없다. 그러나 그런 진술을 각각의 구성된 대상에 관한 진술로 해석할 수 있다. 그래서 4로 나눌 수 있는 수는 모두 2로도 나눌 수 있다는 것은, 우리가 4로 나눌 수 있는 대상을 구성한다면 그 대상은 2로도 나눌 수 있다는 속성을 가진다는 의미가 된다. 이런 주장은 분명히 4로 나눌 수 있는 모든 수의 집합이 실제로 완전하게 있다는 것을 함축하지는 않는다.

셋째, 진정한 존재명제, 가령 일정한 속성을 지닌 스트로크 표현이 존재한다고 하는 명제도 앞서와 똑같이 유한적이지 않다. 우리는 문제의 속성을 갖는 스트로크 표현을 찾기 위해 (일정한 종류의) **모든** 스트로크 표현을 낱낱이 조사해볼 수는 없다. 하지만 우리는 존재명제를 하나의 불완전한 진술로 파악하고, 문제의 속성을 지닌 구체적 대상이나 그런 대상을 산출할 구성적 절차를 제시해 그 진술을 보충할 수 있다. 헤르만 바일의 말대로,[15] 존재명제는 "어느 장소인지는 알려주지 않으면서 어딘가에 보물이 있다고 말하는 문서와 같다." 보편주장과 존재주장이 모두 나오는 명제, 가령 "**모든** 대상과 일정한 관계를 갖는 어떤 대상이 **존재한다**"와 같은 명제도 지각가능하거나 구성가능한 관계를 보여줄 수 있다는 것을 말하는 것으로 이해할 수 있다.

넷째, 배중률은 보편적으로 타당하지 않다. 유한주의 수학에서는 실제적 구성을 통해 다음 두 진술을 뒷받침하지 않는 이상, **모든** 스트로크 표현은 속성 P를 가진다는 진술도 할 수 없고, P를 갖지 않는 스트로크

---

15) *Philosophy of Mathematics and Natural Science*, Princeton, 1949, 51쪽.
〔옮긴이주〕 이 책은 우리말로 번역되어 있다. 김상문 옮김, 《수리철학과 과학철학》(민음사, 1987). 이 대목은 64쪽에 나온다.

표현이 **존재한다**는 진술도 할 수 없다. 따라서 우리는 이 두 진술의 아무 제한 없는 선언, 즉 배중률이 보편적으로 타당하다고 인정할 수 없다.

초급산수에도 제한된 방식으로 초한적 방법, 특히 배중률을 사용하는 경우가 있다. 하지만 여기서 초한적 방법은 지각가능하거나 구성가능한 주제에 아주 적합한 유한적 방법으로 쉽게 대체될 수 있는 반면, 우리가 이미 여러 단계에서 보았듯이 해석학에서는 상황이 다르다. 자주 지적되듯이, 초급산수와 고전적 해석학 사이의 이런 근본적인 차이는 해석학의 핵심 개념인 실수 개념이 실제무한한 전체에 의해 정의된다는 사실에 기인한다. (부록 A 참조).

우리는 이미 0과 1사이에 있는 모든 실수(이 구간 밖에 있는 실수는 무시하더라도 일반성이 사라지는 것은 아니다)는 $0. a_1a_2a_3 \cdots$ 형태의 소수로 표현될 수 있다는 점을 보았다. 여기서 점들은 소수점 아래 자리의 개수가 a임을, 즉 가부번으로 무한함을 나타낸다. 만약 소수점 아래 나오는 수들이 끝이 나지 않는다면, 바꾸어 말해 그 수들이 일정한 자리 다음부터는 모두 0이 아니라면, 그리고 그 수열에 주기가 없다면[16], 무한한 그 소수는 무리수를 나타낸다. 소수 자리는 모두 0부터 9 사이의 수 가운데 어느 하나로 채워진다. 이런 가능성들의 전체 — 이것은 임의의 구간 안에 있는 모든 실수들의 전체를 나타낸다 — 는 우리가 보았듯이 모든 정수들의 전체보다 크고, 모든 유리수들의 전체보다도 크다. 이것의 기수인 c는 가부번 집합의 기수인 a보다 크다.

실수에 관한 이런 진술의 본성을 제대로 이해하기 위해서는 실수를 $0. b_1b_2b_3 \cdots$ 형태의 2진수로 나타내는 방안을 생각해보는 것이 좋을 것 같다. 십진법에서 소수점 아래 첫 번째 자리는 10분의 1을, 두 번째 자리는 100분의 1을, 세 번째 자리는 1000분의 1을 나타내고 이런 식으로 계

---

16) 〔옮긴이주〕 즉 '순환소수가 아니라면'이라는 의미이다.

속되듯이, 여기서도 이진법에서 소수점 아래 첫 번째 자리는 2분의 1을, 두 번째 자리는 4분의 1을, 세 번째 자리는 8분의 1을 나타내고 이런 식으로 계속된다. 또한 십진법에서 소수점 아래 자리에는 0부터 9 사이의 수 가운데 아무것이나 올 수 있듯이, 이진법에서도 어느 자리에나, 즉 b에는 0이나 1이 올 수 있다. 더구나 실수들을 모두 십진법의 소수로 나타낼 수 있듯이, 그것들을 이진법의 소수로 나타낼 수도 있다. 사실 십진법으로 나타내느냐 이진법으로 나타내느냐 아니면 또 다른 체계로 나타내느냐 하는 것은 중요하지 않다.

이제 모든 자연수가 보통 순서대로 1, 2, 3, 4, 5, 6, … 처럼 나열되어 있다고 가정하자. 이제 이 전체로부터 유한한 부분집합이나 무한한 부분집합을 하나 만든다고 하자. 그때 그 부분집합에 **뽑히는** 수의 자리에는 1을 적고, **뽑히지 않는** 자리에는 0을 적어 나타낸다고 하자. 만약 우리가 2, 4, 5, … 를 뽑고 1, 3, 6을 뽑지 않는다면, 우리는 010110 … 이라고 적게 될 것이다. 그러면 0과 1들로 이루어진 무한한 수열은 모두 자연적 순서로 배열된 자연수 집합의 어떤 부분집합을 각각 유일하게 결정지을 것이다. 그런데 우리는 이미 0과 1들로 이루어진 무한한 수열은 (이진법으로 나타낼 때) 모두 0과 1 사이에 있는 어떤 실수를 유일하게 결정짓는다는 사실을 보았다. 따라서 자연수의 모든 부분집합들로 이루어진 집합과 0과 1 사이의 모든 실수들로 이루어진 집합 사이에는 일대일대응이 존재하며, 그 집합과 어떤 구간이든 그 구간 안에 있는 모든 실수들의 집합과도 일대일대응이 존재한다는 사실을 쉽게 알 수 있다. 실수를 논의할 때, 고전적 해석학자들은 모든 자연수들로 이루어진 **실제적인** 전체로부터 어떤 부분집합을 골라낼 '수 있다'는 가정을 했다. 모든 실수라고 말할 때, 그 사람은 모든 자연수들로 이루어진 실제적 전체가 있다고 가정할 뿐만 아니라, 또한 이 집합의 모든 부분집합들로 이루어지면서 **그보다 더 큰 실제무한한** 전체도 존재한다고 가정한다. (본문 96쪽 참조.) 어떤 실수라는 말이나 또는 모든 실수라는 말을 할 때 함축된 그런 전체가 있다는 가정은 유한적 관점을 넘어서는 것이고 유한적 방법의 사용범위를 벗어나는 것이다.

고전적 해석학은 실제무한한 전체를 가정한다는 점에서뿐만 아니라 배중률을 아무 제한 없이 사용한다는 점에서도 유한적 관점을 벗어나 있다. 만약 어떤 집합의 모든 원소가 속성 P를 갖는 것은 아니라면, 적어도 한 원소는 not-P라는 속성을 가지며 그 역도 성립한다. 이 점은 문제의 집합이 유한집합이든 가부번 무한집합이든 아니면 이보다 더 큰 집합이든 다르지 않다. 고전적 해석학과 집합이론이 지닌 또 하나의 비구성적 원리가 있는데, 체르멜로가 그 점을 분명히 하였다. 그것은 이른바 선택원리 또는 선택공리(the axiom of choice)이다. 힐베르트와 버네이즈는 그것을 다음과 같이 정식화한다.[17] "만약 유(genus) G_1의 모든 대상 x에 대해 x와 관계 $B(x, y)$를 갖는 유 G_2의 대상 y가 적어도 하나 있다면, 유 G_1의 모든 x를 유 G_2의 유일한 대상 $\Phi(x)$과 상관시키는 함수 Φ가 존재한다. 이때 유일한 대상 $\Phi(x)$는 x와 관계 $B(x, \Phi(x))$를 가진다."

선택공리를 표현하는 또 한 가지 방식은 어떤 집합 T들 — 이 집합들 각각은 적어도 하나의 원소를 가진다 — 의 집합이 있을 때, 이 집합들 각각으로부터 하나의 원소를 골라내는 선택함수가 언제나 존재한다고 말하는 것이다. (우리는 이런 선택함수를 공집합이 아닌 집합들의 수만큼의 많은 팔을 가진 사람이라고 '묘사'할 수도 있다.) 유한개의 유한집합들로 이루어진 집합일 경우 분명히 선택함수를 나타낼 수 있다. 하지만 유한집합들이 무한개 있는 상황에서 집합들로부터 하나의 원소를 골라내는 경우나 무한집합들이 무한개 있는 상황에서 집합들로부터 하나의 원소를 골라낼 경우, 분명히 선택함수를 지각가능하거나 구성가능한 대상이나 과정을

---

17) 앞의 책, 41쪽.

지닌 것으로 나타낼 수 없다. 해석학과 집합론의 상당 부분에 선택공리가 암묵적으로 가정되어 있다는 사실을 수학자들이 분명하게 알게 된 것은 체르멜로가 모든 집합은 정렬될 수 있으며 따라서 어떤 두 집합(유한집합이든 무한집합이든)의 기수든 다 비교될 수 있다는 것을 보이는 증명에 선택공리가 암묵적으로 가정되어 있다는 점을 밝히고 나서부터이다. (본문 97쪽 참조.) 18)

따라서 힐베르트의 계획에서 고전수학은 핵심 부분으로 지각가능한 — 아니면 적어도 원리상으로 지각적으로 구성가능한 — 주제를 지니고, 여기에 허구적이며 지각불가능하고 지각적으로 구성 불가능한 대상, 특히 여러 가지의 무한한 전체가 덧붙은 것이라고 할 수 있다. '허구적' 주제를 이처럼 덧붙이는 것은 다음에 해당한다.

(1) 칸토르의 실제무한이나 초한기수와 초한서수 같은 이상적 개념.
(2) 아무 제한 없는 배중률이나 선택공리처럼 이상적 개념을 기술하거나 그것에 대한 연산을 기술하는 이상적 진술.
(3) 유한수학의 진술로부터 이상적 진술로 나아가는 이상적 추론이나 이상적 진술로부터 또 다른 이상적 진술로 나아가는 이상적 추론.

어떤 이론에 이상적 개념과 이상적 진술 및 이상적 추론을 이처럼 덧붙이는 일은 물론 수학에서 새로운 게 전혀 아니다. 가령 사영기하학에서 직선 위에 있는 무한한 이상적 점을 도입한다거나 그것을 주어진 직선과 평행인 모든 직선이 교차하는 점으로 정의하면 큰 도움이 된다는 점이 입증되었다. 그리고 평면에서 그 평면에 있는 모든 직선들의 무한한 점을 모두 포함하는 이상적 선을 도입하면 큰 도움이 된다는 점도 입증되었다.

---

18) 위상 수학과 레베그 측정이론에서 이 공리가 사용된다는 점을 보려면, J. B. Rosser, *Logic for Mathematicians*, New York, 1953, 510쪽 이하 참조.

물론 '평행한 두 직선 공통의 이상적 점'이 지각적으로 주어지거나, 그것이 구성가능한 어떤 실재를 가리킨다고 할 수는 없다. 평행한 직선들의 교차점을 필요로 하는 이유는 평행한 선들의 집합은 각각의 평행선 끝에서 두 개의 교차점이 **아니라 하나의** 교차점을 필요로 하기 때문이다.[19] 이상적 점과 선, 면을 '실재적'인 것에 추가함으로써, 우리는 추가되는 개념과 적어도 논리적으로 연관되기는 하지만, 지각적 특성을 원래 개념보다 덜 갖는 개념을 만들어내게 된다. '실재적인 점'과 '실재적인 선'은 대충 지각적 대상을 기술한다고 말할 수 있다 하더라도, '이상적 점'과 '이상적 선'이 지각적 특성이라고 말하기란 아주 어려워 보인다.

힐베르트에 따르면, 사영기하학에 이상적 요소를 도입하고 수에 관한 대수이론과 일반적인 수학이론에 이상적 요소를 도입한 것은 수학적 사고가 창조적임을 보여주는 아주 영예로운 일 가운데 하나이다. 그에 따르면, 초급산수에 무한한 전체를 덧붙인 결과로 역설이 발생했다는 사실은 그것을 버릴 것을 요구하는 것이 아니라, 도리어 확장된 산수— 유한한 대상 및 방법과 초한적인 대상 및 방법을 하나의 체계로 결합한 것 — 가 무모순이라는 증명을 요구하는 것이다. 이를 어떻게 달성할 수 있을지는 초급산수를 생각해보면 알 수 있다고 그는 주장한다.

여기서 그의 핵심은 초급산수가 서로 다른 두 가지 방식으로 이해될 수 있다는 점이다. 아주 자연스러운 한 시각은 초급산수를 스트로크 표현을 구성하는 규제된 활동에 **관한 이론**으로 보는 것이다. 반면 약간 인위적인 다른 시각은 초급산수를 **형식체계**로, 즉 그 자체로 지각적 대상—물론

---

19) 이상적 점, 선, 평면을 도입하는 이유에 대한 설명을 자세히 알려면 Courant and Robbins, *What is Mathematics?*, Oxford, 1941, 이후 판으로 특히 4장 참조.
   〔옮긴이주〕이 책은 우리말로 번역되어 있다. 리처드 쿠랑, 허버트 로빈스 지음, 박평우·김운규·정광택 옮김, 《수학이란 무엇인가?》(경문사, 2002).

이 경우 지각적 대상은 스트로크 표현이 아니라 정식이다 ─ 을 구성하는 규제된 활동으로 보는 것이다. 산수이론은 진술들로 이루어지며, 산수의 형식체계는 기호연산과 그 결과로 이루어진다. 스트로크 표현을 구성하는 규제된 활동이 또 다른 이론의 주제가 될 수 있듯이, 형식체계도 꼭같이 또 다른 이론의 주제가 될 수 있다. 그때 또 다른 그 이론을 '메타이론'이라 부른다. 그러므로 우리는 두 가지 유형의 구성활동, 즉 스트로크 구성과 정식 구성을 구분하게 되며, 또한 두 가지 종류의 이론, 즉 스트로크 구성에 관한 원래 이론과 정식 구성에 관한 새로운 '메타이론'을 구분하게 된다.

물론 산수이론, 즉 산수의 형식체계와 산수의 형식체계에 관한 메타이론 사이에는 아주 밀접한 관계가 있다. 대략 말해, 그것은 **똑같은** 물리적 대상들, 가령 $\langle 1 + 1 = 2 \rangle$나 $\langle 1 + 1 = 3 \rangle$이 산수의 이론과 산수의 형식체계에서 다르지만 서로 대응하는 방식으로 기능한다는 사실에 근거한다. 형식체계를 다음과 같이 구성해, 규칙들 가운데 두 가지 형태를 특별히 구분할 수도 있다. ⓐ (앞의 두 예처럼) 이론의 진술에 대응하는 정식을 만들어내는 규칙 ─ 이를 진술정식이라 부른다. ⓑ (첫 번째 예와 같지만 두 번째와는 다르게) 이론의 참인 진술이나 정리에 대응하는 것을 만들어내는 규칙 ─ 이를 정리정식이라 부른다.

형식체계의 맥락에서, 어떤 물리적 대상이 진술정식이라거나 정리정식이라고 할 때, 우리는 정식 구성에 **관하여** 이야기하는 것이며, 메타이론의 진술을 하는 것이다. 이 진술은 지각적 대상이나 지각적 대상을 산출하는 과정이 순수하게 지각적이거나 (문자 그대로!) 형식적인 특성을 지닌다고 주장한다는 점에서 **유한적**이다. 어떤 진술정식이 정리정식이라고 하는 **형식적 특성**을 지닌다는 것은, 어떤 진술이 정리라고 하는 **논리적 특성**을 지닌다는 것에 대응한다.

형식체계가 지닌 형식적 특성과 이론이 지닌 논리적 특성 사이에 이런 대응관계가 있다는 점 외에 또 추가할 것이 있다. 아마 이 가운데 가장 중요한 것은 형식체계의 형식적 일관성과 이론의 논리적 일관성 사이의 대응일 것이다. **이론**이 논리적으로 일관적이라는 주장은 그 이론의 모든 진술이 그 이론의 정리는 아니라는 주장이다. (앞에서도 암시했듯이, 이 정의는 부정 개념을 사용하지 않아도 된다는 이점이 있다.) **형식체계**가 형식적으로 일관적이라는 주장은 그 형식체계의 모든 진술정식이 정리정식은 아니라는 주장이다. 한편으로 진술정식과 정리정식 사이의 대응과, 다른 한편으로 진술과 정리 사이의 대응(이것은 똑같은 물리적 대상을 포함한다는 점에서 생겨난다)에 비추어볼 때, 형식적 일관성을 증명하는 일은 동시에 논리적 일관성을 증명하는 일이기도 하다고 할 수 있다.

이제 고급산수를 살펴보기로 하자. 이 산수**이론**의 주제는 물론 유한적이지 않다. 하지만 앞서처럼 그 이론의 진술과 정리에 대응하는, 진술정식과 정리정식으로 산수의 **형식체계**를 구성할 수도 있다. 이 형식체계는 그 경우 메타이론의 주제가 될 것이다. 이 주제, 즉 정식 구성은 유한적일 것이기 때문에, 그 메타이론도 초급산수와 마찬가지로 유한적일 것이다. 초급산수와 다른 점은 그것이 서로 다른 지각적 구성의 형태에 관한 것이라는 점이다. 만약 필요한 방식대로, 고급산수 이론에 대응하는 형식체계가 구성될 수 있다면, 여기서도 또한 우리는 그 형식체계의 **형식적** 일관성을 증명해 그 이론의 **논리적** 일관성을 확립할 수 있을 것이다. 사실 우리는 엄격한 **유한적** 방법으로 이를 해낼 수 있다. 왜냐하면 우리의 주제, 즉 정식 구성의 규제된 활동은 지각적이거나 아니면 적어도 원리상 지각적으로 구성가능하기 때문이다. 따라서 우리의 다음 과제는 정식 구성활동이나 형식체계 — 이것은 그 자체로 보았을 때 형식체계이기도 하고 또한 이론의 형식화인 형식체계이기도 하다 — 를 살펴보는 것이 될 것이다.

3. 형식체계와 형식화

　일단 형식체계가 구성되면, 새로운 '실재'(*reality*)가 세계 — 정식을 산출하는 규칙체계 — 에 들어오게 된다. 이런 정식들은 지각적 대상으로, 정식 자체나 정식의 산출과정, 특히 최초정식에서 문제의 정식으로 순차적으로 나아가는 정식들의 계열이 지니는 지각적 특성에 따라 구분되고 분류될 수 있다. 물론 형식체계의 형식적 속성과 기존 이론의 논리적 속성 사이의 대응을 확립하는 것이 형식체계를 구성하는 배후 동기이기는 하지만, 우리는 형식적 논증에서는 그런 대응을 무시해야 한다.

　힐베르트에 따르면, 수학의 내용은 여전히 명제들이다. 초급산수의 경우, 그것은 스트로크 표현들과 그것들의 산출에 관한 명제들이다. 확장된 (고전) 산수의 경우에는 그런 명제들 외에 추가로 이상적 대상에 '관한' 명제들이 포함된다. 그가 구성하는 형식체계는 형식적 속성과 논리적 속성 사이의 대응을 통해 기존의 수학이론을 연구하기 위한 수단일 뿐이다. 그의 형식주의란 형식화이다.

　하지만 기존 이론에서 나온 통찰이 형식체계에 관한 논증에 개입해서는 안 되기 때문에, 다시 말해 이런 논증의 견지에서 볼 때 형식이론을 자신의 형식화로 갖는 이론이 꼭 존재해야 하는 것은 아니기 때문에, 우리는 그 형식이론을 명제들의 기존 체계를 탐구하는 도구로 여길 수 있을 뿐만 아니라 수학 자체의 주제로 여길 수도 있다. 이렇게 하는 데는 좋은 근거가 있다. 반면 메타수학의 주제를 기호들에 대한 형식적 조작(*manipulation*)이라고 보지 말아야 할 이유는 전혀 없다. 다른 한편으로 현상주의 철학자나 또는 이와 비슷한 철학적 성향을 가진 사람이라면 — 어떤 철학적 이유 때문에 — 이상적 명제의 존재를 부정하고, 이상적 대상과 명제를 지닌 확장된 산수는 무의미하거나 그냥 거짓이라고 선언할 수도 있다. 그런 사람은 커리(H. B. Curry)[20] 처럼 수학을 '형식체계의 학문'

이라고 정의하고자 할 것이다. 바꾸어 말해, 힐베르트는 형식체계를 수학의 명제와 이론의 미로를 헤쳐나가게 하는 라이프니츠의 '아리아드네의 실'로 여기는 반면, **엄밀한 형식주의자**는 수학의 주제가 바로 이 실이고 그 이상의 아무것도 아니라고 여긴다.

힐베르트의 형식주의 관점에서 커리의 엄밀한 형식주의로 관점이 바뀌더라도 힐베르트의 형식주의에서 이룩한 수학적 결과는 영향을 받지 않는다. 하지만 그런 변화는 철학적 관점이 다른 쪽으로 바뀌었다는 것을 나타낸다. 이제 수학은 형식체계 **이외의 것**과는 아무런 관련이 없으며, 특히 이상적인 비지각적 실재하고는 아무런 관련도 없다. 힐베르트의 입장은 온건한 현상주의자들의 입장과 비슷하다. 온건한 현상주의자들은 비록 허구일지라도 물체 개념을 보조 개념으로 받아들인다. 물체 개념이 감각자료나 순수한 현상주의적 개념으로 '환원'될 수 없더라도, 바로 그 개념을 이용해 감각자료를 배열하거나 순수한 현상주의적 진술을 할 수 있다. 반면 엄밀한 형식주의는 감각자료와 순수하게 현상주의적 진술만을 인정하는 현상주의와 비슷하다.

수학철학으로서의 엄밀한 형식주의는 힐베르트의 견해보다는 '초월적 감성론'에 나오는 칸트의 주장에 더 가깝다. 칸트에 따르면 순수수학의 진술 주제는 구성, 즉 공간과 시간에서의 구성이며, 그것은 직관의 본성에 의해 제한을 받는다. 엄밀한 형식주의에 따르면 수학의 주제는 구성이며, 구성의 가능성은 가능한 지각의 한계에 의해 제한을 받는다. 그리고 이런 구성에 관한 우리의 진술은 이른바 지각에서 바로 읽어낼 수 있는, 눈으로 하는 증명21) 이다. 그 진술은 참인 종합진술이다. 하지만 그런 진

---

20) *Outlines of a Formalist Philosophy of Mathematics*, Amsterdam, 1951.
〔옮긴이주〕 여기서 인용하는 이 구절은 위의 책 56쪽에 나온다.

21) 〔옮긴이주〕 "*our statements about these constructions are demonstrationes ad oculos, read off, as it were, from perception.*" 문자 그대로 옮기면, "이런 구

술의 자명성은 논리적 항진명제의 자명성도 아니고, 칸트가 주장했듯이 선험적 특수자에 부여된다고 하는 자명성도 아니다. 그것은 아주 간단한 현상주의적 진술 또는 감각자료 진술의 자명성이다. 바꾸어 말해, 수학적 구성에 관한 진술은 오류의 위험성이 가장 적은 경험적 진술이라고 할 수 있다. 형식체계의 학문의 가장 중요한 주제 가운데 하나인 증명과정을 논의하면서 커리는 바로 이런 이유 때문에 "이보다 더 명확하게 구분되고 객관적인 과정을 상상하기란 어렵다"[22]라고 말한 것이다.

힐베르트에게 형식체계의 존재 이유는 — 약간 수정을 한다 하더라도 — 기존의 고전적 이론들, 특히 칸토르의 집합이론을 구출하고 보호하는 데 있다. 커리에게 형식체계는 고전수학의 대체물이다. 온건한 형식주의와 엄밀한 형식주의 사이의 이런 근본적 차이 때문에 다른 차이가 생겨나게 된다. 형식체계의 (형식적) 일관성을 **통해** 이론들의 (논리적) 일관성을 확립하고자 하는 힐베르트에게는 (형식적으로) 비일관적인 형식체계란 무용지물이다. 커리에게는 그렇지 않다. 커리는 "일관성 증명은" 형식체계의 수용가능성이나 유용성을 위한 "필요조건도 아니고 충분조건도 아니다"[23]라고 주장한다. 그는 비일관적인 형식체계도 실제로 과거에, 가령 물리학에 아주 중요했다는 점이 입증되었다고 주장한다.

힐베르트와 커리 모두 수학을 논리학으로부터 연역해낼 수 있다는 점을 부정한다. 하지만 힐베르트는 초급산수를 하는 데 충분한 추리의 원리들을 유한적인 최소 논리학의 논리적 원리들로 간주하는 데 반해, 커

성에 관한 우리의 진술은 이른바 지각에서 바로 읽어낼 수 있는, 눈에게 하는 증명이다." 여기서 'demonstrationes ad oculos'를 '눈으로 하는 증명'으로 옮겼다. 이는 그냥 보기만 해도 바로 맞다는 것을 알 수 있는 증명이란 의미이다. 이 표현은 앞으로 자주 나온다. 라틴어 번역과 관련하여 박우석 선생님의 도움을 받았다.

22) 〔옮긴이주〕 이는 여기서 인용되는 커리의 책, 32쪽에 나온다.

23) 앞의 책, 61쪽.

리는 논리학과 수학의 간격을 이보다 훨씬 더 벌려 놓는다. 그는 다음과 같이 말한다. 24)

> 그것은 전적으로 '논리학'을 어떤 뜻으로 쓰느냐에 달려 있다. '수학'은 우리가 이미 … 정의하였다. 25) 한편으로, 논리학은 추론의 본성과 기준을 논의하는 철학의 한 분야이다. 이런 의미의 논리학을 논리학(1) 이라고 부르자. 다른 한편으로, 논리학(1) 을 연구하면서 우리는 그 안에서 적용되는 형식체계들을 구성할 수도 있다. 그런 체계들과 다른 것들을 우리는 종종 '논리체계들'(logics) 이라고 부른다. 그래서 2치, 3치, 양상, 브라우어 등의 '논리체계들'이 있으며, 이들 가운데 일부는 논리학(1) 과 간접적으로만 연관된다. 이런 체계들에 대한 연구를 나는 논리학(2) 라고 부르겠다. 수학과 논리학 사이의 연관성과 관련해 첫 번째 사실은, 수학은 논리학(1) 과 별개라는 점이다. … 논리학(1) 에 추론의 선험적 원리들이 있든 없든 적어도 수학에는 필요하지 않다.

힐베르트는 응용수학의 철학적 문제를 본격적으로 다룬 적이 없다. 그는 순수수학과 그것이 적용되는 경험의 영역 사이에 부분적 동형관계(isomorphism) 가 존재한다는 견해를 선호한 것 같다. 다시 말해, 초급산수는 그 자체로 우리 연구의 경험적 주제이거나 — 스트로크 기호와 스트로크 연산의 '물리학'이거나 — 아니면 다른 어떤 경험적 주제 — 사소한 사례를 예로 든다면 사과와 사과 연산 — 와 일대일로 대응될 수 있다. 반면에 확장된 산수 가운데 초급산수가 아닌 부분은 그에 대응하는 경험적

---

24) 앞의 책, 65쪽.
   〔옮긴이주〕여기서 인용되는 대목은 사실 65쪽과 66쪽에 걸쳐서 나온다. 따라서 원서의 65쪽은 65~66쪽으로 고쳐야 맞다.
25) 〔옮긴이주〕앞서 인용된 "수학은 형식체계의 학문이다"라는 것이 바로 커리가 그의 책 10장에서 제시한 수학의 정의이다. 커리의 인용문에서 빠진 부분으로 표시된 것은 바로 '10장에서'이다.

상관자가 없다. 이 부분의 목적은 초급의 중핵 부분을 완전하게 하고 체계화하며 안전하게 보호하는 데 있다. 초급의 중핵 부분만이 경험적이거나 경험적 상관자를 가진다.

이 문제에 대해 아주 분명한 입장을 지녔던 커리에 따르면, 우리는 형식체계 안에서 어떤 정식의 **참**, 즉 그 체계 안에서 그것이 도출가능하다는 진술과 그 체계 전체의 **수용가능성**을 구분해야 한다. 전자는 "우리 모두가 동의할 수 있는 객관적인 문제인 반면, 후자는 다른 고려사항들을 포함할 수도 있다."[26] 그래서 그는 다음과 같이 주장한다.

> 물리학에 적용하기 위해 고전적 해석학을 수용할지 여부는 실용적 근거에서 판단해야 하며, 직관적인 증거의 물음이나 일관성 증명의 물음은 이 문제와 아무런 관련이 없다. 수용가능성의 제일 기준은 경험적인 것이다. 가장 중요한 고려사항은 적합성과 단순성이다.[27]

수학의 적용과 관련해 커리는 실용주의자이다. 그는 실용주의적 논리주의자의 입장으로까지 나아가지는 않는다. 실용주의적 논리주의자들은 순수수학에 대한 입장도 또한 실용주의적이며, 그런 사람들은 논리적 명제, 수학적 명제, 경험적 명제가 명확한 기준에 의해 구분될 수 있다는 것을 부정한다. (본문 87~88쪽 참조.) 커리는 형식이론들의 영역과 이런 이론들의 형식적 속성에 관한 명제들이 명확히 구분된다고 주장한다.

형식체계들을 대략 기술하기에 앞서 형식주의의 기본 생각을, 정확하지는 않더라도 대략 비유적으로 먼저 설명하겠다. 플라톤에서부터 프레게에 이르기까지의 대부분의 철학자들에 따르면, 수학의 진리는 인식과 독립되고 문장이나 정식으로 체화[28]되는 것과 독립해서 존재〔또는 '존립'

---

26) 앞의 책, 60쪽.
27) 앞의 책, 62쪽.

(subsist)〕한다. 물론 그 진리를 파악하기 위해서는 문장이나 정식이 필요하더라도 말이다. 그래서 고전수학의 진리를 체화해, 육체나 육체가 생겨나는 과정의 지각적 특성이 수학적 명제의 논리적 특성에 대응하도록 하자는 것이 바로 힐베르트가 생각해낸 — 어느 정도는 라이프니츠에게서 그런 전조가 보였다 — 기발한 프로그램이었다. 정리정식들은 이른바 육체이며, 육체로부터 분리된 진리는 영혼이다. 모든 영혼은 적어도 하나의 육체를 가진다. 그러나 이 프로그램은 이후에 좀더 정확하게 설명되듯이 실행될 수 없는 것이다. 어떤 형식체계 안에 고전수학을 체화하는 일은 모두 불완전할 수밖에 없다는, 즉 정리정식으로 체화되지 않는 수학의 진리가 언제나 있게 마련이라는 사실이 괴델에 의해 입증되었던 것이다.

이 결과를 제대로 이해하려면, 형식체계의 본성에 대해 좀더 구체적으로 살펴보아야 한다. 힐베르트는 수학과 자연과학의 진보를 옹호하는 일종의 예정조화설을 말했다. 아주 다양한 목적을 추구하는 과정에서 얻어진 결과들이 때로 새로운 과학적 목적을 달성하는 데 꼭 필요한 도구가 되기도 한다. 《수학원리》의 논리적 장치 — 이것은 물론 이전의 여러 가지 다른 목적에서 연구된 것에 기초하여 수학을 논리학으로 환원하기 위해 고안된 것이다 — 는 힐베르트의 경우 아주 다른 프로그램을 실행하는 데 필요한 거의 완벽한 도구가 되었다. 《수학원리》에서 모자랐던 부분은 바로 불완전한 형식화였다. 그것은 단순히 기호와 정식들을 조작하는 규칙들의 체계, 특히 정리정식이 고전수학의 명제들로 해석될 수 있다는 사실과 완전히 독립해 정리정식들을 조작하는 규칙들의 체계는 아니었다. 하지만 《수학원리》는 고전수학을 엄밀하게 형식화하는 데 필요한

---

28) 〔옮긴이주〕 ‘embodiment’. 이어서 나오듯이 여기서 쾨르너는 육체(body)와 영혼의 대비를 염두에 두고 일부러 이 표현을 사용한다. 이 점을 감안하여 여기서 이를 ‘체화’라고 옮겼다.

거의 완벽한 기초였다.

사실 논리주의 수학철학을 논의하면서 대략 보았던 형식체계들은 모두 다 형식체계의 본성을 이해하는 데 도움을 주는 훌륭한 예들이다. 이 점은 특히 명제논리(*propositional calculus*)와 불 식(Boolean)의 집합논리의 형식체계에도 해당한다. 여기서 우리는 형식체계들의 일반적 본성을 기술하기만 하겠다. 그 체계들은 여러 가지 종류의 물리적 대상을 산출하는 기계이며, 힐베르트, 버네이즈, 포스트, 카르납, 콰인, 처치, 튜링, 클린 및 다른 많은 사람들이 이런 기계의 속성에 대해 광범위하고 세밀한 탐구를 해왔다. 이들의 연구 결과, '기계'와 '기계적 속성'이란 말은 논리적 문맥에서 이제는 더 이상 비유가 아니다. (사실 형식체계의 본성에 대한 중요한 통찰들, 즉 메타수학 — 이것은 증명이론이라 불리기도 한다 — 의 가장 중요한 정리들은 대부분 어떤 정식을 산출하는 기계는 구성될 수 있지만 다른 정식을 산출하는 기계는 구성될 수 없다는 것을 말하는 진술이라고 간단명료하게 말할 수 있다.)

우리가 이미 보았듯이, 엄밀한 형식주의는 모든 수학을 형식체계의 학문으로 간주한다. 형식체계가 형식적으로 일관적이든 그렇지 않든, 그리고 그것이 기존 이론의 형식화이고자 하든 그렇지 않든 상관없다. 그것은 형식체계 자체의 본성을 파악하기 쉽게 만들어주었다. 그렇게 하는 것이 어느 수학철학에나 필요하게 되었다. 왜냐하면 수학이 현재나 미래에 그 밖의 무엇을 의미하게 되든 상관없이, 그것이 형식체계의 학문을 언제나 포함해야 한다는 데는 의문의 여지가 없기 때문이다.

형식체계들을 일반적으로 아주 명확하게 제시한 것으로는 커리[29]의 것이 있다. 각각은 일련의 규약, 이른바 원초적 틀(*primitive frame*)에 의해 정의된다. 원초적 틀만 제시하면 우리는 (기술자가 지녀야 할 지식 외에) 정

---

29) 앞의 책, 4장.

리를 산출하는 기계를 만들어내는 데 필요한 모든 자료를 기술자에게 제공하는 셈이다. 커리는 원초적 틀에 있는 아래의 특성들을 구분한다.

(1) 항들(*terms*)

이것들은 ⓐ **토큰들**(*tokens*)로서 가령 종이 위의 자국이나 돌멩이나 또는 다른 물리적 대상들과 같은 서로 다른 타입의 대상목록을 제시해 명시된다. ⓑ **연산**은 새로운 항을 만들어내는 조합방식이다. ⓒ **형성규칙**은 새로운 항이 어떻게 구성될 수 있는지를 명시해준다. 예를 들어, 구슬과 상자가 항이고, 구슬을 상자에 담는 것을 연산이라고 할 때, 우리는 상자 안에 있는 각각의 구슬을 다시 상자에 담도록 하는 것을 형성규칙으로 채택하고, 그렇게 담긴 구슬은 그렇지 않은 구슬과 같은 종류의 항이라고 규정할 수 있다.

(2) 기초적 명제들

이것들은 숫자가 있는 '술어'의 목록과 각각에 대해 '논항'의 종류를 제시해 명시된다. 예를 들어, 우리는 n개의 구멍이 있고 그 구멍에는 상자에 담긴 구슬과 그렇지 않은 구슬이 모두 들어갈 수 있는 나무 조각을 술어라고 명시하고, 그런 다음 기초적 명제는 모두 이런 나무 조각들로서 이 나무 조각의 구멍을 상자에 담긴 구슬이나 그렇지 않은 구슬로 적절히 채운 것이라고 규정할 수 있다.

(3) 기초적 정리들

ⓐ **공리들**, 즉 기초적 '명제들'은 무조건적으로 '참'이라고 진술되는 것들이다. ⓑ **절차규칙들**, 이것들은 다음과 같은 형태를 띤다. "만약 P_1, $P_2, \cdots, P_m$이 이런저런 조건에 따른 기초적 명제들이고, Q가 P_1, $P_2, \cdots$, P_m과 이런저런 관계에 있는 기초적 명제라면, Q는 참이다." 예를 들어,

구슬로 구멍을 채운 두 개의 나무 조각들이 기초적 정리들이라면, 이것들을 서로 덧붙여 만든 나무 조각도 또한 '참'이다.

원초적 틀에 대해 이야기할 수 있으려면 우리는 토큰, 연산, 술어의 이름을 가져야 하며, 또한 술어가 항에 적용되는 방식도 나타내야 한다. 형식체계의 원초적 틀을 구성하는 특성들을 명시하는 일은 효과적이거나 (카르납이 사용한 용어로) **확정적**(*definite*)이어야 한다. 이는 유한번의 단계를 거쳐 어떤 대상이 이 특성을 지니는지 여부를 결정할 수 있어야 한다는 뜻이다. 사실 어떤 형식체계가 (힐베르트와 같은) 유한적 방법으로 다루어질 수 있으려면, 바꾸어 말해 형식체계에 관해 증명될 수 있는 것이 눈으로 하는 증명에 의해 입증될 수 있으려면, 형식적 술어라는 속성과 형식적 공리라는 속성, 한 정식이 절차규칙에 따라 다른 정식으로부터 형식적으로 도출된다는 속성 등이 모두 확정적이어야 한다.

정리정식이라는 속성은 확정적일 수 있지만, 꼭 그래야 하는 것은 아니다. 하지만 어떤 정식과 그것의 증명을 구성하는 정식들의 열 사이의 형식적 관계는 물론 확정적이어야 한다. 대부분의 수학이론에서 정식은 이마에 정리라는 표시를 써 붙이고 다니는 것이 아니다. 하지만 일단 정리에 대한 증명이 제시되면, 그 증명은 유한번의 단계로 점검될 수 있어야 한다.

20세기 들어 수학자들은 여러 가지 형식체계를 구성했다. 이렇게 한 동기는 대개 명제들을 정식으로 **체화하여** 정식들의 형식적 속성과 관계가 명제들의 논리적 속성과 관계에 대응하도록 보장하기 위해서였다. 사실 우리가 이미 보았듯이, 힐베르트 프로그램의 궁극적 목적은—그리고 이 작업의 절정이라 할 수 있는 것은—적절한 형식체계가 형식적으로 일관적임을 증명함으로써 고전수학의 핵심 부분이 논리적으로 일관적임을 증명하는 데 있었다.

수학의 다른 분야에서도 종종 그랬듯이 형식체계에 대한 탐구는 예상치 않았던 결과를 낳았으며, 새로운 문제를 야기했고, 새로운 기법을 생겨나게 했으며, 적어도 순수수학의 새로운 분야, 즉 회귀함수이론을 낳기도 했다. 전문가들은 이 이론이 아주 중요하다고 생각한다. 이 주제에 중요한 기여를 했을 뿐만 아니라 이 주제의 기본 생각을 비전문가도 알 수 있도록 쉽게 표현해준 사람은 포스트(E. L. Post)이다. 그는 회귀함수라는 개념의 정식화가 "조합(combinatory) 수학의 역사에서 자연수의 정식화에 버금가는 역할을 할 것이다"[30] 라는 견해를 피력하였다.

　　《수학철학》의 독자라면 이 책에서 그런 새로운 생각이나 기법에 대한 완벽한 논의가 나올 것이라고 기대하지는 않을 것이다. 하지만 독자들도 기존 이론과 형식체계 사이의 대응이 어느 선까지 확립될 수 있는가 하는 물음이 철학적으로 아주 중요하다는 점은 쉽게 알 수 있을 것이다. 또한 독자들은 수학자들이 이룩한 결과에 대한 간단한 보고를 기대할 것이다. 언뜻 보면 수학이론들을 형식체계로 완전히 구체화하는 것이 가능할 것 같다. 그러면 기존 이론은, 가령 수학자들이 책에서 본론에 들어가기 전에 처음 몇 쪽에서 쓰는 어느 정도 비하적인 의미에서 '직관적'일 뿐이라고 주장할 수 있을 것이다. 그리고 그 이론은 형식체계와 그것들에 관한 진술을 구성하는 데 도움을 줄 수 있는 예비적인 것일 뿐이라고 주장할 수도 있을 것이다.

　　따라서 우리는 늘 그랬듯이, 수학자들이 자신들의 작업을 효율적으로 해왔다고 믿고, 형식체계의 학문에서 나온 몇 가지 결과를 설명하기로 하겠다.

---

30) *Bulletin of the American Mathematical Society*, 1944, 50권, 5호.

4. 메타수학의 몇 가지 결과

여기서는 괴델의 핵심 결과와 이와 관련해 새로이 발전된 것 몇 가지를 아주 개략적으로 제시하기로 하겠다.[31] 너무 '전문적'이지 않도록 하기 위해서는 핵심 논증과 통찰을 어느 정도 희생할 수밖에 없다. 잘못 전달하지 않으면서도 독자들이 제 맛을 볼 수 있도록 하는 것이 아마 할 수 있는 최선의 방책일 것이다.

우리는 힐베르트를 따라 초급산수(본문 117쪽 참조)의 방법과 결과들은 정당화가 필요하지 않다고 가정한다. 그리고 우리는 초급산수를 형식화하기에 충분할 만큼의 표현력을 지닌, 짐작건대 일관적이라고 생각되는 형식체계 F를 고려하기로 한다. 이는 F의 형식적 정리 가운데 거짓인 산수의 명제에 대응하는 것은 전혀 없도록 산수의 표현은 모두 형식적 표현에 대응되어야 한다는 것을 함축한다. 어떤 형식적 진술, 가령 f가 산수 명제 a의 형식화일 경우, a를 f의 (산수적) 해석 또는 f의 직관적 의미라고 말한다.

산수 진술의 형식화인 모든 형식적 진술 f에 대해, f나 $\sim f$가 F의 형

---

31) 핵심 논문은 괴델의 다음 논문이다. "Über formal unentscheidbare Sätze der Principia Mathematica und verwandter Systeme, I" in *Monatshefte für Mathematik und Physik*, 1931, 38권. 괴델 정리와 처치 정리에 대한 비형식적 설명을 위해서는 이 제목으로 된 로서의 논문, 즉 R. B. Rosser, "An Informal Exposition of Gödel's Theorem and Church's Theorem", *Journal of Symbolic Logic*, 1939, 4권, 2호를 참조. 괴델이론을 형식적이면서도 비형식적으로 설명하는 것으로는 다음을 참조. Mostowski, *Sentences Undecidable in Formalized Arithmetic*, Amsterdam, 1952. 또한 Kleene, 앞의 책, 그리고 Hilbert-Bernays, 앞의 책, 2권도 참조. R. Péter, *Rekursive Funktionen*, 2판, Budapest, 1958에 회귀함수 이론이 제1원리들로부터 전문적인 논리적 기호법 없이 전개된다. 이 이론의 현재 상황을 일반적으로 아주 잘 설명하는 것으로는 John Myhill, *Philosophy in Mid-Century*, Florence, 1958 참조.

식적 정리일 경우, 또는 간단하게 f 가 결정가능할 경우, F 는 초급산수를 완전하게 형식화한다고 말하기로 하자. 힐베르트는 고전수학의 (실질적인) 전체를 완전하게 형식화하고자 했다. 그러나 괴델은 초급산수만을 형식화한 형식체계마저도 초급산수를 완전하게 형식화하지 **못한다**는 점을 보여주었다.

F 의 불완전성은 다음과 같은 형식적 진술 f, 즉 산수의 명제를 형식화한 것이지만 f 도 F 의 형식적 정리가 아니고 $\sim f$ 도 F 의 형식적 정리가 아닌 f, 다시 말해 결정불가능한 f 를 실제로 구성함으로써 확립된다. f 의 해석은 "내가 지금 주장하는 이 명제는 거짓이다"라는 거짓말쟁이의 역설을 연상시킨다. 만약 그 명제의 주장이 옳다면, 그 명제는 거짓이며, 이로부터 그 주장은 옳지 않다는 것이 따라 나온다. 이 진술은 자기 자신에 '관한' 진술이다. 그것은 그 자체가 거짓임을 진술하며, 그 이상 아무것도 진술하지 않는다. 괴델의 형식적 명제가 지닌 자기지시도 이런 종류의 것이다. 하지만 거짓말쟁이의 역설의 경우 언어적 표현과 그것의 의미 사이의 관계가 썩 분명하지 않은 반면, 괴델의 형식적 명제는 F 와 산수만큼이나 명확하다.

이제 (모스토프스키의 설명을 따라) 결정불가능한 진술 f 를 구성해보기로 하자. F 는 초급산수를 형식화한 것이기 때문에, 정수와 정수의 속성에 해당하는 형식적 대응물(counterpart)이 F 에 있게 마련이다. 형식적 정수나 숫자는 굵은 글자체로 표시해, 가령 1은 1에 대응하도록 할 것이다. 정수의 형식적 속성은 $W(.)$ 로 표현할 것이며, 형식적 속성이 다를 경우 다른 아래첨자를 써서 구분할 것이다. 만약 $W_0(.)$ 가 "x는 소수이다"의 형식적 대응물이라면, $W_0(5)$ 는 '5는 소수이다'라는 산수 명제의 형식적 대응물이다. 정수의 모든 형식적 속성들의 집합은 여러 가지 방식으로 계열을 이루며 정렬될 수 있는데, 우리는 가령 다음과 같은 계열 가운데 하나를 고려할 것이다.

$$(1)\quad W_1(.),\ W_2(.),\ W_3(.),\ \cdots$$

이제 자기지시적인 형식적 명제를 구성하기 위해, 먼저 임의의 형식적 명제를 정식화해보기로 하자. 그것은 어떤 형식적 속성을 첨자에 대응하는 숫자로 '채워 넣어' 얻은 형식적 명제들로, 다음이 그런 예이다. $W_1(1)$, $W_2(2)$, $W_3(3)$, $\cdots$ 다음으로 가령 $W_5(5)$를 골라보자. 이 형식적 명제는 F의 형식적 정리일 수도 있고 정리가 아닐 수도 있다. 그것이 정리가 아니라고 가정해보자. 즉 다음이라고 가정해보자.

$$W_5(5)\text{는 }F\text{의 형식적 정리가 아니다.}$$

이 명제는 분명히 F의 형식적 명제가 아니다. 하지만 그것은 형식적 명제에 관한 실제 명제, 즉 형식적 명제 $W_5(5)$에 관한 실제 명제이다. 그것은 힐베르트의 의미에서 메타진술이며, 우리가 F에 관해서 이야기하는 메타언어에 속하는 진술이다. 마찬가지로 다음 속성,

$$(2)\quad W_n(n)\text{은 }F\text{의 형식적 정리가 아니다.}$$

또한 분명히 F에 속하는 형식적 속성이 아니라 메타언어에 속하는 메타속성이다. F의 형식적 속성들 가운데, 특히 계열 (1)의 원소들 가운데 이속성에 대응하는 형식적 대응물이 있을 것 같지는 않다.

그런데 괴델은 (2)는 (1)에서 그런 대응물을 가질 수밖에 없다 — 계열 (1)의 한 원소는 메타속성 (2)를 형식화한다, 같은 것을 달리 나타내면, 이 메타속성이 계열 (1)의 한 원소의 해석 또는 직관적인 의미이다 — 는 것을 보인다. 그가 이를 보이는 데 사용하는 방법은 메타언어 또는 메타수학의 산수화(또는 '괴델화')라고 알려졌다. 이 절차는 유클리드 기하학

에 대한 데카르트의 산수화 — 수가 아닌 대상에 대해 수의 좌표를 제시하고, 이 대상들 사이에 성립하는 수적 관계가 아닌 관계에 수적 관계를 제시하는 것 — 와 아주 유사하다.

~, ∨, (등의 F의 기호들 각각에 하나의 정수를 할당하고 그렇게 해서 기호들의 유한한 계열은 모두 정수들의 유한한 계열에 대응하도록 한다. 이제 수들의 유한한 계열과 수를 일대일로 대응시키는 함수를 쉽게 찾을 수 있다. (예를 들어, 계열 $n_1, n_2, \cdots, n_m$에 곱 $p_1{}^{n_1} \cdot p_2{}^{n_2}, \cdots, p_m{}^{n_m}$ — 여기서 p는 통상적인 순서로 배열된 소수들이다 — 을 할당한다면, 소인수분해를 통해 그 수로부터 원래의 계열을 언제나 재구성할 수 있다.) 이런 식으로 모든 기호, 기호들의 모든 계열 (가령 모든 형식적 명제) 및 기호들의 계열들의 모든 계열에 수 좌표 또는 괴델 수가 할당된다. 그래서 형식적 표현에 관한 진술은 정수에 관한 진술로 대체될 수 있다.

또한 표현들의 모든 집합에 괴델 수의 집합도 대응하게 할 수 있다. 불완전성 정리를 증명하는 데 필요한 괴델 수의 집합은 모두 회귀적으로 정의된다. 다시 말해 각각의 원소는 앞의 원소들로부터 실제로 계산될 수 있다. 괴델 수들 사이에 성립해야 하는 관계에 대해서도 똑같은 이야기를 할 수 있고, 괴델 수를 논항과 값으로 갖는 함수들에 대해서도 마찬가지 이야기를 할 수 있다. 같은 식으로 해서 특히 한 집합 T, 즉 F에서 형식적 정리인 모든 형식적 명제들의 집합을 구획 지을 수 있다. (이 경우 $p \vee \sim p$가 F의 형식적 정리라는 진술은 $c \in T$라고 표현된다. 여기서 c는 F에 있는 $p \vee \sim p$의 괴델 수이다.) 이런 식으로 해서 두 개의 정수 논항을 갖는 회귀함수 $\varPhi(n, p)$도 마찬가지로 나타낼 수 있다. 여기서 그 함수의 값은 형식적 명제 $W_n(\mathsf{p})$, 즉 계열 (1) 의 n번째 원소를 숫자 p로 '채워 넣어' 얻는 형식적 명제의 괴델 수이다. 이런 준비작업(실제 증명에서는 더 많은 시간과 공간과 노력이 들며, 이에 따라 이의 본성에 대해 더 많은 통찰을 얻을 수 있다) 후에 이제 우리는,

(2) $W_n(\mathsf{n})$ 은 F의 형식적 정리가 아니다.

의 괴델 번역을 다음과 같이 제시할 수 있다.

(3) $\Phi(n, \; n) \; non \in T$

즉 $\Phi(n, \; n)$의 값인 괴델 수는 F의 형식적 정리들의 괴델 수들로 이루어진 집합 T의 원소가 아니라는 것이다.

그런데 (3)은 초급산수에 속하는 정수의 속성이다. 따라서 그것은 F에서 형식화되게 마련이며, 더구나 그것을 $W(.)$들의 계열 (1)에서 찾을 수 있어야만 한다. 왜냐하면 이 계열은 숫자들의 모든 형식적 속성을 포함하기 때문이다. 그러면 (3)이 그 계열의 q번째 원소, 즉 $W_q(.)$로 형식화되었다고 가정해보자.

형식적 속성 $W_q(.)$는 숫자를 논항으로 가지며, 이 가운데는 숫자 q도 있을 것이다. 따라서 형식적 명제 $W_q(\mathsf{q})$를 생각해보자. 이것은 우리가 구성하고자 하는 결정불가능한 형식적 명제이다. $W_q(\mathsf{q})$의 해석은 정수 q는 $W_q(.)$에 의해 형식화된 속성, 즉 다음과 같은 산수의 속성, $\Phi(n, \; n)$ $non \in T$, 바꾸어 말해 '$W_q(\mathsf{q})$은 F의 정리가 아니다'라는 속성을 가진다는 것이다.

만약 $W_q(\mathsf{q})$가 F의 형식적 정리라면, 그것은 거짓인 산수의 명제를 형식화하는 것이 된다. 만약 $\sim W_q(\mathsf{q})$가 F의 형식적 정리라면, $W_q(\mathsf{q})$는 참인 산수의 명제를 형식화하는 것이 된다. 하지만 그 경우 거짓인 산수의 명제, 즉 $\sim W_q(\mathsf{q})$가 F의 형식적 정리로 형식화될 것이다. 가정상 F는 초급산수에 대한 일관적인 형식화이므로, 어느 경우든 일어날 수 없다. $W_q(\mathsf{q})$는 결정불가능하고 F는 불완전하다.

F에 관한 가정과 증명방법을 달리해 괴델 결과의 여러 변종을 얻기도

했다. 하지만 이것들은 모두 원하는 형식적 명제를 실제로 구성할 수 있게 하는 방식들이다.

불완전성 정리와 여러 변종을 얻게 하는 발상과 기법 그리고 특히 메타수학의 산수화는 또한 F의 유형의 형식체계에 관한 괴델의 두 번째 정리를 낳게 된다. 만약 F가 일관적이라면 그리고 f가 F는 일관적이라는 진술의 형식화라고 한다면, f는 F의 형식적 정리가 아니다. 간단히 말해, F의 일관성은 F에서 증명될 수 없다.

두 번째 정리는 유한적 방법으로는 형식화된 고전수학의 일관성을 증명할 수 없다는 점을 함축한다. 왜냐하면 유한주의적 증명 개념을 명확히 하는 데 어떤 모호함이 있다고 하더라도, 어떠한 그런 증명이든 산수화가 될 수 있고 F로 들여올 수 있을 것이기 때문이다. 그러므로 F의 일관성을 유한적 또는 '유한주의적' 수단에 의해 증명한다는 것은 F에서 F의 일관성을 증명하는 것과 같다. 그런데 이는 괴델의 두 번째 정리에 따를 때 불가능한 일이다. 일관성 증명의 원래 프로그램을 포기해야 하거나 아니면 '유한주의적 증명'을 새로 정의해 완화해야 한다.

이제 우리는 괴델 증명의 주요 도구였던 회귀함수이론에 대해 몇 가지 간단한 언급을 하고자 한다. [아래 내용은 대체로 피터(R. Péter)의 설명을 따랐다.] 회귀함수란 음이 아닌 정수를 독립변수로 갖고, 그 값으로 다시 음이 아닌 정수를 갖는 함수로, 그 값이 '효과적으로' 계산될 수 있도록 정의된 함수이다. '효과적 계산'이나 '계산가능성' 자체의 의미는 이 이론을 전개해가는 과정에서 분명해질 것이다. 회귀함수의 정의는 일정한 속성을 가진다는 식으로 구체화하지 않고는 적시할 수 없는 어떤 정수가 전체 정수들 가운데 **존재한다**거나 또는 이런 전체의 **모든 원소**는 일정한 속성을 가진다고 하는 식의 가정에 의존하지 않는다. 그래서 회귀함수 이론은 보편양화사나 존재양화사 없이도 전개될 수 있다. 산수와 논리학의 많은 부분들이 이런 식으로 전개될 수 있다는 사실은 1923년, 스콜렘이 일찍이 안 것이다. 32) 이런 이론을 전개하는 주된 동기는 무제한적인 양화를 포기함으로써 집합론의 역설을 피할 수 있기 때문이다. '어떤 집합의 존재'는 그 집합의 원소를 계산할 수 있다는 것과 같은 것이 된다. 33)

가장 간단한 회귀함수 가운데 하나를 사용해, 고정된 음이 아닌 정수 a에 또 다른 정수 n을 더한다는 것을 정의할 수 있다. 다음을 생각해보자.

$$\Phi(0,\ a) = a$$
$$\Phi(n+1,\ a) = \Phi(n,\ a) + 1$$

여기서 첫 번째 등식은 a에 0을 더한 값을 우리에게 말해준다. 두 번째 등식은 a에 n을 더한 값을 이미 알고 있을 때, a에 $n+1$을 더한 값을 찾는 방법을 알려준다. 그래서 우리는 $n=0$, $n=1$, $n=2$, $n=3$ 등일 때 이 함수의 값을 찾을 수 있다. 그것들은 a, $a+1$, $a+2$, $a+3$ 등이다. 만약 우리가 $a+1$을 $\beta(a)$로 적는다면, $\beta(a)$는 음이 아닌 정수의 직후자를 형성하는 연산을 나타내게 된다. 그 경우 그 회귀함수를 다음과 같이 적을 수 있다.

$$\Phi(0,\ a) = a$$
$$\Phi(\beta(n),\ a) = \beta(\Phi(n,\ a))$$

같은 식으로, 우리는 고정된 양의 정수 a와 양의 정수 n의 곱셈을 정의할 수 있다. 만약 $\Phi(n,\ a) = n \cdot a$라면, 우리는 다음을 얻는다.

---

32) *Begründung der elementaen Arithmetik durch die rekurrierende Denkweise ohne Anwendung scheinbaer Veränderlichen mit unendlichen Ausdehnungsbereich*, Videnskapsselskapets Skrifter 1, Math. — Naturw. Kl. 6, 1923.
33) R. L. Goodstein, *Recursive Number Theory*, Amsterdam, 1957도 참조.

$$\Phi(0, \ a) = 0$$
$$\Phi(n + 1, \ a) = \Phi(n, \ a) \ + a$$

같은 식으로 우리는 지수셈과 산수의 다른 함수들도 정의할 수 있다. 이 회귀함수들의 형식은 다음과 같다.

$$\Phi(0) = K$$
$$\Phi(n + 1) = \beta(n, \ \Phi(n))$$

여기서 Φ는 하나의 변항을 지닌 함수이고, β는 두 개의 변항을 지닌 함수이며, K는 상항 또는 아무런 변항도 지니지 않은 함수이다. 연속적으로 0, 1, 2 등이 대입될 수 있는 변항 n은 회귀변항(*recursion variable*)이라 불린다. 하지만 Φ의 값은 — 그리고 이에 따라 β는 — 다른 변항에도 의존한다. 그렇지만 다른 변항들은 회귀과정에는 개입되지 않으며, 그 과정에서 그것들은 상항으로 취급된다. 즉 그것들은 회귀 이전이나 이후에 그것들에 대해 대입되는 서로 다른 값들, 즉 n 대신 연속적으로 대입해서 이루어지는 계산 결과이다. 이 다른 변항들은 수학의 통상적 용어법에 따를 때 '매개변항'(*parameter*)이라 불린다. 다음 형태의 정의는 **원초적 회귀**라고 불린다.

$$\Phi(0, \ a_1, \ a_2, \cdots, \ a_r) = a(a_1, \ a_2, \cdots, \ a_r)$$
$$\Phi(n + 1, \ a_1, \ a_2, \cdots, \ a_r) = \beta(n, \ a_1, \ a_2, \cdots, \ a_r, \ \Phi(n_1, \ a_1, \ a_2, \cdots, \ a_r))$$

만약 두 개의 함수가 주어지면, 우리는 한 함수를 다른 함수의 변항에 대입하여 새로운 함수를 만들 수 있다. 가령 $\Phi(x, \ y, \ z)$와 $\Psi(u)$로부터 우리는 대입을 통해 $\Phi(\Psi(u), \ y, \ z)$, $\Phi(x, \ y, \ \Psi(u))$, $\Psi(\Phi(x, \ y, \ z))$ 등을

얻을 수 있다. 원초적 회귀와 대입은 **원초적 회귀함수**라고 불리는 더 크고 중요한 함수의 집합을 만들어내게 된다. 그 함수는 독립변수와 그 함수의 값이 음이 아닌 정수이고 0과 $n+1$로부터 시작해 유한번의 대입과 원초적 회귀에 의해 정의되는 함수라고 말할 수 있다. [34]

괴델은 자신의 증명에서 원초적 회귀함수만을 사용했다. 형식적 속성들이 어떻게 산수화될 수 있는지를 보기 위해, 회귀관계의 정의를 생각해보기로 하자. 관계 $B(a_1, a_2, \cdots, a_r)$가 원초적 회귀이려면, 원초적 회귀함수 $\beta(a_1, a_2, \cdots, a_r)$가 존재해 그것이 0과 같을 경우 그리고 그런 경우에만 관계 B가 $a_1, a_2, \cdots, a_r$ 사이에 성립해야 한다. 만약 $W(a)$가 하나의 속성이라면, a가 W를 가진다면 그리고 그런 경우에만 0과 같은 원초적 회귀함수가 존재할 경우 그것은 원초적 회귀이다. $B(a_1, a_2, \cdots, a_r)$의 여관계(*complementary relation*) $B'(a_1, a_2, \cdots, a_r)$도 또한 원초적 회귀이며, $\beta(a_1, a_2, \cdots, a_r) \neq 0$일 경우에만 성립한다. 이런 식으로 '여관계이다', '연언이다'와 'F의 형식적 정리이다'를 포함해 메타수학의 여러 복잡한 개념들을 원초적 회귀함수들로 표현할 수 있고 괴델 수들 사이의 관계로 표현할 수 있게 된다.

튜링의 정리(1937)로부터 원초적 회귀함수의 계산은 기계에게 맡길 수 있다는 것이 밝혀졌다. 실제로 튜링은 이보다 더 넓은 함수집합, 이른바 **일반적 회귀함수**들이 튜링기계에 의해 계산가능하다는 점을 보였다. 이것이 밝혀지기 전에, 처치는 효과적 계산가능성이라는 아주 모호한 개념은 일반적 회귀함수에 의해 해결가능하다는 것에 의해 분석되어야 한다고 주장했다. 이 주장은 처치 자신의 결과와, 비록 처음 보기에는 무관한 것 같지만 모두 동치임이 입증된 다른 결과들에 의해 정당화되었다. 효과적 계산가능성과 일반적 회귀함수에 의한 해결가능성을 동일시하는 이

---

34) Péter, 앞의 책, 32쪽.

문제를 두고, 전문가들의 견해는 지금도 나뉘어있다. [35] 지금 맥락에서 내가 이 문제와 관련해 할 수 있는 유익한 이야기는 없다. 그 이론은 현재 순수수학의 새로운 분야로 발전 중이다. 그 이론과 힐베르트가 제기한 문제가 서로 연관된다는 사실은 이 문제가 중요하다는 것을 보여주는 한 단면일 뿐이며, 아마 이제는 더 이상 가장 중요한 문제는 아닐 것이다. [36]

---

35) Péter, 앞의 책, 20~22절 참조.
36) Myhill, 앞의 책, 136쪽 참조.

제5장

형식체계의 학문으로서의 수학: 비판

형식주의의 수학철학을 논의할 때도 앞서처럼 순수수학, 응용수학, 그리고 무한 개념에 대한 형식주의의 설명을 각각 검토해보기로 하겠다. 논리주의의 경우처럼 먼저 "1 + 1 = 2"와 "하나의 사과와 하나의 사과를 더하면 두 개의 사과가 된다"는 간단한 예를 생각해보기로 하자.

우리가 이미 보았듯이, 형식주의자는 기호들의 계열(*sequence*) 〈1 + 1 = 2〉(정식)와 이 정식 또는 이 정식이 산출되는 과정이 일정한 형식적 특성 — 즉 정리정식이라고 표현했던 특성 — 을 지닌다고 하는 참인 진술을 구분한다. 계열 〈1 + 1 = 2〉는 진술이 아니라 물리적 대상이다. 따라서 그것은 참도 아니고 거짓도 아니다. 참이나 거짓인 것은 이 계열 〈1 + 1 = 2〉가 정리정식이라고 하는 진술이다. 다른 말로, 논리주의의 관점에서 보면 수학적 진술의 확실성은 논리학에 뿌리를 두는 데 반해, 형식주의의 관점에서 보면 그것의 확실성은 그 진술이 아주 단순한 경험적 또는 물리적 상황을 기술한다는 명확성에서 나온다. 논리주의자에게 산수의 진술은 위장된 논리적 진술이다. 형식주의자에게 산수의 진술은 위장된 경험적 진술이다. 논리주의의 주장을 면밀히 검토해 결국에는 거부했듯이, 우리는 형식주의의 주장도 검토해보아야 하겠다.

형식주의의 주장에는 애초부터 역설의 기운이 감돌았다. 그런 인상은 다음 두 가지 요소 때문인 것 같다. 먼저, 형식주의자는 다음과 같은 세 가지 입장만 가능하다고 가정한다. ⓐ 순수수학의 진술들은 논리적 진술이거나 ⓑ 칸트의 의미에서 선험적 종합진술이거나 ⓒ 경험적 진술이다. 한편, 형식주의자는 다음과 같은 확신을 가진다. 첫 번째 가능성은 성립할 수 없음이 증명되었고, 두 번째는 너무 모호하고 여러 가지 다른 수학체계에 적합하지 않으므로 배제될 수밖에 없다. 그렇다면 아무리 온건하고 요란하지 않게 한다 하더라도, 순수수학의 진술은 경험적이라는 주장을 할 수밖에 없게 된다.

이제 응용수학의 진술, 사과를 물리적으로 더하는 것에 관한 진술로 넘어가보자. 우리는 여기서도 또한 형식주의의 입장에 대해 이야기할 게 있다는 것을 알게 된다. 어쩌면 우리는 〈1 + 1＝2〉는 정리정식이다라는 (메타수학적) 진술과 하나의 사과와 하나의 사과를 더하면 두 개의 사과가 된다는 진술 사이에 직접적으로 일대일대응이 성립한다고 말하고 싶을지 모르겠다. 이를 위해 필요해 **보이는** 것은 스트로크와 스트로크 연산 자리에 사과와 사과 연산을 놓기만 하면 될 것 같다. 하지만 상황은 그렇게 간단하지 않다.

형식주의자가 직면하는 응용수학의 문제를 논리주의자가 직면하는 응용수학의 문제와 대비해보는 것이 좋을 것 같다. 논리주의자는 "1 + 1＝2"를 다음과 같은 논리적 주장의 모사물이라고 생각해야 한다.

(1) $(x)(y)(((x \in 1) \, \& \, (y \in 1)) \equiv ((x \cup y) \in 2))$ (본문 80쪽 참조)[1]

---

1) x와 y는 서로 다르고 공집합이 아니라고 가정한다.

더구나 논리주의자는 "하나의 사과와 하나의 사과를 더하면 두 개의 사과가 된다"를 두 가지로 해석해야 한다. 하나는 다음이다.

(2a) $((a \in 1) \& (b \in 1)) \equiv ((a \cup b) \in 2)$

여기서 a와 b는 두 개의 일정한 단위집합들로, 이들은 공통의 원소를 갖지 않으며, $(a \cup b)$는 이들의 논리적 합이다. 또 다른 하나는 다음이다.

(2b) 사과의 움직임과 관련된 본성에 관한 경험적인 자연법칙

앞에서 논증했듯이, (1)이 논리적 진술이라면 (2a)도 논리적 진술이다. 그러나 (2a)와 달리 (2b)는 경험적 진술이다. 논리주의자는 **논리적** 진술 (1)과 **경험적** 진술 (2b) 사이의 관계를 설명해주어야 한다. 논리주의를 비판하면서, 우리는 (1)과 (2b)에 나오는 개념들 — 수 개념과 덧셈 개념 — 은 서로 다르다고 주장했다. 아울러 우리는 이런 차이를 분간하지 못하고 도리어 비경험적 개념과 경험적 개념을 뒤섞기 때문에 논리주의는 해결책을 제시하기는커녕 (1)과 (2b) 사이의 관계라는 문제도 제대로 서술하지 못한다고 주장했다.

형식주의자가 직면한 상황도 이와 엇비슷하다. 형식주의자는 (1) 수학적 진술 "1 + 1=2"를 다음과 같은 메타수학적 진술로 해석해야 한다. 즉 "한편으로 1 다음에 1을 놓고, 다른 한편으로 계열 11을 만들어내는 것〔이 두 연산은 모두 병렬(*juxtaposition*)의 규칙에 따라 수행된다〕이 똑같은 스트로크 표현, 즉 11을 낳는다". 우리는 이런 메타수학적 진술과 이와 비슷한 메타수학적 진술은 눈으로 하는 증명에 의해 증명될 수 있는 것으로, 경험적으로 명백하다고 말할 것이다. 나아가 형식주의자는 "하나의 사과와 하나의 사과를 더하면 두 개의 사과가 된다"를 다음 두 가지 의미

의 진술로 해석해야 한다.

(3a) 스트로크의 병렬에 관한 진술과 꼭 같지만 사과에 관한 것이라는
점에서만 차이가 나는 진술.
(3b) 사과를 물리적으로 더하는 것(사과를 상자에 넣었다가 며칠 후에 다
시 꺼내는 것과 같은 것 등)에 관한 진술. 여기서 덧셈은 메타수학
에서 생각하는 병렬을 지배하는 규칙에 맞게 정의된 것이 **아니다.**

핵심은 다음과 같다. 만약 순수수학의 진술이 경험적으로 명백하다면,
(1)과 (3a)도 경험적으로 명백하다. 하지만 (3b)와 수학적으로 형식화
된 자연법칙은 경험적으로 명백하지 않다. 아니면 그것은 적어도 앞서와
같은 의미에서, 경험적으로 명백하지는 않다. 그러므로 논리주의자가
순수수학의 논리적(이른바 논리적으로 명백한) 진술과 응용수학의 경험적
진술 사이의 관계를 설명해야 하듯이, 형식주의자도 경험적으로 명백한
순수수학의 진술과 경험적으로 명백하지 않은 응용수학의 진술 사이의
관계를 설명해야 하는 문제에 직면하게 된다.

방금 본 순수수학과 응용수학의 명제들이 지닌 논리적 지위와 기능과
관련한 일반적인 문제 말고도, 어떤 수학철학이든 그것은 무한한 전체의
문제와 관련해서도 일정한 입장을 가져야 한다. 우리가 보았듯이, 형식
주의자는 메타수학에서 실제무한한 집합이라는 가정이나 초한적 방법의
사용을 용인하지 않는다. 하지만 형식주의자는 실제무한한 실재를 나타
내는 **기호**의 사용은 용인한다. 형식주의자는 이런 기호를 메타수학의 지
각적 주제인, 기호를 조작하는 규제된 활동 안에서의 스트로크 표현과
같은 지각적 대상으로 여긴다. 그런데 우리는 고전수학의 (분명히 나무랄
데 없는) 명제들과 이런 명제들을 체화한 정식들 사이에 일대일대응이 있
다는 점을 보이고자 한 힐베르트의 프로그램은 불가능하거나 아니면 적

어도 문제가 아주 많다는 점을 괴델이 밝혔다는 것을 이미 보았다. 이는 적어도 초급산수의 정식에 무한한 전체에 관한 진술을 체화한 정식을 추가하는 것이 고전수학에서 실제무한의 사용을 정당화하는 것이라고 간주될 수 있는지의 문제 또는 어떤 의미에서 그렇게 간주될 수 있는지의 문제를 야기한다. 이것은 다시 '칸토르의 낙원'에 관한 문제이다. 괴델의 불완전성 증명은 칸토르의 낙원으로부터 우리를 내쫓은 것인가 아니면 칸토르의 낙원의 영토를 더 줄인 것에 불과한가?

여러 형태의 형식주의에서 이런 모든 문제와 연관되는 것이 바로 논리학과 수학의 관계이다. 형식주의자들의 메타수학적 추론은 명백한 지각적 경험으로부터 읽어낼 수 있는 것, 즉 눈으로 하는 증명으로, 정당화가 필요하지도 않고 정당화를 할 수도 없는 것으로 보인다. 따라서 우리는 이런 직관적 논리학의 본성, 이 논리학과 직관적이지 않은 논리학의 구분, 그리고 이들의 상호관계 및 이것들과 수학의 관계에 관한 형식주의의 입장을 살펴보아야 하겠다.

합당한 논의 순서는 다음이 될 것 같다. 우선 순수수학을 기호들의 연쇄를 조작하거나 구성하는 것으로 보고 순수 메타수학을 ① 경험적으로 명백한 진술과 ② 오직 그런 진술만을 포함하는 추론으로 구성되는 것으로 보는 형식주의의 견해를 살펴볼 것이다. 그런 다음 이러한 경험적으로 명백한 순수수학의 명제들과, 눈으로 하는 증명에 의해 증명될 수 없고 검증되기 위해서는 일상적 경험과 자연과학의 관찰기술에 의존하는 응용수학의 명제들 사이의 관계에 대한 형식주의의 설명을 살펴볼 것이다. 그리고 나서 무한의 문제를 논의할 텐데, 우리는 그 문제를 다음과 같은 일반적 문제의 일환으로 다룰 것이다. 즉 고전수학에서 진정한 실재에 이상적 실재를 추가하는 일과 이에 대응하여 진정한 실재를 나타내는 기호에 이상적 기호를 추가하는 일, 그리고 두 가지 유형의 기호를 순수하게 형식적 방식으로 다루는 것에 관한 메타수학적 진술의 본성과 관련된 문제의 일환으로 무한의 문제를 다룰 것이다. 끝으로 형식주의의 논리학관을 검토하는 것으로 논의를 마치고자 한다.

1. 순수수학에 대한 형식주의의 설명

형식주의의 설명에 따르면, 메타수학적 진술은 어떤 유형의 기호조작을 기술하거나 그런 기술적 진술들 사이의 추론관계를 표현한다. 그러므로 어느 모로 보나 메타수학적 진술은 경험적 진술이고, 이런 진술을 하는 데 적용되는 개념도 경험적 개념이며, 관련된 추론은 언제나 경험적 진술이나 개념으로부터 경험적 진술이나 개념으로 나아가는 추론이다.

물론 메타수학적 진술은 특정 스트로크의 연산에 관한 것이 아니다. 스트로크를 다른 것으로 대치하더라도 진술의 내용은 바뀌지 않는다. 스트로크나 돌멩이, 조개껍질 등등 — 이것들에 대해 실제로 연산이 이루어진다 — 은 퍼스의 구분을 따르면, 타입들의 토큰이다. 특정 연산, 가령 1에 1을 더하는 초급 덧셈에 대해 그렇게 하면 숫자 11을 낳는다고 기술할 때, 문제가 되는 것은 '초급 덧셈'과 '타입 11의 모양'이라는 두 개념 사이의 관계이다. 이 관계는 이 특정 스트로크들을 다른 토큰으로 대치하더라도 영향을 받지 않는다. 하지만 개념(술어나 특성 등)은 지각적 대상과 연산에 의해 예화된다. 바로 이처럼 쉽게 이용할 수 있고 쉽게 구성할 수 있는 지각적 상황 덕분에 개념들 사이의 관계를 그 상황으로부터 '읽어낼' 수 있는 것이다. 우리는 원한다면 (거의) 언제나 이런 지각적 상황을 만들어낼 수 있고, 바로 이런 상황이기 때문에 우리는 개념들 사이의 관계를 눈으로 하는 증명으로 증명할 수 있는 것이다.

하지만 "x는 스트로크이다"라는 형식주의의 개념은 엄밀히 말해 어떠한 특정 스트로크도 기술하지 않는다. 달리 말해, 그 개념은 엄밀하게 본

154

다면 특정 스트로크에 의해 예화되거나 특정 스트로크를 사례로 갖지 않는다. 그러므로 형식주의자는 스트로크가 지각에서 발견되는 것이라면 가질 수 없는 어떤 속성을 가진다고 가정해야 한다. 스트로크를 메타수학적 대상으로 삼아 그것을 영원한 것으로 여긴다 하더라도, 물리적 스트로크나 지각적 스트로크는 영원하지 않다. 우리는 영원하지 않은 스트로크로부터 이런저런 방식으로 '추상화'한다.

이 점은 별로 중요하지 않다고 생각할지 모르겠다. 하지만 이 점은 프레게[2]가 이전 형태의 형식주의 — 이 점에서 아주 최근의 형식주의와 다르지 않은 형태의 형식주의 — 를 비판하는 주요 논거로 쓸 만큼 중요한 것이었다. 현대의 형식주의자들과 철학적으로 이에 가까운 사람들이, 영원하지 않은 물리적 또는 지각적 스트로크를 "x는 스트로크이다"라는 개념의 사례와 — 이것이 "x는 영원하다"는 것을 함축한다는 의미에서 — 동일시하고자 한다면 정당화가 필요하다. 여기서 중요한 최근 한 저작[3]의 1장에 나오는 관련 대목을 직접 인용해보는 것이 도움이 될 것 같다.

> 오해를 방지하기 위해, 이 탐구의 주제는 숫자들의 개별적인 실현(*realization*)이 아니라고 말해두자. 그러므로 가령 1로만 이루어진 숫자 1, 11, 111, … 등이 '수'라고 불린다면, 이는 지금 독자들이 본 그 실현이 썩어 없어지면 수도 없어진다는 것을 함축하지 않는다. 그런 숫자를 만들어낼 수 있는 사람이라면 누구든 언제나 수에 대해 의미 있게 이야기할 수 있다.

우리는 이 점을 스트로크 표현을 마치 영원한 것인 **양** 다룬다고 말할 수 있을 것 같다. 하지만 이는 종이에 적힌 스트로크 기호는 메타수학의

---

2) *Grundgesetze*, 2권, 86절 이하; 또한 기치와 블랙이 번역한 책의 82쪽 이하.
3) P. Lorenzen, *Einfürung in die operative Logik und Mathematik*, Berlin, 1955.

주제가 아니라는 의미이다. 이는 "x는 (영원하지 않은) 스트로크 기호이다"가 아니라 "x는 영원한 스트로크 기호이다"가 메타수학적 개념이라는 의미이다. 사실 계산이나 메타수학적 추론에서는 이 두 개념의 차이를 무시하더라도 큰 문제가 되지 않는다. 하지만 수학철학에서는 이 차이가 중요하다. 그것은 엄밀하게 말한다면, 메타수학의 정언진술은 명백한 확실성을 지닌 지각적 진술이라는 주장이 거짓임을 함축한다. 메타수학적 진술이 명백한 확실성을 지닐 수는 있겠지만, 그것은 지각적 진술이 아니다. 종이에 적힌 스트로크는 "x는 영원하지 않은 스트로크이다"의 사례이다.

형식주의자가 할 수밖에 없는 또 하나의 규약(stipulation)은 스트로크 표현과 연산 — 이것들이 그가 탐구하는 학문의 주제를 이룬다 — 의 명확성이나 정확성과 관련된 것이다. 형식주의자는 스트로크 표현, 가령 "x는 1과 같다"의 모든 사례나 "x는 11과 같다"의 모든 사례는 아주 명확하다 — 바꾸어 말해 그에 대응하는 개념들이 경계사례를 허용하지 않는다는 의미에서 정확하다 — 고 규정한다. 하지만 앞의 두 개념은 서로 다른 경계사례를 허용할 뿐만 아니라 똑같은 경계사례도 허용한다. 만약 우리가 1과 1을 점점 더 가까이 놓으면, 우리는 그것이 1과 같다고 말할 수도 있고 11과 같다고 말할 수도 있는 스트로크 모양을 얻게 된다. "x는 1과 같다"와 "x는 11과 같다"는 공통의 경계사례를 허용하는 반면, 이에 대응하는 메타수학적 개념은 그런 사례를 허용하지 않는다. 메타수학적 개념은 정확한 개념이다.

여기서도 형식주의자의 관심거리인 스트로크를 "x는 스트로크이다"라는 정확한 개념의 사례인 양 다룰 수 있다고 말할지 모르겠다. 하지만 이는 "x는 (지각적) 스트로크이다"는 개념 — 이는 명확한 사례를 허용한다 — 도 또한 경계사례를 허용하지 않는다는 의미가 아니다. 지각적으로 예화되는 "x는 (지각적) 스트로크이다"와 메타수학적인 "x는 (영원한) 스트로크이다" 사이의 차이에 관해 앞에서 말한 것은 부정확한 지각적 개념과 정확한 메타수학적 개념 사이의 차이에도 마찬가지로 적용된다.

다시 한 번 말하지만, 지각에 예화되는 개념과 이에 대응하는 메타수학적 개념 — 대략 말해 이는 전자의 이상화이다 — 사이의 차이는 실제로 메타수학을 하는 사람을 포함한 실제 수학자들에게는 중요하지 않다. 그것이 수학철학에는 중요하다는 사실은 프레게뿐만 아니라 플라톤, 라이프니츠, 칸트 등도 인식했다. 플라톤은 다이어그램과 형상 및 그 사례를 분명하게 구분하였다. 플라톤에 따르면, 종이 위에 적힌 지각가능한 스트로크와 같은 다이어그램은 수 1의 형상의 사례가 아니다. 그것은 '그것과 같고자 하는 것'일 뿐이거나 그것에 근접하는 것일 뿐이다. 지각적 스트로크와 수 사이의 관계는 예화가 아니라 '분유'(participation, methexis, μεθεξις) 이다. 라이프니츠도 보편기호법 — 이것은 수학에서 사용되는 한 무시간적인 '이성의 진리'를 표현한다 — 의 기호를 그것을 구성하는 요소인 이 진리들이나 보편과 동일시하지 않았다. 마찬가지로 칸트도 종이 위의 자국과 같은 물리적 또는 지각적 대상에 관한 진술과 순수지각이나 직관의 공간에서의 구성에 관한 진술을 면밀히 구분하였다. 이 구분은 브라우어와 그의 직관주의 추종자들도 받아들이는 구분이다.

그래서 우리는 논리주의 수학철학을 논의할 때도 그랬듯이, 여기서도 두 개의 서로 다른 수 개념을 뒤섞었음을 알 수 있다. 논리주의자는 지각에 예화될 수 있는 부정확한 경험적 개념과 그럴 수 없는 정확한 개념을 서로 뒤섞었다. 즉 '**자연수**'와 '자연수'가 분리되지 않았다. 논리주의자는 그들이 보기에 논리학의 개념들로 번역될 수 있는 정확하고 선험적인 개념들을 강조한다. 형식주의자는 정확하면서도 지각적인 자료를 기술하는 것으로 간주되는 이른바 경험적인 수 개념을 강조한다. 형식주의 수 개념의 정확성이 이상화에 기인한다는 사실은 간과되거나 무시된다.

두 유형의 개념들 사이의 차이에 관해 앞에서 말한 것을 여기서 다시 반복할 필요는 없을 것 같다. 특히 이 주제는 논리주의나 형식주의에 대한 설명이나 비판과 무관하게 나중에 더 자세하게 다룰 것이다. 하지만 수 개념에 대한 이런 구분이 정당하다면, 수의 연산 개념에 대해서도 그런 구분을 해야 할 것이다. 사실 우리가 (비경험적) 자연수의 논리합을 형성하는 수학적 연산과 (경험적) **자연수**를 더하는 물리적 연산을 구분해야 하듯이, 우리는 또한 이상화된 스트로크를 더하는 수학적 연산과 물리적 스트로크 — 아니면 사과나 돌멩이 또는 다른 지각적으로 주어진 대상 — 를 물리적으로 더하는 물리적 연산도 구분해야 한다.

메타수학의 개념과 이런 개념이 적용되는 진술은 경험적인 것이 아니므로, 이 주제 또한 경험적인 것이 아니다. 종이 위의 스트로크와 이에 대한 연산이 메타수학의 주제가 아니듯이, 종이 위의 도형과 작도도 유클리드 기하학의 주제가 아니다. 기호의 형태나 작도는 모두 다이어그램과 같은 것이다. 다이어그램이 아무리 유용하고 실제로는 없어서는 안 된다 하더라도, 그것은 '표상'이며, 그것은 그것이 '표상'한다고 하는 것과 동일한 것도 아니고 동형인 것도 아니다. 이 점에서 다이어그램은 어떤 나라를 '표상'하는 지도나 미로를 헤쳐나가게 하는 아리아드네의 실과 같다. 그것은 그 나라나 미로 자체와는 다르다. 〔내가 '표상'에 인용부호를 붙인 이유는, 내가 그 용어를 (아마도 지금의) 통상적 의미로 사용하지 않는다는 점을 암시하기 위한 것이다. 지금은 표상하는 것과 표상된 체계 사이에 동형관계가 있다는 것을 함축하는 의미로 쓴다. 경험적 개념은 부정확하고 비경험적 개념은 정확하기 때문에 이 두 체계의 사례와 관계들 사이에는 동형관계가 있을 수 없다.〕

만약 우리가 앞에서 본 경험적 개념 및 연산과 비경험적인 것들 사이의 구분을 받아들인다면, 경험적 스트로크 표현 및 연산의 학문도 이상화된 스트로크 표현 및 연산의 학문과 구분되어야 한다. 만약 스트로크 표현의 영원성과 명확성에 관한 제한조건을 심각하게 여긴다면, 후자만이 메타수학이 될 것이다. 우리는 전자의 학문을 당분간 그것이 지각적 다이어그램에 관한 것이라는 점을 함축하기 위해 아름답지 못한 이름인 '다이어그램학'(*diagrammatics*)이라 부를 수 있을 것이다. 다이어그램학이 메타수학에서 하는 역할은, 지도제작법이 지리 탐험에서 하는 역할과 비슷하다. (물론 다이어그램학의 대상은 지각적 실재이고 메타수학의 주제는 비지각적 실재인 반면, 지도제작법이나 지리 탐험의 주제는 모두 지각적이라는 점을 고려한다면 이 유비는 깨진다.)

우리는 이 유비를 좀더 밀고나갈 수도 있다. 나라가 존재하지 않는다면, 지도도 없을 것이다. 왜냐하면 어떤 나라도 표시하지 않는 지도라 할지라도 그것은 어떤 그림이 어떤 나라와 갖는 관계에 의해 정의되기 때문이다. 마찬가지로 수학적 체계가 존재하지 않는다면, 다이어그램과 같은 형식체계도 존재하지 않을 것이다. 왜냐하면 아무 수학이론도 형식화하지 않는 체계라 할지라도 그것은 어떤 형식체계가 다른 어떤 이론에 대해 갖는 관계에 의해 정의되기 때문이다. 그러므로 지도와 지도가 아닌 것의 차이는 다이어그램과 같은 형식체계와 형식체계가 아닌 것의 차이와 유사하며, 대응하는 지도와 대응하지 않는 지도의 차이는 형식화하는 형식체계와 형식화하지 않는 형식체계의 차이와 비슷하다. 색깔이 칠해진 종이가 다 지도는 아니며, 모든 지도가 다 나라의 지도인 것도 아니다. 스트로크를 가지고 하는 게임이 모두 다이어그램과 같은 형식체계도 아니고, 다이어그램과 같은 형식체계가 모두 형식화하는 형식체계인 것도 아니다. (해석과 무관한) 형식체계라는 개념의 적용범위를 정하는 커리의 생각은 (해석과 무관한) 지도라는 개념의 적용범위를 지도 제작법에서 정하는 것에 대응한다.

수학자는 다이어그램과 같은 도형을 도구로 필요로 하며, 이는 지리를 탐험하는 사람이 지도를 필요로 하는 것과 같은 이치이다. 다이어그램학에 대해 어느 정도의 지식이 없다면 수학자는 수학이론 안에서 생각하는 일을 할 수 없거나 또는 새로운 이론을 만들어낼 수 없다. 마찬가지로 지도제작법에 대한 어느 정도의 지식이 없다면, 탐험가는 발견된 나라를 탐험할 수 없거나 그가 처음으로 발견한 나라를 탐험할 수 없다. 그러므로 지도제작법과 다이어그램학은 각각 지리탐험과 수학의 보조과학이다. 유비 — 이 경우 특히 이는 아주 제한된 범위에서만 작동한다 — 가 논증의 자리를 대신할 수는 없다. 하지만 그것은 경험적 수 개념과 비경험적 수 개념을 구분하는 것이 표기법이나 기호법, 다이어그램과 같은 형식체계의 학문이 발견을 하는 데나 다른 여러 가지 측면에서 아주 중요한 것은 아니라는 사실을 함축한다는 점을 강조해준다. 지각적 대상에 관한 진술과 수학적 대상에 관한 진술을 구분했던 철학자들은 이것의 중요성을 결코 부정하지 않았다. 플라톤에 따르면, 수학자는 영원한 형상들 사이의 관계를 탐구하지만, 실천적인 이유에서 탐구에 도움을 주기 위해 물리적 다이어그램을 사용할 수밖에 없다. 현대의 직관주의자 — 이들은 수학이 종이 위에 적힌 기호들에 대한 규칙 지배적인 조작이라는 주장을 부인한다 — 도 마찬가지로 (다이어그램과 같은) 형식체계가 유용하고 실천적으로 필수적이라고 굳게 믿으며, 자신들의 수학적 아이디어를 전달하기 위해 그런 것들을 많이 구성해내기도 했다.

앞에서 지적했듯이, 형식주의 수학철학자들은 어떤 수학적 개념, 특히 실제무한 개념이 이상화된 비경험적 성격을 지닌다는 점을 잘 알고 있었다. 하지만 그들은 수학과 지각의 단절(disconnection) — 비경험적 개념의 도입 — 이 초급산수에서 확장된 산수로 이행하는 과정에서 발생하는 것이 아니라, 초급산수를 전개시키는 최초 과정에서 바로 발생한다는 사실을 깨닫지 못했다. 자연수 개념 자체가 비경험적이다.

2. 응용수학에 대한 형식주의의 설명

논리주의자에게 응용수학의 문제란 결코 거짓일 수 없는 논리적 진술과 거짓일 수도 있는 경험적 진술을 관계시키는 일이다. 형식주의자에게 이 문제는 거짓일 수 없는 경험적으로 명백한 지각적 진술과 거짓일 수도 있는 경험적 진술을 관계시키는 일이다. 앞에서처럼 우리는 두 스트로크의 병렬을 기술하는 메타수학적 진술 "1 + 1=2" 및 그것의 결과와 "하나의 사과와 하나의 사과를 더하면 두 개의 사과가 된다"(즉 본문 152쪽의 사례 3b)라는 간단한 물리학의 진술을 살펴볼 것이다.

만약 우리가 사과 진술을 "1 + 1=2"로 기술된 상황에서 각 스트로크를 사과로 대치하고 스트로크의 병렬을 사과의 병렬로 대치한 결과라고 간주한다면, 두 진술 모두 자명하게 참이거나 어느 진술도 그렇지 않거나 할 것이다. 하지만 이 사실은 앞서 말한 가정과 양립할 수 없다. 만약 스트로크 진술은 자명하게 참이지만 사과 진술은 그렇지 않다면, 메타수학자의 스트로크 및 스트로크 병렬과 사과 및 사과 병렬 사이에는 차이가 있을 수밖에 없다. 물론 이 차이는 스트로크 및 스트로크 병렬은 비경험적이고 이상화되었으며 정확한 개념인데 반해, 사과와 사과 병렬은 경험적이고 부정확한 개념의 사례라는 점이다. 논리적 합으로서의 '덧셈'과 물리적 연산으로서의 '덧셈'을 구분해야 하듯이, 우리는 수학적 병렬로서의 '덧셈'과 물리적 연산으로서의 '덧셈'도 구분해야 한다.

앞에서 기술한 식으로 대치한다고 해도 메타수학적 진술에서 물리적 진술로 나아갈 수는 없다. 아마도 그렇게 할 수 없다는 것이 아주 분명했기 때문에, 형식주의자들은 응용수학의 진술 — 특히 응용된 초급산수의 진술 — 이 스트로크 진술의 대입 사례라고 주장하지는 않는다. 스트로크 진술이 갖는 자명성과 사과 진술이 갖는 비자명성(추측적, 귀납적, 개연적, 틀릴 수 있다는 성질 등등)을 그대로 유지하기 위해서는 더 복잡한 분석이 필요하다.

스트로크 및 스트로크 관계와 사과 및 사과 관계 사이의 관련성을 때로 일대일대응[4]으로 설명하기도 한다. 하지만 그런 일대일대응은 성립할 수 없다. 메타수학적 개념 "x는 하나의 스트로크이다"는 (가정상 혹은 형식주의 철학자들의 신조에 따를 때) 경계사례를 허용하지 않는다. 어떤 대상에 대해 "이것은 하나의 스트로크가 아니라 두 개의 스트로크이다"라고 말하는 것이 옳다면, 그 대상에 대해 "이것은 하나의 스트로크이다"라고 말하는 것은 결코 옳을 수 없다. "x는 하나의 사과이다"의 경우에는 사정이 아주 다르다. 이 표현을 지배하는 규칙의 경우에는 사과나무에서 커가는 과일에 대해 이것은 하나의 사과라고 말할 수도 있고 또한 이것은 같이 자라는 두 개의 사과라고도 말할 수 있는 경우가 있다. 문제의 그 과일은 "x는 하나의 스트로크이다"의 사례나 "x는 하나의 스트로크가 아니다"의 사례와 일대일 관계에 있지 않다. 이것은 부정확한 개념의 경계사례 또는 중립사례로서, 긍정적 사례와 부정적 사례 그리고 중립적 사례를 허용하는 개념이다. "x는 하나의 스트로크이다"라는 개념은 긍정적 사례와 부정적 사례만 허용한다. 물론 우리는 "x는 하나의 사과이다"를 마치 경계사례를 갖지 않는 양 다룰 수도 있다. 하지만 그 경우 마치 메타수학자가 물리적 스트로크 개념을 이상화해야 하듯, 우리는 같은 방식으로 그 개념을 이상화해야 한다. 그 경우 우리는 다시 이상화된 스트로크를 이상화된 사과와 대비해야 하는데, 일대일대응 개념을 들여온 애초의 이유는 도리어 이상적 스트로크를 실제 사과 — 그리고 전자에 관한 메타수학적 진술을 후자에 관한 물리적 진술 — 와 관계 짓기 위한 것이었다.

"x는 (이상적) 스트로크이다"와 같은 정확한 개념의 사례들과 "x는 사과이다"와 같은 부정확한 개념의 사례들 사이에 일대일대응을 확립할 수 없

---

4) *Zuordnungsdefinitionen*, 'co-ordinative' 또는 'correlating' *definitions*, e. g. Reichenbach, *Wahrscheinlichkeitslehre*, Leiden, 1935, 48쪽 이하.

다는 사실은 우리가 이 상황을 순수하게 산수적인 상황과 비교해보면 더 분명해진다. 만약 어떤 정수가 2로 나누어지지만 3으로는 나누어지지 않는다고 한다면, 그 정수를 P-수(긍정적 사례라는 점을 환기하기 위해서이다) 라고 부르기로 하고, 그 수가 2로는 나누어지지 않지만 3으로 나누어진다면 N-수(부정적 사례라는 점을 환기하기 위해서) 라고 부르기로 하고, 그 수가 2로도 나누어지고 3으로도 나누어진다면 B-수(경계사례라는 점을 환기하기 위해서) 라고 부르기로 하자. 이 경우 P-수와 N-수로 이루어진 P-N 집합은 정확한 개념에 해당한다. P-수, N-수 그리고 B-수로 이루어진 P-N-B 집합은 부정확한 개념에 해당할 것이다. **임의의 P-N-B 집합과 임의의 P-N 집합** 사이에 다음과 같은 식으로 일대일대응이 성립하도록 할 수 없다는 점은 아주 분명하다. 즉 첫 번째 집합의 P-수가 두 번째 집합의 P-수와 일대일로 대응하고, 첫 번째 집합의 N-수가 두 번째 집합의 N-수와 일대일로 대응하면서도 첫 번째 집합의 어느 수도 남지 않도록 일대일대응을 시킬 수는 없다. 지금까지 본 P-N-B 집합과 P-N 집합 사이의 대비는 부정확한 개념과 정확한 개념 사이의 대비와 유사하다.

후자의 경우[즉 부정확한 개념과 정확한 개념의 대비]는 좀더 복잡하기는 하지만 그래도 비교적 분명하다. 그 이유는 간단하다. P-N-B 집합의 B-사례들은 분명하게 정의되어 있다. 임의의 정수가 있을 때, 그것이 2와 3으로 나누어질 수 있는지 여부는 아주 명확하다. "x는 하나의 사과이다"나 부정확한 개념의 경계사례에 대해서는 그런 식으로 명확한 구획을 할 수 없다. 물론 우리는 "x는 하나의 사과이다"와 "x는 두 개의 사과이다" 사이의 경계사례를 모두 **모으고자** 할 수 있고, 이 대상들을 사례로 갖는 개념을 가령 "x는 쌍둥이 사과(apple-twin)이다"라고 부를 수 있다. 하지만 이 개념은 B-수의 집합과 달리 다시 경계사례를 허용한다. 즉 "x는 하나의 사과이다"의 사례와 "x는 쌍둥이 사과이다" 사이뿐만 아니라 "x는 쌍둥이 사과이다"와 "x는 두 개의 사과이다" 사이에 경계사례가 있을 수 있다. 그리고 이런 경계사례를 모은 것도 또다시 새로운 경계사례를 낳을 것이다.

이상적 스트로크와 물리적 사과 사이의 관계에 대해 말한 것은 수학의 덧셈 — 그런 스트로크의 이상적 병렬 — 과 여러 가지 서로 다른 물리적 덧셈 연산 사이의 관계에도 적용된다. "x는 이상적 스트로크를 병렬시킨 결과이다"는 경계사례를 허용하지 않는 반면, "x는 물리적 덧셈의 결과이다"는 그런 사례를 허용한다. 형식주의자가 생각하는 수학의 덧셈과 물리적 덧셈의 대비는 논리주의자들이 보는, 논리적 합으로서의 수학의 덧셈과 물리적 덧셈의 대비만큼이나 근본적이다.

이미 보았듯이, 형식주의의 수학철학, 특히 힐베르트와 버네이즈의 수학철학에서는 지각에 예화되는 개념과 그렇지 않은 개념을 구분하는 일이 중요하다는 사실을 인식했다. 하지만 이 철학자들은 경계선을 잘못 그었다. 그들에게 스트로크 표현의 무한한 전체는 아마도 지각에 예화될 수 없을 것이며, 가령 사과의 무한한 전체를 찾는다는 것도 쓸데없는 일일 것이다. 나는 이미 앞에서부터 그런 구분이 필요하다고 주장했다. 초급산수의 개념들 — 여기에 무한한 전체를 덧붙이기 전에도 — 조차 지각에 예화되지 않는다. 그러므로 (형식주의자들이 말하는 의미에서) "x는 하나의 스트로크이다"의 사례와 "x는 하나의 사과이다"의 사례 사이에 일대일대응을 찾고자 한다면 그것은 부질없는 일이 될 것이다.

일단 초급산수의 실재나 연산 — 이들은 정확한 개념의 사례들이다 — 과 지각적 실재나 연산 — 이들은 부정확한 개념의 사례들이다 — 사이에는 일대일대응이 있을 수 없다는 점을 인정하게 되면, 응용수학에 대해 아주 다른 설명이 필요해 보인다. 우리는 명백하다고 주장된 메타수학의 진술과 응용수학의 일상적인 경험적 진술 사이에 뚜렷한 차이가 있다는 점을 부정할 수도 있을 것이다. 그 차이는 단순히 실용적인 차이일 뿐이라고 말할 수도 있을 것이다. 즉 그 차이는 우리의 믿음체계에서, 수학적으로 표현된 자연법칙을 버리기보다는 메타수학적 진술을 버리기를 훨씬 더 꺼려한다는 점일 뿐이라고 말할 수도 있을 것이다. 이런 형태의 형식주의적 실용주의는 우리가 3장에서 논의한 논리주의적 실용주의와 비슷할 것이다. 논리주의적 실용주의가 이른바 논리적 진술과 경험적 진술의 차이가 정도의 차이일 뿐이라고 하듯이, 형식주의적 실용주의도 경험적으로 명백하다고 하는 메타수학적 진술과 다른 경험적 진술의 차이는 정도의 차이일 뿐이라고 할 것이다. 하지만 이런 유형의 형식주의적 실용주의는 원래 형식주의의 기본 논제와 충돌하게 된다. 이는 가령 콰인의 실용주의가 프레게와 러셀의 기본 논제와 충돌하게 된다는 것과 같은 이치이다.

그렇게 되는 이유는 명백하다. 원래 논리주의가 논리적 명제와 경험적 명제가 뚜렷이 구분 — 논리주의 프로그램의 실행은 모두 이에 따라야 한다 — 된다고 가정하듯이, 원래 형식주의도 메타수학적 진술과 수학적 진술 이외의 진술은 — 이들 모두 경험적이기는 할지라도 — 뚜렷이 구분된다고 가정했다. 논리주의적 실용주의자를 '논리주의자'라고 불러야 할지 또는 앞서 기술한 그런 형식주의적 실용주의자를 '형식주의자'라고 불러야 할지 여부는 물론 대개 표현상의 문제이다. 대체로 논리적 명제와 비논리적 명제 사이에는 정도의 차이만 있다고 하는 철학자도 여전히 '논리주의자'라고 불릴 수 있을 것 같다. 그 이유는 논리주의의 입장에 중요한 기여를 한 사람들 가운데 일부는 동시에 또는 나중에 실용주의를 받아들이기도 했기 때문이다. 메타수학적 명제와 다른 경험적 명제 사이에는 정도의 차이만 있다고 주장하는 사람들은 대개 형식주의자라고 불리지 않는다. 그 이유도 또한 형식주의의 입장에 중요한 기여를 한 사람들, 가령 힐베르트, 버네이즈, 커리 등은 보통 쓰는 그런 근본적 의미에서의 실용주의자가 아니었기 때문이다.

우리는 "1 + 1＝2"와 "하나의 사과와 하나의 사과를 더하면 두 개의 사과가 된다" 사이의 관계를 설명하고자 할 때, 후자를 ⓐ 전자의 대입 사례

('스트로크'를 '사과'로, '스트로크 병렬'을 '물리적 덧셈')로 간주하여 설명하거나 ⓑ 전자와 동형관계에 있는 것으로 간주하여 설명하려는 시도가, 그들이 미리 전제하고 그들이 설명하고자 하는 두 진술 사이의 차이를 무시하는 결과를 낳게 됨을 보았다. 우리가 이미 살펴보았듯이, 커리의 시도는 이런 것들보다 훨씬 더 가망성이 있다.

커리는 기호들이나 기호들의 연쇄에 관한 (메타수학적) 진술의 **참**과 순수수학 이론의 **수용**을 구분한다. 그에 따르면, 순수수학 진술의 참은 "객관적인 문제로, 그에 관해 우리 모두가 동의할 수 있는" 반면, 순수수학 이론의 적용가능성은 "추가적인 고려가 필요할 수도 있다".5) 그는 자신의 구분을 설명하기 위해 고전 해석학을 형식화한 체계와 이를 물리학에 적용하는 것을 대비시킨다. 물리학자가 고전 해석학의 술어를 일정한 물리적 개념과 '연관'(associate)시켜 아주 유용한 결과를 얻었다는 것은 이미 입증되었다. 이것은 실용적으로 정당화될 수 있는 절차이다. 고전 해석학의 형식화된 체계는, 비록 비일관적임이 입증된다 할지라도, 물리학의 측면에서 본다면 직관주의 철학자들의 유한주의적 요건을 충족시키는 형식화된 체계보다 낫다. 이 점은 다음 인용문에 아주 잘 드러나 있다.

> 직관주의 이론은 아주 복잡해서 전혀 쓸모가 없다. 반면 고전 해석학은 아주 유용했다. 이 사실이 결정적인 점이다. 이런 유용성이 계속 유지되는 한, 고전 해석학에 대한 다른 정당화는 필요가 없다.6)

그래서 커리는 순수수학과 응용수학의 날카로운 구분을 강조하는데, 내 생각에 이는 올바르다. 그의 실용주의는 응용수학에만 범위가 미치며, 순수수학의 진술과 응용수학의 진술의 차이는 종류의 차이가 아니라

---

5) 앞의 책, 60쪽.
6) 앞의 책, 61쪽.

우리가 그것을 버리고자 할 때 거부감이 더 크냐 적으냐 하는 정도의 차이에 불과하다는 급진적 실용주의의 논제를 함축하는 것은 아니다.

하지만 응용수학과 관련한 커리의 실용주의는 그렇게 정교한 입장이 아니라고 말할 수 있다. 그렇게 보는 이유는 그가 순수수학의 형식적 술어와 응용수학의 경험적 개념 사이의 관계를 분석하지는 않았기 때문이다. 그는 그것들이 '연관'된다고 말하고, 이를 통해 그것들이 동형관계에 있지 않다는 것을 함축할 뿐 그 이상 아무런 이야기도 해주지 않았다. 사실 누군가가 형식적 개념과 경험적 개념이 연관되는 방식을 좀더 정교하게 분석하기로 한다면, 그 사람은 형식적 술어에 대한 커리의 철저한 분석을 보충하기 위해 경험적 술어에 대해서도 마찬가지로 철저한 분석을 해야 할 것이다. 커리는 이 일을 하지 않았다. 한편 그는 이 일이 불가능하다고 주장하지도 않았다.

3. 실제무한의 개념

큰 틀에서 보면 실제무한 개념을 채택하는 문제를 두고 세 가지의 철학적 입장이 있다. 우리는 그것을 각각 유한주의, 초한주의, 방법론적 초한주의라 부를 수 있다. 아리스토텔레스나 가우스 그리고 옛 직관주의자들이나 새 직관주의자들과 같은 유한주의자들은 모두 유한한 총계나 기껏해야 잠재무한한 총계, 즉 점차 커가지만 결코 완결되지 않는 총계의 성격을 지닌 것 이외의 수학적 개념의 '실재'(real) 내용이나 '이해가능성'(intelligibility)을 부정한다. (이들 가운데 잠재무한한 총계라는 개념조차도 인정하지 않는 사람들을 '엄밀한 유한주의자'라고 부를 수 있다.) 칸토르와 그의 추종자들과 같은 초한주의자들은 초한 개념에 대해서도 유한 개념과 똑같은 실재성과 이해가능성을 인정한다. 방법론적 초한주의자들,

특히 힐베르트는 초한 개념을 수학이론에 들여오는 것을 허용하지만, 그것들에 완전한 '존재론적' 지위를 부여하지는 않는다. 그런 개념들이 인정되는 이유는 그것들이 수학이론을 단순화하고 통일하는 목적에 유용하기 때문이다.

이러한 철학적 입장은, 수학이론을 구성하는 데 만족되어야 할 프로그램인 규제적 원리나 지도적 원리로 기능하지 않는다면, 그 자체로는 자주적이고 자기충족적인 형이상학의 화석 같은 독단으로 남아 있을 것이다. 독단과 프로그램의 구분은 실제무한 개념을 둘러싼 논란뿐만 아니라 사실 다른 많은 철학적 논란의 본성을 이해하는 데도 중요하다.

독단은, 그것이 의미가 있다면, 참이거나 거짓인 명제이다. 두 개의 양립불가능한 독단 가운데 적어도 하나는 거짓일 수밖에 없다. 그러므로 유한주의와 초한주의가 모두 실재의 본성에 관한 진술이라면, 둘 중에 하나는 거짓일 수밖에 없다. 하지만 하나의 종교적 신념으로 이 가운데 어느 하나를 그냥 받아들이는 방도 외에, 이 둘 가운데 어느 하나를 어떻게 택할 수 있을지를 알기란 어렵다.

프로그램이라면 사정이 아주 다르다. 프로그램은 참이나 거짓이 아니다. 두 프로그램이 양립불가능하다고 하더라도 이로부터 둘 가운데 하나는 거짓이라는 것이 따라 나오지는 **않는다**. 프로그램은 만족될 수 있거나 만족될 수 없으며, 한 프로그램을 채택하는 사람은 (대개) 그것이 만족될 수 있다고 믿는다. 프로그램의 **만족가능성**과 참이나 거짓인 명제의 **진리** 사이의 차이를 무시하는 것이 바로 혼동이다. 참이나 거짓인 두 명제가 양립불가능할 경우, 그 가운데 적어도 하나는 거짓일 수밖에 없다. 하지만 두 개의 양립불가능한 프로그램의 경우, 둘 다 만족될 수도 있다.

유한주의자, 초한주의자, 그리고 방법론적 초한주의자의 구분은 철학에서 좀더 일반적인 실증주의자, 형이상학적 실재론자, 방법론적 실재론자의 구분을 떠오르게 한다. 실증주의자는 경험적 개념에만 완전한 '실재'

와 '이해가능성'을 부여하며, 형이상학적 실재론자는 이런 영예를 비경험적 개념에도 부여한다. 끝으로 방법론적 실재론자는 비경험적 개념은 순수하게 보조적인 힘만을 가진다고 본다. 실증주의 프로그램은 현상주의적 열역학과 같은 현상주의적 물리이론에 의해 만족되고, 형이상학적 실재론의 프로그램은 기체운동이론이라는 볼츠만의 견해에 의해 만족되며, 방법론적 실재론의 프로그램은 적절한 단서와 제한사항을 붙여 관찰 불가능한 실재와 그런 실재의 특성을 인정하는 이론들에 의해 만족된다. 덧붙일 필요도 없이, 어떤 것들이 경험적 개념인가 하는 문제는 대개 분명하게 정의되지 않으며, 사상가들마다 달라서 혼돈스럽기도 하다.

이런 구분 덕택에 우리는 힐베르트의 철학을 간단하게 정식화할 수 있다. 그는 방법론적 초한주의자이면서 동시에 방법론적 실재론자이기도 했다고 할 수 있다. 그는 경험적 개념에만 '실재'를 부여하며, '실제무한'과 같은 비경험적 개념들은 그런 개념들을 채택하는 이론이 일관적이라는 점이 입증될 경우에만 허용해야 한다고 주장한다.

나는 앞에서 물리적 스트로크나 스트로크 연산의 특성과 같은 경험적 개념은 부정확하며 초급산수를 포함한 산수의 개념은 정확하고 비경험적이라고 주장했다. 따라서 유한산수와 초한산수를 나누는 경계선은 경험적 개념과 비경험적 개념을 나누는 경계선과 같지 않다. 유한산수와 초한산수는 모두 비경험적인 쪽에 위치해 있다. 이는 실증주의 형이상학자들이 초한산수가 비경험적 개념을 가지고 연산을 한다는 근거에서 그것을 비판한다면 그런 비판은 잘못된 것이라는 의미이다. 사실 수학에서 비경험적 개념들을 배제한다는 것은 수학에서 수학적 개념들을 배제한다는 것이며, 이는 곧 수학을 말살하는 것이다.

일관적 수학이론을 구성하고자 할 때 부딪히는 어려움은 초급산수로부터 모든 정수의 전체라는 개념을 포함하는 산수로 옮겨갈 때 더 커진다. 그리고 이런 어려움은 a보다 더 큰 기수들의 모임을 인정할 경우 한

층 더 커진다. 더구나 이런 단계들은 모두 더 높은 단계의 이상화를 함축하며, 이는 지각에서 훨씬 더 멀어지는 것이라고도 할 수 있다. 하지만 현재 맥락에서는 이 문제들은 그다지 중요한 고려요인이 아니다. 방법론적 초한주의의 프로그램은 만족될 수 없다고 밝혀지지 않는 이상, 계속 유효할 것이다. 이 프로그램이 수학에 이상화를 끌어들인다는 식의 비판은 확신을 주지 못하며, 이 프로그램이 너무 급진적인 이상화를 허용한다는 비판 또한 별로 설득력이 없다. 만약, 역사적 사실에서 아주 유능한 사람이 오랜 기간에 걸쳐 엄청난 노력을 기울였음에도 불구하고 어떤 프로그램이 여전히 만족되지 않은 채 남아 있다면, 다른 요인이 아니라 바로 이 사실 때문에 사람들은 정치나 과학, 수학 그리고 인간이 시도하는 여타 분야에서 그 프로그램을 궁극적으로 버리거나 수정하게 될 것이다. 이런 점 때문에 바로 형이상학적 프로그램이나 이와 연관된 논제들이 논박되지 않았음에도 불구하고 갑자기 죽지는 않지만 서서히 사라져가는 것이다.

형식주의 프로그램의 반대자가 했던 비판이 즉각 효력이 있으려면 그는 초한 개념을 수학이론에 허용하는 프로그램은 본성상 만족될 수 없다는 점을 증명해야 했다. 애초에 그 프로그램은 첫째, 초급산수와 상당 부분의 초한산수를 형식화하여 그 형식체계의 형식적 일관성이 형식화된 이론의 논리적 일관성에 대응하도록 하고, 둘째, 유한적 방법에 의해 그 형식체계의 (형식적) 일관성을 증명하는 것이었다. 이 프로그램은 만족될 수 없음이 밝혀졌다. 왜냐하면 괴델이 증명했듯이, 여기서 사용된 유형과 같은 유형의 형식체계는 모두 산수 — 심지어 초급산수마저 — 를 완전하게 형식화할 수 없기 때문이다.

힐베르트와 버네이즈가 쓴 고전적 저작은 1권과 2권으로 나뉘어 나왔는데, 괴델의 결과는 이 사이의 기간에 출판되었다. 힐베르트와 버네이즈가 괴델 결과의 중요성을 분명하게 인식했다는 사실은 2권 머리말에 비추어볼 때 명백하다. 머리말에 나오는 (두 가지) 핵심적인 이야기 가운데 하나는 '유한적 관점'에 따라 이전에 구획해놓았던 것과 달리 증명의 이론에서 허용되는 구체적인(내용 있는) 추론방법의 틀을 넓힐 수밖에 없게 된 상황에 관한 것이다. 7) 즉 초한귀납 — 이는 자연수의 계열을 통해 진행하는 것이 아니라 이보다 '더 큰' 정렬집합을 통해 진행된다 — 이 허용된다. 8)

여기서 제기되는 문제는 메타수학에 초한적 추리방법을 허용하는 것이 **방법론적** 초한주의의 입장 — 즉 수학이론과 형식화 안에서의 초한 개념은 허용하지만 형식체계에 **관한** 형식화되지 않은 진술들 안에서는 초한 개념을 허용하지 않는 입장 — 의 포기를 의미하는 것은 아닌지 여부이다. 허용가능한 초한적 방법과 그렇지 않은 초한적 방법의 구분과 관련해 형식주의자가 직면하는 문제는 프레게 체계에서 역설을 발견한 후 논리주의자들이 직면했던 문제와 아주 흡사하다.

논리주의는 논리적 개념과 명제들이 비논리적인 것들과 명확하게 구분될 수 있다는 가정에서 출발했다. 논리학으로부터 수학을 연역하는 논리주의 프로그램을 수행하는 과정에서, 수학을 연역하는 데 비논리적인 — 아니면 적어도 분명히 논리적인 것은 아닌 — 명제들이 전제 안에 들어오게 됨으로써 원래의 구분 — 사실 이것은 분명했던 적이 없다 — 이 흐려지게 된다. 마찬가지로 처음에 형식주의는 유한적 개념과 명제, 그리고 유한적 (눈으로 하는) 증명은 초한적인 것들과는 명확하게 구분된다고 가정했다. 그런데 형식화된 고전수학의 일관성을 유한적 방법에 의해 증명한다는 프로그램을 수행하는 과정에서 초한적 방법도 용인하지 않을 수 없게 되었다.

---

7) 앞의 책, 2권, 7쪽.
8) 가령 R. L. Wilder, *Foundations of Mathematics*, New York, 1952의 5장 참조.

형식주의의 경우, 원래의 프로그램을 수행하고자 하는 시도가 실패했다는 것은 단순히 그 프로그램이 만족되지 않았다(이것은 역사적 사실이다)는 데 있지 않다. 도리어 그것은 그 프로그램이 만족될 수 없다는 점이 밝혀졌다는 데 있다. 그 과정에서 여러 가지 중요한 결과들을 얻게 되었다는 것은 사실이다. 하지만 원래 형식주의의 특정한 철학적 논제와 프로그램에 관한 한, 그것들은 임시방편적인 단서조항을 붙여 보완되어야만 한다.

끝으로 우리는 형식주의 수학철학이 실제무한이라는 개념에 대해 어떤 시사점을 던져 주었는지를 물어보아야 하겠다. 우리가 본 대로, 힐베르트는 이 개념을 칸트 식의 이념으로 간주했다. 즉 지각으로부터 추상화된 것도 아니고 지각에 적용될 수도 없는 개념이면서도 모순 없이 이론에 도입될 수 있는 개념으로 간주했다. 그는 이 이념에 대해 좀더 정확한 분석을 하고자 했고, 고전 해석학을 형식화할 수 있는 체계에서 이것이 해가 되지 않음을 엄밀하게 증명하고자 했다. 힐베르트에 따를 때, 한편으로는 실제무한의 이념과 이를 포함하는 명제들은 유한적 수학 개념이나 진술과 정확히 같으며, 완전하고 일관된 형식체계로 만들어질 수 있다는 점에서 그 명제들 — 이것들은 의미를 가질 수도 있고 갖지 않을 수도 있다 — 을 포함하는 진술과 같다. 다른 한편으로는, 이념과 이를 포함하는 명제들은 (아주 단순한) 지각적 자료의 지각적 특성을 서술하는 것으로 해석될 수 없다는 점에서 유한적 수학 개념이나 명제들과는 다르다. 유한적 개념과 명제를 포함하는 형식체계의 대상이라면, 이 대상들을 진정한 대상으로 보고 이를 조작하는 규칙들에다가 지각적 특성과 지각적 명제를 대상으로 보고 이 대상들의 사용을 지배하는 다른 규칙들을 추가할 수도 있다. 유한적 개념이나 명제를 포함하지 않는 대상들이라면, 그렇게 할 수 없다.

이념, 특히 실제무한에 대한 칸트의 설명에 대해 힐베르트가 하고자 했던 수정은 완전한 형식화라는 개념과 형식적 일관성 증명이란 개념을 들여오는 것이었다. 완전하게 형식화된 산수의 일관성을 증명할 수 없기 때문에, 이런 수정은 실패했다고 판단 내려야 한다. 실제무한 개념에 대한 힐베르트의 설명은 사실 아무 설명도 하지 않고 이 개념을 썼던 논리주의자들에 비하면 훨씬 나은 것이다. 아마도 힐베르트가 한 일관성 증명의 시도는 좀더 명확한 절차에 의해 수행될 수 있다는 점에서 칸트의 것보다 더 낫다고 할 수 있다. 이것이 실패했다는 사실은 원래 프로그램을 수정해야 한다는 점을 시사하며, 그것은 훨씬 풍부한 수학의 원천이기도 하다. 하지만 실제무한 개념의 논리적 지위 — 이에 대해 완전한 형이상학적 영예를 인정하거나 아니면 이를 전혀 인정하지 않는 것과 대조적으로— 는 아직도 여전히 밝혀지지 않은 채 남아 있다. 아니면 적어도 아직 암흑에서 칸트가 이룩했던 미명 상태에 머물러 있다고 할 수 있다.

4. 논리학에 대한 형식주의의 견해

전통적으로 논리학의 과제는 올바른 추론은 따르고 그른 추론은 위반하는 규칙들을 분명하게 함으로써 추론의 정당성의 기준을 제공하는 것이라 여겨졌다. 또는 한 명제가 다른 것들로부터 따라 나온다는 것을 진술하는 명제들을 일반적인 방식으로, 즉 뼈대진술을 통해 특징짓거나 아니면 이런 규칙과 명제들을 되도록 완전하고 효율적으로 체계화함으로써 정당한 추론의 기준을 제공하는 것이라고 생각되었다. 형식논리학자들의 발견 결과를 의문시하지 않는 이상, 근본적 규칙들 — 이른바 '사고법칙들' — 과 가장 간단한 추론 단계들 — 복잡한 논증들은 이런 것들로 분해될 수 있다 — 의 경우에는 일반적으로 상호주관적인 논리적 직관에 호소할 수 있다.

특히 확장된 논리학이 자신의 원리에 의해 모순을 낳게 되는 경우에서 보듯이, 어떤 원리들에 의해 논리학을 확장할 경우, 단순히 논리적 직관에 호소해 원리들의 참을 확립하기 어려운 경우가 있다. 가령 ① 수학적 추론 — 이에는 무한소 개념이 포함되며 나중에 가면 무한한 전체라는 개념도 포함된다 — 의 근저에 놓인 원리들을 정식화하려는 시도와 ② 수학을 논리학으로부터 연역하고자 하는 더 야심만만한 논리주의의 시도가 그런 경우이다. 수학을 논리학으로부터 도출할 수 없게 되자 사람들은, 칸트가 그렇게 했듯이, 수학적 구성의 특정 주제에 의해 뒷받침되는 직관에 의존하게 되었다.

형식주의자들에게 그 문제는 논리학으로부터 수학을 연역할 수 있을 만큼 논리학을 확장하는 것이 아니라, 논리학 전체로부터 형식체계에 관한 추론을 하는 데 필요한 만큼을 추출하는 것이었다. 형식주의자들은 힐베르트가 "구체적으로 주어진 것으로 여길 수 있는 대상들에 대한 **사고실험**의 형식에 대한 고려"라고 부른 것에만 관심을 둔다.[9] 아니면 우리가 한 번 이상 언급했듯이 커리가 눈으로 하는 증명이라고 부른 것에만 관심을 둔다. 논리주의자는 전통 논리학을 자기 목적에 맞도록 확장해야 했던 반면, 형식주의자들은 어떤 점에서 자신들이 추리에 허용할 수 있는 정도로 논리학을 축소해야 했다. 사실 커리는 자신이 말하는 눈으로 하는 증명을 논리학의 일부라고 생각하지 않는다. 그는 수학은 완전히 자기충족적이라고 생각한다. 힐베르트가 사용한 '사고실험'이란 용어도 또한 수학에서 진술들로부터 다른 진술들로 나아가는 결론을 이끌어내기보다 일정한 규칙에 따라 대상들을 조작할 때 우리는 우리가 하는 일의 결과를 관찰한다는 것을 함축하는 것 같다.

이런 견해를 따를 때, 추론을 믿을 수 있는 이유는 논리학의 원리이기

---

9) 앞의 책, 1권, 20쪽.

때문이 아니라 — 모든 가능세계에서 참인, 라이프니츠의 이성의 진리이기 때문이 아니라 — 전제가 기술하는 사태를 산출하는 과정에서 사실 그 자체에 의해 결론이 기술하는 사태가 산출되는지 여부를 보여줌으로써 전제들이 결론을 함축하는지 여부를 점검할 수 있기 때문이다. 이런 견해에 따르면, "$1 + 1 = 2$"는 필연적으로 참이다. 왜냐하면 〈1〉과 〈1〉의 병렬을 산출하는 과정에서 우리는 〈11〉을 산출하기 때문이다. 구성적으로 점검될 수 있는 추론들이 아마도 다른 순수하게 논리적 근거에서는 신뢰할 만하지 않을 수도 있다는 암시는 없다. 하지만 적어도 원래 프로그램을 따를 때, 형식주의자는 구성적 점검에만 의존한다.

수학철학의 관점에서, 추론과 이 추론이 타당한지에 대한 구성적 점검 사이의 관계를 좀더 밝힐 필요가 있다. 우선 추론을 점검할 수 있는 구성이라는 것은 실제상의 구성일 수도 있고 '원리상으로만'의 구성일 수도 있다. 약 $10^{10^{10^{10}}}$ 쯤 되는 정수를 구성할 때 관련되는 구성적 점검은 원리상으로만 가능하다. 하지만 우리가 그것을 실제로 수행할 수단이 없다는 것 말고는 구성을 하지 못할 이유가 전혀 없다 하더라도, 그 추론은 구성에 의해 뒷받침되지 않는다. 이런 인식론적 상황은 실제로 검증가능한 진술과 원리상으로만 검증가능한 진술의 구분이라는 문제를 생각나게 한다. 이 경우 일반법칙과 이를 지각으로 검증하는 것 — 이는 실제 검증 사례에 들어맞는다 — 사이의 관계에 관한 인식론적 견해를 개발해 이 난점을 극복할 수도 있을 테고, 다른 경우도 그런 문제를 안고 있다는 것을 보임으로써 그것이 일반적인 인식론적 문제임을 드러내 보일 수도 있을 것이다.

하지만 **실제** 구성을 통해 추론을 뒷받침하는 경우라 하더라도, 그 관계는 썩 분명하지 않다. 다시 한 번 구성적으로 뒷받침되는 명제인 "숫자 〈1〉과 또 다른 그런 숫자를 병렬시키면, 숫자 〈11〉이 산출된다"를 살펴보자. 이 진술은 자명하게 참이라고 생각된다. 그러면 여기서 말하는 이른바 이런 비논리적인 자명성의 본성은 무엇일까? 누군가가 그 진술에 반대하여 자신은 〈1〉과 〈1〉을 병렬시켰는데 〈11〉이 산출되지 않았다고 주장한다고 가정해보자.

형식주의자의 대답은 다음과 같을 것이다. 그 사람은 그가 하고자 한 것을 제대로 하지 못한 것이다. 바꾸어 말해, 그가 한 스트로크의 병렬은 **올바르게** 수행되지 않았다. 하지만 이때의 올바름은 지각적 성격을 지닌 것이 아니다. 그것은 그런 것일 수 없다. 왜냐하면 그것은 규칙의 실행과 채택된 규칙 사이의 관계, 즉 그 실행이 채택된 규칙에 맞는다는 진술로 좀더 완전하게 표현될 수 있는 관계이기 때문이다. 어떤 구성이 올바른지 또는 채택된 규칙에 맞는지 여부를 알아내는 일은 구성된 것 — 이것은 **우연히** 이루어진 것이다 — 을 관찰하는 것과 같이 이루어지며 거기에는 논리적 원리와 논리적 추론이 개입된다. 그런데 논리적 원리와 추론은 그 구성에 의해 뒷받침된다 하더라도 그것에 의해 타당하게 되는 것은 아니다.

우리가 구성을 지배하는 어떤 규칙 r(그 구성이 r에 맞을 경우에는 올바르고, r을 위반할 경우에는 올바르지 않다)을 채택했다고 하고, 특성 C를 갖는 일정한 구성 c에 대해 그것이 C를 갖기 **때문에** r에 맞는다고 주장한다고 해보자. 이런 주장을 한다는 것은 적어도 C를 가진 구성 x는 **무엇이든** 필연적으로 r에 맞는다는 말이거나 그것을 함축한다. 이 진술은 논리적 필연성을 지닌 진술이며 도식적으로 다음과 같이 표현될 수 있다. "구성 x는 C를 가진다"는 것은 "구성 x는 r에 맞는다"는 것을 논리적으로 함축한다. 이것은 조건문이고 일반명제이기 때문에 분명히 지각적인 것이 아니다. 그리고 이것이 자명성을 가진다 하더라도 이 자명성도 지각적인 것일 수 없다. 이것은 "보는 것이 믿는 것이다"의 사례가 아니다. 왜냐하면 일반적 조건부 연관성, 특히 논리적 함축은 지각되지 않기 때문이다.

누군가는 다음과 같은 반박을 제기할지도 모르겠다. "'구성 x는 C를 가진다'는 '구성 x는 r에 맞는다'를 논리적으로 함축한다"는 명제는, 지각적이지 않다 하더라도, 언제나 사소하게 자명하며, 그냥 구성과 올바른 구성 ― 이 후자는 논리적 함축 진술을 들여오게 된다 ― 의 구분은 따라서 아무런 중요성도 없다. 하지만 이는 사실과 거리가 멀다. 물론 사소한 논리적 함축도 있다. 가령 "구성 x는 C를 가진다"는 "구성 x는 x가 C를 가져야 한다는 것을 규정하는 규칙 r에 맞는다"를 논리적으로 함축한다. 하지만 사소하지 않은 것들도 있다. 가령 "구성 x는 C를 가진다"는 "구성 x는 x가 D를 가져야 한다는 것을 규정하는 규칙 r에 맞는다" ― 이 경우 어떤 구성이 C를 가진다는 것이 D를 가진다는 것을 논리적으로 함축하느냐 하는 물음은, **어떤 허용가능한 추론원리**를 이용해 "x는 C를 가진다"로부터 "x는 D를 가진다"로의 복잡한 연역이 타당하냐에 달려 있다 ― 는 것을 논리적으로 함축한다. (이른바 구성적 증명은 대체로 비구성적 증명보다 복잡하다.)

그렇다면 상황은 다음과 같은 것이다. 언뜻 보면 형식주의자는 논리적 원리가 아니라 단순히 "지각적 특성 C를 지닌 지각적 대상에 대한 구성은 사실 그 자체로 특성 D를 가진다"와 같은 지각적 진술에만 의존하는 것 같다. 그러나 이에 더해 그 구성이 올바른 것이어야 한다는 단서조항이 덧붙어야 한다. 하지만 어떤 구성이 올바르다, 즉 그것이 채택된 규칙에 맞는다는 명제는 더 이상 지각적인 것이 아니며 논리적 함축이나 추론을 포함하게 되고, 그 추론의 타당성은 논리적 원리에 의존한다. 이런 원리들은 구성이 올바른지를 우리가 정하기 전에 먼저 채택해야 하는 것이다.

구성에 관한 진술을 다른 진술로부터 연역할 때, 우리는 고전수학에서보다 더 적은 논리적 원리들을 이용한다. 하지만 이 원리들은 비록 구성, 즉 스트로크와 스트로크 표현에 의해 시사되었을지라도, 지각적 판단은 아니다. 우리가 구성하는 그 매개물이 특수한 종류여서, 특정한 구성이 올바른지 여부에 관한 물음을 제기하지 않고 그것들이 일반적이고 필연적인 명제에 의해 직접적으로 기술된다고 가정해야만, 우리는 논리적 원리 없이도 연역을 해나갈 수 있다. 직관주의자들은 일상적인 지각은 그런 구성의 매개물이 아니라는 사실을 알고 있으며, 따라서 수학에서 추리의 일반 원리는 일상적인 지각에서의 구성이 아니라 독자적 직관에 의해 타당하게 된다고 주장한다.

형식주의 논리학은 최소 **논리**이다. 좀더 정확히 표현한다면, 메타수학적 추론에 필요한 최소한의 논리이다. 그것은 다양한 구성의 지각적 특성을 기술하는 진술들의 체계가 **아니다**. 이런 결론은 수학적 개념은 정확하다는 점에서 부정확하고 경계사례를 허용하는 지각적 특성과는 다르다고 한 앞에서의 주장과 독립적이다.

제6장

직관적 구성활동으로서의 수학: 설명

제대로 이해하고 제대로 실행한다면 수학은 완전히 자율적이고 자기충족적인 활동이라는 것이 바로 이 장의 주제인 직관주의 학파의 근본 신념이다. 논리주의자와 형식주의자가 나름대로 제시하려고 했던 방법과 통찰은 수학에 아무런 보증도 될 수 없을 뿐만 아니라 수학에는 그런 보증이 필요하지도 않다. 직관주의자들에 따르면, 수학이 확장된 논리학이나 엄밀한 형식화를 통해 뒷받침되어야 한다는 인상은 수학을 제대로 하지 않았을 때에만 생겨난다.

논리주의와 형식주의는 고전수학의 역설을 병적 현상으로 여기고, 고전수학을 근본적으로 건드리지 않고도 그것을 치료할 수 있다고 본다. 직관주의자들은 그 역설은 수학이 여러 분야에서 참이 아니었다는 것을 보여주는 징후라고 여긴다. 논리주의와 형식주의는 수학이라는 건물을 보수하거나 그 건물의 기초를 굳건히 함으로써 수학적 작업이 큰 문제없이 위층에서 계속 이루어질 수 있도록 하고자 하였다. 반면 직관주의자들은 자신들이 보기에 진정한 수학적 방법이라고 하는 것을 이용해 수학을 전면적으로 새롭게 구축하고자 한다.

형식주의자들과 직관주의자들, 그리고 특히 현대의 지도적 인물인 힐베르트와 브라우어는 우리가 보았듯이 칸트의 수학철학의 영향을 받았다. 그들은 수학적 명제의 참은 논리학의 원리만을 적용해 증명할 수 있다는 의미에서 모두 분석적이라고 하는 라이프니츠의 전통을 받아들이지 않는다. 분석명제와 종합명제의 구분을 서로 배타적인 것으로 이해하고, 나아가 그 두 가지만 있다고 이해할 경우, 브라우어와 힐베르트 둘 다 수학이론은 종합명제라고 생각한다.

하지만 수학이 종합적 성격을 가진다는 브라우어의 견해는 힐베르트의 견해와는 아주 다르며, 칸트의 견해에 더 가깝다. 칸트에 따르면, 산수와 기하학의 공리나 정리는 선험적 종합명제이다. 그것들은 시간과 공간에 대한 순수 직관의 기술이고 그 안에서의 구성에 관한 기술이다. 브라우어는 시간, 즉 지각적 내용과 분리된 시간의 순수 직관에 대한 칸트의 견해를 전폭적으로 받아들이며, 이것을 수학의 터전으로 여긴다. 그도 칸트와 같이 그런 직관을 감각지각과 독립된 것으로 여긴다. 그런 직관에는 형식주의 메타수학의 주제를 이루는 힐베르트의 스트로크와 스트로크 연산과 같은 기호와 그런 기호에 대한 연산의 지각도 포함된다.

메타수학의 주제는 **지각적** 대상과 구성이다. 이것들의 구조는 아주 단순하고 투명해서, 우리는 이것을 기술하는 종합적인 경험적 판단이 참임을 확신할 수 있다. 반면에 직관주의 수학의 주제는 직관되는 비지각적 대상과 구성이며, 이것은 내성적으로(introspectively) 자명하다. 브라우어는 외부 대상에 대한 조사(inspection)가 아니라 '면밀한 내성'[1]에 호소

---

1) 가령 "Historical Background, Principles and Methods of Intuitionism" in *South African Journal of Science*, Oct. ~Nov., 1952, 142쪽 각주 참조. 〔옮긴이주〕 이 논문은 다음 두 곳에 실려 있다. A. Heyting, ed., *Brouwer Collected Works I* (North-Holland, 1975), 508~515쪽, W. Ewald, ed.,

한다. 지각적 구성과 직관적 구성의 구분은 철학적으로 중요하다. 왜냐하면 직관적 구성은 올바르다는 개념을 적용하지 않아도 되고, 그래서 논리적 원리를 쓰지 않고도 보편적이고 필연적인 것으로 인식될 수 있다고 할 수 있으며, 이것은 그럴 듯한 주장이기 때문이다. (이 점은 앞 장 끝에서 논의했다.)

메타수학의 조사가능한(inspectible) 자료와 직관주의 수학의 내성가능한(introspectible) 자료는 서로 다르지만, 이들 사이에는 많은 공통점이 있다. 가장 중요한 공통점은 완전하고도 무한한 전체는 조사될 수도 없고 내성될 수도 없다는 데 있다. 바꾸어 말해 메타수학이나 직관주의 수학 모두 잠재무한에 관한 진술만을 허용할 뿐 실제무한에 관한 진술은 허용하지 않는다.

직관주의를 더 잘 이해하기 위해, 두 활동 사이의 커다란 이 차이 — 이것이 실질적 차이이든 그렇지 않든 — 를 무시한다면, 직관주의가 형식주의 메타수학으로 환원되고 마는 것인지를 물어볼 필요가 있다. 예상할 수 있듯이, 둘은 대개 같은 유한적 방법을 채택할 것이다. 유한적 방법이란 앞에서 우리가 형식주의를 설명할 때 기술했던 그 방법을 말한다. 하지만 형식주의자라면 형식체계의 일관성을 확립한 다음 유한적 방법을 사용할 수 있는 선을 넘어서까지 그 방법을 사용하지는 않을 것이다. 반면 직관주의자라면 형식체계에서 피난처를 찾거나 그러기를 바랄 수는 없는 노릇이므로, 점점 더 복잡하고 어려워질지라도 유한적 방법을 사용하고자 하는 욕구가 훨씬 더 클 것이다. 유한주의적 직관주의 수학은 사실 유한주의 메타수학보다 훨씬 더 발전되었다.

헤이팅의 《직관주의 입문》(Intuitionism — An Introduction)[2] 1장에는 토론이 들어있는데, 거기서 '직'이라고 불리는 토론자가 '형'이라고 불리

From Kant to Hilbert II (Oxford Univ. Press, 1996), 1197~1207쪽.

2) Amsterdam, 1956.

는 또 다른 토론자에게 다음과 같이 말하는 대목이 있다.

> … 당신도 또한 힐베르트가 메타수학이라 부른 것에서 의미 있는 추론을 사용한다. 하지만 당신의 목적은 이런 추리와 순수하게 형식적인 수학을 분리해내고, 스스로를 되도록 가장 단순한 추리에 국한시키는 데 있다. 이와 반대로 우리는 수학의 형식적 측면에 관심이 있는 것이 아니라, 메타수학에 나오는 그런 추리 유형에 관심이 있다. 우리는 그것을 발전시켜 최종적인 귀결에까지 도달해보고자 한다. 이렇게 하려는 이유는 우리가 거기서 인간 정신의 가장 근본적인 능력 가운데 하나를 발견할 수 있으리라고 확신하기 때문이다. 3)

직관주의를 간략하게 설명하기 위해, 먼저 순수수학에 대한 견해와 이에 기반을 둔 프로그램을 설명하는 것이 좋을 것 같다. 그런 다음 직관주의 방법이 실제로, 특히 잠재무한 개념을 다룰 때 어떻게 작동하는지 몇 가지 예를 들어보기로 하겠다. 직관주의자는 논리주의자나 형식주의자에 비해 응용수학의 문제에 대해서는 큰 관심을 기울이지 않았다.

1. 프로그램

영어로 쓴 가장 최근 글 가운데 하나4)에서 브라우어는 현재의 수학철학은 옛 형식주의자와 새로운 형식주의자, 그리고 이전 직관주의자들에 의해 형성되었다고 말한다. 그는 특히 포엥카레, 보렐, 그리고 르베스크를 어떤 점에서 그보다 앞선 이전 직관주의자들로 여긴다.

---

3) 〔옮긴이주〕 이 인용문은 Heyting, *Intuitionism — An Introduction*, 4쪽에 나온다.

4) 앞의 책.

브라우어가 보기에 현재 수학철학의 상황은 다음과 같다. 이전 직관주의자와 형식주의자가 연구했던 수학은 두 개의 별개 부분, 즉 자율적 수학과 언어 및 논리학에 참이 의존하는 수학으로 이루어진다. 자율적 수학에서는 "정확한 존재, 절대적 신뢰성, 모순되지 않음이 언어와 독립적으로 그리고 증명이 없이도 보편적으로 인정된다". 여기에는 "자연수의 초급이론과 완전한 귀납의 원리, 그리고 대수와 수론의 상당 부분"이 포함된다. 비자율적 수학에는 실수의 연속체이론이 포함된다. 이에 대해서는 모순되지 않는 존재라는 증명이 없으며, 그런 증명이 필요하다는 데 어느 정도 일반적인 동의가 있다.

직관주의 수학철학의 근본 논제는 브라우어가 명확하게 정식화하였다. 그는 그것들을 '두 가지 강령'(act)이라 말했다. 그에 따르면 이 강령을 통해 직관주의는 전임자들과 형식주의자들이 만든 그 상황에 '개입한다'. 강령을 '통찰'이라고 부를 수도 있는데, 브라우어는 이 용어를 자주 사용했다. 길더라도 그의 논문을 직접 인용하는 것이 가장 좋을 것 같다.[5]

직관주의의 첫 번째 강령은 수학과 수학의 언어, 특히 이론논리학에 의해 기술되는 언어 현상을 완전히 분리하고, 직관주의 수학은 본질적으로 언어 없이 이루어지는(*languageless*) 마음의 활동이라는 점을 인식하는 것이다. 마음의 활동은 **시간의 움직임에 대한 지각**, 즉 삶의 순간이 두 개의 서로 다른 것 — 이 가운데 하나가 다른 하나에 자리를 내주지만 기억에는 그대로 남아 있다 — 으로 분리되는 것의 지각에 기원을 둔다. 만약 그렇게 해서 태어난 둘임(*two-ity*)이 모든 특질을 잃게 되면, **모든 둘임이 갖는 공통의 기체**(基體, *subtratum*)의 빈 형식이 남게 된다. 이런 공통의 기체, 즉 이런 빈 형식이 바로 **수학의 기본적 직관**이다.[6]

---

5) 앞의 책.
6) 〔옮긴이주〕 *Brouwer Collected Works I*, 509~510쪽.

브라우어의 저작에 나오는 이런 주장이나 이와 비슷한 주장은 근본적으로 《순수이성비판》에 나오는 주장과 같다. 둘의 차이는 브라우어에 따르면 공간에 대한 칸트의 직관이나 그 안에서의 (유클리드적) 구성은 수학의 저변에 놓인 직관의 일부가 아니라는 점이다(1장 참조). 칸트와 브라우어를 따를 때 수학은 직관을 전제한다. 그 직관은 한편으로 감각지각과 다르고 — 감각지각의 불변하는 형식이 바로 직관이다 — 다른 한편으로 개념이나 진술들 사이의 논리적 연관성에 대한 파악과도 다르다. 가령 등산의 경험을 등산에 대한 언어적 기술이나 의사전달(communication)과 혼동해서는 안 된다. 마찬가지로 수학적 직관과 기술의 경험을 이에 대한 언어적 기술이나 다른 등산객 또는 수학자 그리고 그 사람의 예를 따르고자 하는 사람들에게 하는 의사전달과 혼동해서도 안 된다.

등산이 언어에 의존하는 것이 아니라는 의미에서, 직관적 통찰과 구성으로 이루어지는 수학적 활동도 언어 없이 이루어진다. 브라우어에 따르면, 고전 논리학의 원리는 언어적 규칙이다. 그것은 그 규칙을 '언어적으로 따르는' 사람이라면 '경험에 의해 인도될' 필요가 없다는 점에서 그렇다. 이는 고전 논리학의 규칙들은 기술과 의사전달에 쓰이는 것이지 구성하는 활동 자체에 쓰이는 것은 아니라는 의미이다. 그것은 그 규칙들이 산을 오르는 활동에 부차적인 보조제로만 쓰이는 것과 같은 이치이다. 이런 의미에서 수학은 본질적으로 언어와 독립적일 뿐만 아니라 논리학과도 독립적이다.

브라우어에 따르면, 우리는 서로 다른 두 가지 활동, 즉 수학적 구성과 언어적 활동, 즉 구성의 결과에 대한 모든 진술과 이 진술들에 논리적인 추론원리들을 적용한 것을 분명하게 구분해야 한다. 이 둘이 근본적으로 다른 것이라는 점에 비추어볼 때, 논리 언어적 표상이 구성에 언제나 적합한가 하는 물음을 묻는 것은 큰 의미가 있다. 특히 그 표상이 구성을 넘어서는 것이 아닌가 하는 물음을 묻는 것은 의미가 있다. 언어가 때로 주제를 넘어서기도 한다는 점은 잘 알려진 사실이다. 대개 그렇게 될 위험성은 철학적 언어의 경우 아주 크고, 수학적 언어의 경우 아주 적다고 여겨졌다. 하지만 브라우어에 따르면, 수학에서도 그럴 위험성이 아주 크다. 수학적 대상들의 무한한 체계에 관해 추론하면서 배중률을 사용하는 수학자들의 경우, 언어는 수학적 실재를 넘어서면서 그 실재를 잘못 표상하게 된다.

여기서도 다시 한 번 브라우어 자신이 분명하게 정식화한 것을 일부 그대로 인용하는 것이 좋을 것 같다.

> 직관주의 수학의 구성이 단어에 의해 조심스럽게 기술되었고 — 여기서 수학적 구성의 내성적 성격은 잠시 무시한다 — 그런 다음 그것의 언어적 기술을 그 자체로 생각해보고, 고전 논리학의 원리를 언어적으로 적용한다고 해보자. 그러면 논리적-언어적 형태로 된 문제의 그 표현을 찾아내는 수학적 구성을 언어 없이 언제나 수행해낼 수 있을까?[7]

> 면밀히 검토해보면, 모순율과 삼단논법에 관한 한, 우리는 (언어가 기술 수단으로 부적절할 수밖에 없다는 점을 인정한다면) 그 물음에 대해 **긍정적인** 대답을 하게 된다. 하지만 배중률(제3자 배제율, *the principle of excluded third*)에 관한 한, (특수한 경우를 제외하고) **부정적인** 대답을 하게 되며, 그래서 후자의 원리를 새로운 수학의 진리를 발견하는 도구로 받아들여서는 안 된다.[8]

우리는 브라우어와 그의 추종자들로 하여금 배중률과 대상들의 무한 집합과 관련한 어떤 추론원리들을 거부하게 만든 몇 가지 수학적 구성을 곧 생각해볼 것이다. 우리는 형식주의자들이 구체적인 메타수학을 처음

---

7) 〔옮긴이주〕 *Brouwer Collected Works I*, 510쪽.
8) 〔옮긴이주〕 *Brouwer Collected Works I*, 510쪽.

제한할 때에도 마찬가지로 그것들을 거부했다 — 하지만 형식주의자들은 고전수학을 형식화한 이론 안에서 그 원리들을 **형식적으로** 적용하는 것은 용인했다 — 는 사실을 앞서 보았다. 직관주의자들은 이런 식으로 고전수학을 구하는 방식을 쓸 수 없다. 왜냐하면 이것은 수학을 언어 없이 하는 구성이라고 보는 견해와 충돌하기 때문이다.

수학을 형식주의 메타수학의 유한적 방법으로 제한하게 되면 — 그 방법이 일상적인 지각의 대상에 적용되든 직관의 대상에 적용되든 상관없이 — 그것은 고전수학의 구조에 치명타가 된다. 하지만 이 점이 바로 직관주의의 두 번째 통찰인데, 이미 존재하는 실제무한한 전체라는, 지각적으로 그리고 직관적으로 공허한 개념을 쓰지 않고도, 새로운 해석학의 토대를 확고하게 구성하고, "고전수학의 최일선을 훨씬 능가하는 발전 분야가 된 잠재무한의 수학이 존재한다 …."

잠재무한을 다루는 이런 새로운 자율적 수학의 분야가 "**직관주의의 두 번째 강령**"에 의해 열린다.

이 강령은 새로운 수학적 실재를 만들어낼 수 있는 가능성을 인정한다. 그것은 첫째로는 무한히 진행하는 수열 p_1, p_2, … 라는 형태로 이루어진다. 여기서 각 항은 이전에 얻은 수학적 실재로부터 자유롭게 고른 것으로서, 이는 다음과 같은 식으로 얻어진다. 첫 번째 원소 p_1을 고를 수 있는 자유는 뒤따라 나오는 어떤 p_r에 제한을 받으며, 그런 제한이 점점 많아지는 식으로 진행되거나 또는 이후의 p_r은 없다는 식으로 제한되며, 반면에 어느 단계에서든 p 자체의 선택뿐만 아니라 이런 모든 제한은 창조하는 주체가 할 미래의 수학적 경험에 의존하게 될 수도 있다. 그것은 둘째로는 수학적 종의 형태로 이루어진다. 즉 이전에 얻은 수학적 실재가 가진다고 하는 속성의 형태로 이루어지며, 다음과 같은 조건을 만족시켜야 한다. 만약 그 속성들이 일정한 수학적 실재에 대해 성립한다면, 그것들은 그 실재와 같다고 정의된 모든 수학적 실재에 대해서도 성립한다. 여기서 같다는 관계는 대칭적이고 재귀적이며 이행적이어야 한다. 속성이 성립해서 앞서 얻게 된 수학적 실재들을 그 종의 원소라 부른다. 9)

우리가 좀더 자세하게 보게 되겠지만, 직관주의 수학은 고전수학과 크게 다르다. 그 점은 우리가 고전수학을 논리주의의 하부구조의 뒷받침을 받으며 '소박하게' 실행되는 것으로 보든 아니면 형식화에 의해 안전하게 보호되는 것으로 보든 마찬가지이다. 직관주의 프로그램은 아주 간단하게 정식화된다. 비록 이를 실행하려면 아주 어렵거나 적어도 아주 이상한 절차와 개념을 포함시켜야 하고, 직관주의적 구성의 본성이 직관주의자가 아닌 사람들이 언뜻 보기에는 분명하지 않을 수 있다 하더라도 그렇다. 직관주의 프로그램은 순수 직관을 매개로 수학적 구성을 하는 것이며, 그런 다음 다른 사람들도 그렇게 할 수 있도록 그것을 의사전달하는 것이다.

모든 수학적 구성이 똑같이 흥미롭거나 똑같이 중요한 것은 아니다. 하지만 어떤 구성이 중요한지를 두고 별 논란은 없다. 왜냐하면 구성을 찾는 동기는, 비직관주의적 수학에서도 그렇듯이, 순수수학에 대한 호기심과 수학을 다른 목적에 사용하는 사람들의 필요에 있기 때문이다. 직관주의 프로그램은 직관주의 수학을 실행하는 것이다. 즉 수학적 대상을 만들거나 구성하는 것이다. 왜냐하면 구성된 대상만이 수학적으로 존재하기 때문이다. 직관주의 프로그램의 목적은 이런 구성이 합당하다는 점을 논리학이나 형식화를 통해 보여주는 데 있지 않다. 왜냐하면 직관적 구성은 그 자체로 합당하며, 자기 스스로 정당화하는 것이기 때문이다.

---

9) 〔옮긴이주〕 *Brouwer Collected Works I*, 511쪽.

2. 직관주의 수학

직관주의자에게 수학은 순수 직관으로 실재를 구성하는 것이지, 그런 구성을 약속하거나 그것이 논리적으로 가능한지를 탐구하는 것이 아니다.

고전수학자나 논리주의자 그리고 형식주의자는 일정한 속성을 갖는 수를 구성하는 방법이 지금까지 알려지지 않았을지라도, 그 속성을 갖는 수가 '존재한다'고 하는 진술을 합당한 것으로 받아들인다. 하지만 직관주의자는 그런 진술 — 순수한 존재정리들 — 을 자신의 수학에 받아들이지 않는다. 이에 따라 직관주의자는 어떤 수의 실제적 구성가능성(actual constructibility)을 보여주는 수학의 정리가 (자신의 방법에 의해) 증명된 이후라야 그 정리는 참이 된다는 주장이 이상하게 비친다고 하더라도 이에 개의치 않는다. 그가 보기에는 여기에 이상한 게 전혀 없으며, 직관주의의 입장을 이해하는 사람이라면 그래서도 안 된다. 직관주의자에게 '수학적 존재'란 '실제적 구성가능성'과 같은 의미이다. 물론 실제적 구성가능성을 어떤 것으로 여겨야 할지를 정확하게 정의한 적은 없지만, 현실에서는 그것이 분명하다고 직관주의자들은 주장한다.

직관주의 수학의 기본 사상을 몇 가지 설명하면서 — 여기서 할 수 있는 일은 이것이 전부다 — 나는 헤이팅의 《직관주의 입문》에 나온 설명을 대개 그대로 따를 것이다. 헤이팅은 독자들에게 직관주의적 접근방법을 훨씬 더 두루 설명해서, 대수 체(algebraic field) 이론이나 측정이론, 적분이론 등과 같은 고등수학의 특수 주제들까지 논의했다.

직관주의 수학은 추상적 실재와 이런 실재들의 계열이란 개념에서 출발한다. 바꾸어 말해, 그것은 자연수 계열에서 시작한다. 초급산수의 연역체계를 정식화할 필요는 전혀 없다. 왜냐하면 그런 체계 없이, 자명한 것을 정식화할 때에만 그런 정식화가 적절한 것이 되기 때문이다. 그것이 자명성을 부여하는 것도 아니고 안전성을 부여하는 것도 아니다. 그것은 기껏해야 그것을 언어적으로 반영할 뿐이다. 직관주의자에게 페아노 공리(부록 A 참조)는 자연수를 산출하는 과정의 자명한 결과를 정식화한 것일 뿐이다.

고전수학(그것이 '소박한' 형태이든, 아니면 논리주의화되거나 형식주의화된 형태이든 상관없다)과 직관주의 수학의 차이는 실수를 정의할 때 두드러지게 나타난다. 고전수학에서는, 실수 개념을 이른바 유리수들의 코시수열로 정의한다. 고전적 코시수열은 다음과 같이 정의된다. a_1, a_2, a_3, … 또는 간단히 $\{a_n\}$ 이나 a — 여기서 각 항은 유리수이다 — 가 코시수열이려면 다음 조건을 만족해야 한다. 모든 자연수 p에 대해 $|a_{n+p} - a_n|$ $< 1/k$ 인 그런 자연수 $n = n(k)$가 모든 자연수 k에 대해 (그리고 이에 따라 아무리 작더라도 모든 분수 $1/k$에 대해) **존재한다**.

대략 말해, 이는 우리가 임의의 분수 $1/k$을 고려할 때 언제나 그것을 그것의 임의의 후자에서 뺐을 때 그 차의 절댓값이 $1/k$보다 적은 n번째 항이 언제나 **존재한다**는 의미이다. (음이 아닌 수의 절댓값은 그 수 자체이고, 음수의 절댓값은 그 수의 마이너스 기호를 플러스 기호로 바꾸어서 얻는 수이다.) 그래서 유리수 쌍의 차의 절댓값은 그 계열의 '뒤' 원소를 고를수록 작아진다.

직관주의적인 코시수열 개념에 대한 정의도 거의 똑같이 정식화될 수 있다. 유일한 차이는 '존재한다'는 표현을 '**효과적으로 찾아낼 수 있다**'나 '효과적으로 구성해낼 수 있다'로 대체한다는 점이다. 이 두 표현의 의미 차이를 눈여겨볼 필요가 있다. 왜냐하면 이것이 바로 직관주의 수학의 핵심을 이루기 때문이다.

헤이팅은 다음 예를 통해 이에 접근한다. 고전적인 코시수열에 대한 다음 정의를 생각해보자. 첫 번째 수열 $\{a_n\}$은 2/1, 2/2, 2/3, … 또는 $\{2/n\}$ 이다. 이 계열에서 각각의 구성요소는 효과적으로 구성될 수 있다. 가령 1000번째 원소는 2/1000이다. 이제 다음과 같이 정의되는 두 번째 수열 $\{b_n\}$을 생각해보자. $\pi = 3.1415 \cdots$ 를 소수 전개했을 때 소수점 이하의 n번째 자리가 이렇게 전개한 첫 번째 열 0123456789의 9라면, $b_n = 1$이고, 다른 경우에는 $b_n = 2/n = a_n$.

수열 $\{b_n\}$은 $\{a_n\}$과 기껏해야 한 항에서만 다르므로, 이것은 고전적인 의미에서 코시수열이다. 하지만 문제의 핵심 항이 $\{b_n\}$에 나타나는지 여부 — π에서 열 0123456789가 나타나는지 여부 — 를 보여줄 구성방법을 전혀 알지 못하기 때문에, 우리는 $\{b_n\}$이 직관주의의 의미에서의 코시수열이라고 주장할 권리가 없다. 직관주의 코시수열 — 이것은 $\{a_n\}$처럼 구성가능한 것이어야 한다 — 은 또한 '(실)수 생성자'〔(real) number-generator〕라고 불리기도 한다. 직관주의자가 자신의 수학에 모든 수 생성자라는 개념을 용인할 수 없다는 점은 분명하다. 그 점은 주어진 체계에서 그것이 아무런 비일관성도 야기하지 않는다는 것을 보여줄 수 있다고 하더라도 그렇다.

수 생성자의 존재를 실제적 구성가능성과 동일시하게 되면 두 실수가 같거나 다르다고 하는 고전적 개념도 철저하게 수정되어야 한다. 헤이팅은 실수 생성자들 사이의 두 가지 동등 관계, 즉 '동일성'과 (좀더 중요한 관계인) '일치'를 다음과 같이 정의한다. 두 수 생성자 $\{a_n\}$과 $\{b_n\}$이 동일하려면 — 이는 기호 $a \equiv b$로 나타낸다 — 모든 n에 대해 $a_n = b_n$이 성립해야 한다. 이 둘이 일치하려면 — 이는 기호 $a = b$로 나타낸다 — 모든 p에 대해 $|a_{n+p} - b_{n+p}| < 1/k$인 정수 $n = n(k)$를 모든 k에 대해 찾을 수 있어야 한다.

모든 k에 대해 여기서 필요한 $n = n(k)$를 찾을 수는 없다고 해서, a와 b가 일치하지 않는다고 말할 수는 없다. 왜냐하면 직관주의의 긍정이 그렇듯이 직관주의의 부정도 구성에 근거를 두어야지, 구성이 없다는 데 근거를 두면 안 되기 때문이다. $a = b$가 모순일 경우에만, 즉 a = b라는 가정으로부터 모순을 연역하는 구성을 우리가 해낼 수 있을 경우에만, 우리는 a와 b가 일치하지 않는다, 즉 $a \neq b$라고 주장할 수 있다.

$a \neq b$가 모순(불가능)이라는 것을 다시 증명한다면 이는 그 자체로 $a = b$라는 증명에 해당한다고 생각할 수도 있다. 사실 $a \neq b$의 모순(불가능성)은 $a = b$에 해당한다는 것이 직관주의 수학의 정리이다.[10) 하지만 ─이 점이 직관주의 수학이 지닌 아주 중요한 특징인데 ─ "어떤 속성의 불가능성의 불가능성 증명이 모든 경우에 그 속성 자체의 증명인 것은 아니다." 바꾸어 말해 '¬'이 '모순이다'나 '불가능하다'는 것을 나타내고 ─ 이 개념은 구성적 증명에 의해 뒷받침되어야 한다는 뜻에서 ─ 'p'가 임의의 수학적 긍정(이는 물론 불가능성의 긍정은 아니다!)이라고 할 때, $\neg\neg p$는 일반적으로 고전 논리학에서처럼 p를 함축하지 않는다. 이 원리가 직관주의 논리학에서 타당하지 않음을 보여주는 다음 예는 브라우어가 제시한 것으로, 헤이팅의 최근 책에도 나온다.

> 나는 π의 소수 전개를 적는데, π에서 자릿수 0123456789의 열이 나오면 바로 중지하고 그 아래 소수 $\rho = 0.333 \cdots$ 이라고 적는다. 만약 π에서 첫 번째 열 0123456789의 9가 소수점 아래 k번째 자릿수라면, $\rho = 10^k - 1/3 \cdot 10^k$. 이제 ρ는 유리수일 수 없다고 가정해보자. 그러면 $\rho = 10^k - 1/3 \cdot 10^k$는 불가능할 테고, 어떤 수열도 π에서 나올 수 없을 것이다. 그런데 그 경우 $\rho = 1/3$인데, 이것도 또한 불가능하다. ρ가 유리수일 수 없다는 가정이 모순을 낳는다. 하지만 우리에게는 ρ가 유리수라고 주장할 권리가 없다. 왜냐하면 이것은 $\rho = p/q$가 되도록 정수 p와 q를 계산할 수 있다는 의미이기 때문이다. 이렇게 하려면 우리는 π에서 수열 0123456789를 나타낼 수 있어야 하거나 아니면 어떤 그런 수열도 나올 수 없다는 것을 증명해야 한다.

만약 두 개의 수 생성자가 일치하지 않는다면(즉 $a \neq b$라면), 이보다 더

---

10) 이에 대한 증명으로는 Heyting, 앞의 책, 17쪽 참조.

강한 비동일성 관계가 이들 사이에 성립할 수도 있다. 이것은 떨어져있다(apartness)는 관계이다. "a가 b와 떨어져있다" — 기호로 $a \# b$ — 는 것은 "모든 p에 대해 $|a_{n+p} - b_{n+p}| \geq 1/k$인 n과 k를 찾을 수 있다"는 의미이다. $a \# b$는 일반적으로 $a \neq b$를 함축하는 반면, 그 역은 참이 아니다. 고전수학자라면, 이런 식으로 불일치와 떨어져있음을 구분하는 수학은 불필요하게 복잡하고 장황하다고 말할 것이다. 하지만 단지 익숙하지 않아서 장황하다는 느낌을 갖는 것일 수도 있다. 마치 철학에서 겉으로 보기에는 아주 명료한 사상가가 때로 아주 혼돈스런 사상가인 경우가 있듯이, 고전수학자는 겉보기에는 아주 명료하게 보일지 몰라도 근본적으로 불명료할 수도 있다. 사실 여태껏 직관주의 수학에서는 아무런 역설도 발견되지 않았다.

실수 생성자를 대상으로 하는 근본적 연산에 대해서는 아주 간단하게 설명할 수 있다. 하지만 실수 생성자가 곧 실수는 아니라는 점을 주목해야 한다. 고전수학에서라면, 어떤 수 생성자를 정의한 후 이어 그에 대응하는 실수를 "주어진 수 생성자와 일치하는 모든 수 생성자들의 집합"이라고 정의할지 모른다. 하지만 '모든 … 의 집합'이라는 표현은 여기서 구성가능한 실재를 가리키지 않으며, 새로운 직관주의적 내용을 가져야 한다. 사실 고전적 집합 개념에 대응하는 두 가지 직관주의적 개념이 있는데, 그것은 전개(spread)와 종(species)이다. 전개는 (구성가능한) 원소를 생성하는 공통의 양식이라고 정의되며, 종은 종을 정의하기 이전에 구성되거나 구성될 수 있는 수학적 실재에 할당될 수 있는 특징적인 속성이라고 정의된다.

전개를 정의하는 첫 단계는 **무한히 진행하는 수열**, 즉 그 수열의 구성요소가 어떻게 결정되든 상관없이 — 그것은 법칙에 의해 결정될 수도 있고 아니면 자유로운 선택이나 우리 마음대로 결정될 수도 있다 — **무한히 계속될 수 있는 수열**이라는 일반 개념을 생각하는 것으로 이루어진다.

이런 수열 가운데 앞서 정의한 코시수열이나 수 생성자는 특수한 경우이다. 이것들에 대한 직관과 이것들이 수학적으로 유용하다는 점을 보여주는 통찰은, 우리가 (이 장 1절에서) 보았듯이, 직관주의의 기본 '강령' 가운데 하나로 여겨진다.

직관주의자에게 실수의 연속체는 선 위에 있는 크기가 없는 점들의 완전한 전체가 아니라 도리어 '점들을 점차적으로 결정할 수 있다는 가능성'이다. 즉 무한히 진행하는 수열과 전개라는 개념을 통해 기술가능한 점이다. 전개 M은 다음 두 법칙에 의해 정의된다. 내가 여기서 거의 그대로 따르는 이 정의는 헤이팅[11]의 것으로, 그는 이것들을 '**전개법칙**(*spread law*) Λ_M과 **여법칙**(*complementary law*) Γ_M'이라 부른다.

전개법칙은 자연수의 유한한 수열을 다음 네 가지 규정에 따라 허용가능한 수열과 허용불가능한 수열로 나누는 규칙 Λ이다.

(1) 규칙 Λ에 의해, 모든 자연수 k에 대해, 그것이 일원소 허용가능한 수열인지 여부가 결정될 수 있다. 〔일원소수열(*one-member sequence*)은 하나의 자연수로 이루어지며, n원소 수열은 n개의 자연수로 이루어진다. 수열 a_1, a_2, a_3는 수열 a_1, a_2의 직후손(*immediate descendant*)이라 불리며, a_1, a_2는 a_1, a_2, a_3의 직선조(*immediate ascendant*)라 불린다. 일반적인 경우인 a_1, a_2, $\cdots$, a_n, a_{n+1}과 a_1, a_2, $\cdots$, a_n에 대해서도 같은 용어를 사용한다.〕

(2) 허용가능한 수열 a_1, a_2, $\cdots$, a_n, a_{n+1}은 모두 허용가능한 수열 a_1, a_2, $\cdots$, a_n의 직후손이다.

(3) 만약 허용가능한 수열 a_1, a_2, $\cdots$, a_n이 주어지면, 규칙 Λ을 통해 모든 자연수 k에 대해 a_1, a_2, $\cdots$, a_n, k가 허용가능한 수열인지 여

---

11) 앞의 책, 34쪽 이하.

부를 결정할 수 있다.

(4) 어떤 허용가능한 수열 a_1, a_2, $\cdots$, a_n에 대해서도 a_1, a_2, $\cdots$, a_n, k가 허용가능한 수열이 되는 자연수 k를 적어도 하나 찾아낼 수 있다.

전개 M의 **여법칙** $\varGamma_M$는 M의 전개법칙에 따라 허용가능한 유한한 수열에 대해 일정한 수학적 실재를 할당한다.

이제 무한히 진행하는 수열을 하나 생각해보고, 그것을 a_1, a_2, $\cdots$, a_n은 전개법칙 $\varLambda_M$에 따라 모든 n에 대해 허용가능한 수열이어야 한다는 것으로 제한한다고 해보자. 그런 무한히 진행하는 수열(*infinitely proceeding sequence*) — 간단히 *ips* — 은 이제 더 이상 자유로운 *ips*가 아니라 허용가능한($\varLambda_M$에 의해 허용가능한) *ips*이다. 여법칙은 허용가능한 수열 a_1; a_1, a_2; a_1, a_2, a_3; $\cdots$에 하나의 수학적 실재를 할당한다. 가령 그것은 a_1에 b_1을 할당하고, a_1, a_2에 b_2을 할당하고, a_1, a_2, $\cdots$, a_n에 b_n을 할당한다. b_1, b_2, b_3, $\cdots$, b_n과 같은 할당된 실재들의 무한히 진행되는 이런 수열 각각을 일컬어 **전개 M의 원소**라고 부른다. 여기서 b_n은 n번째 구성요소이다. n번째 구성요소가 동일할 경우 전개의 두 원소는 동일하다. 그리고 두 전개 가운데 한 전개의 모든 원소에 대해 다른 전개의 동일한 원소를 찾을 수 있을 경우 그 두 전개는 동일하다고 말한다.

만약 우리가 전개라는 개념을 이해했다면, 이제 우리는 직관주의에서 말하는 연속체 개념을 일정한 실제적 구성가능성으로 이해할 수 있다. 앞서처럼 헤이팅의 설명을 거의 그대로 따라, 유리수들의 나열을 하나 생각해보기로 하자. r_1, r_2, $\cdots$ (즉 우리는 먼저 유리수를 구성한 다음, 모든 자연수 1, 2, 3, $\cdots$에 하나의 유리수를 할당하는데, 어느 유리수도 남지 않도록 한다.)

이제 우리는 직관주의의 연속체를 나타낼 전개 M을 다음과 같이 정의

한다. 이것의 **전개법칙** Λ_M은 모든 자연수가 허용가능한 일원소 수열을 형성하도록 결정하며, 그리고 $a_1, \cdots, a_n$이 허용가능한 수열일 경우, $a_1, a_2, \cdots, a_n, a_{n+1}$이 허용가능한 수열이 되기 위한 필요충분조건은 $|r_{a_n} - r_{a_{n+1}}| < 1/2^n$ ($r_{a_n}, r_{a_{n+1}}$은 유리수로, 우리는 유리수를 나열할 때 각각 밑수 a_n과 a_{n+1}을 가진다.)이다. **여법칙** Γ_M은 모든 허용가능한 수열에 대해 유리수 r_{a_n}을 할당한다.

그래서 Γ_M은 무한히 진행하는 유리수들의 수열을 생성한다. 모든 그런 ips는 M의 한 원소이고 하나의 실수 생성자이다. 사실 어느 실수 생성자 c에 대해서건 $c = m$인 M의 원소 m을 찾아낼 수 있다. 여기 나온 여러 정의 가운데 어느 곳에서도 우리는 실제무한을 가정하지 않았으며, 구성 가능한 실재만이 존재한다는 원리를 폐기한 적도 없다는 사실을 다시 한 번 강조할 필요가 있다.

전개라는 개념이 수학적 실재의 완전하고도 무한한 전체라는 개념을 가정하지 않듯이 ― 그것은 이른바 항상 만들어지는 과정에 있을 뿐 결코 만들어진 적이 없다 ― 종(수학적 속성)이라는 개념 또한 실제무한집합을 가정하지 않는다. 분명히 수학에서 '무한한 전체'를 배제하면 이는 무한한 전체의 속성도 금지한다는 의미이다.

종은 수학적 실재가 가진다고 가정될 수 있는 하나의 속성이다. 종 S가 정의되고 나면, S가 정의되기 **이전에** 정의되거나 정의될 수 있고 조건 S를 만족시키는 수학적 실재는 모두 종 S의 원소이다. [12] 예를 들어, 실수 생성자와 일치한다는 속성은 종 '실수'이다.

헤이팅이 주장했듯이, (자기 자신을 원소로 갖지 않는 모든 집합들의 집합에 관한) 악순환 역설은 직관주의 수학에서는 일어날 수 없다. 왜냐하면 직관주의자들은 주어진 종의 정의와 독립해서 정의될 수 있는 실재만 그

---

12) Heyting, 앞의 책, 37쪽.

종의 원소가 될 수 있도록 '종'을 정의하기 때문이다.

　직관주의에서 존재를 실제적 구성가능성과 동일시한다는 점은 또한 집합에 대한 고전적 이론과 직관주의의 종 이론 사이의 근본적인 차이도 설명해준다. 그래서 "$a \in S$"는 — a가 S와 독립해 정의할 수 있다면 — a는 S의 원소라는 의미인 반면, "$a \notin S$"는 a가 S의 원소라는 것이 불가능하다, 바꾸어 말해 $a \in S$라는 가정은 모순을 낳는다는 의미이다. 또한 T가 S의 하위 종(subspecies)이라면(즉 T의 원소는 모두 S의 원소이기도 하다면), $S - T$는 T의 원소는 아니지만 S의 원소들로 이루어진 종이 아니라 T의 원소가 될 수 없는 S의 원소들로 이루어진 종을 말한다. 고전적 집합 이론에서는 "$T \cup (S-T)$"가 T나 $S-T$의 원소이거나 이 둘 모두의 원소인 모든 실재들의 집합을 의미하며, 이 집합은 S와 같은 집합이다. 이보다 강한, 구성적인 $S-T$의 정의에 비추어볼 때, $T \cup (S-T)$는 S와 같을 수도 있지만 꼭 그럴 필요는 없다. (전자의 경우 T는 S의 분리가능한 종이라고 불린다.)

　직관주의의 기수이론이 고전적 이론과 크게 다르리라는 점은 분명하다. 그래서 구성가능성의 요건과 직관주의의 부정 개념 — 이 둘이 합쳐지면 모순을 실제로 구성해서 뒷받침해야 한다고 요구하게 된다 — 은 유한하지 않은 종은 따라서 무한하다는 주장을 부정하는 결과를 낳는다. ('무한한 종'은 가부번적으로 무한한 하위 종을 갖는 종이며, '가부번적'은 자연수의 종과 일대일대응을 구성할 수 있다는 의미이다.)

3. 직관주의 논리학

　직관주의 논리학은 수학적 구성에서 사용된 추론원리들을 사후에 기록한 것이다. 논리주의자들이 추론원리들을 준수하기 위해 그것들을 정식화했다고 한다면, 직관주의자들은 미래의 수학적 구성 — 그가 보기에는 아무 문제가 없는 개념이다 — 에는 아직 정식화되지 않았고 예상하지도 못한 원리들이 쓰일 수도 있다는 점을 인정한다. 논리주의자들은 논리학에 호소해 수학을 정당화하는 반면, 직관주의자들은 수학적 구성에 호소해 논리학을 정당화한다.

직관주의자는 논리학 일반에 관심이 있는 것이 아니라 수학의 논리에만 관심이 있다. 여기서 수학의 논리란 수학화된 일반 논리학이라는 의미가 아니라, 수학적 구성활동에서 사용되는 원리들의 정식화라는 의미의 '수리논리학'을 말한다. 직관주의자들도 형식체계를 제시하기는 하지만 — 이 형식체계들이 메타수학적 탐구의 대상이 될 수도 있고 실제로 대상이 되기도 했다 — 그들은 이런 체계들을 '본질적으로 언어 없이 진행되는' 수학 활동의 언어적 부산물로 여기며, 주로 교육적 가치를 갖는 것으로 여긴다.

순수한 형식적 관점에서 본다면 — 다시 말해, 기호와 정식 및 형성규칙들에 대한 의도된 해석을 무시하고 본다면 — 직관주의 논리학은 고전 논리학의 하위체계라고 할 수도 있다. 이 점은 직관주의의 원리와 추론규칙을 고전 논리학자(또는 직관주의자가 아닌 논리학자)가 채택하는 이보다 더 넓은 범위의 원리나 규칙들과 구분하기 위해 구성한 형식체계의 경우에 특히 그렇다.[13]

직관주의의 명제 p — 이 안에 (직관주의적) 부정이 나오든 그렇지 않든 상관없다 — 는 모두 구성의 기록이다. 헤이팅이 아주 잘 표현했듯이, 그것은 "나는 내 마음속으로 구성 A를 수행했다"[14]는 것을 말해준다. 직관

---

13) 가령 클린의 《메타수학》(*Metamathematics*) 19~23절에 나오는 형식체계를 보라. 여기에는 직관주의적으로 타당한 원리와 추론규칙 및 증명이 고전적으로만 타당한 것들과 뚜렷이 구분되어 제시된다.

14) 〔옮긴이주〕 헤이팅의 책, 19쪽 참조.

주의의 부정 ㄱp도 또한 구성의 기록이며, 그래서 그것은 실제로 긍정이다. 그것은 "나는 마지막에 구성 A가 산출된다는 가정으로부터 모순을 연역하는 구성 B를 내 마음속으로 수행했다"[15] 는 것을 말해준다. "나는 구성 … 을 수행하지 않았다"는 명제는 직관주의자나 고전수학자에게 아무런 관심거리도 되지 못한다. 하지만 고전수학자는 지금까지 어느 누구도 수행한 적이 없을지라도 "수학적 구성 … 가 존재한다"는 것을 허용하는 반면, 직관주의의 관점에서 볼 때 그런 명제는 공허한 약속에 불과하며, 탐구의 자극제가 될지도 몰라도 수학의 일부일 수는 없다.

p와 ㄱp의 직관주의적 의미를 고려해볼 때, 직관주의자들처럼 수학을 직관적 구성의 학문으로 여길 경우 'ㄱ'을 직관주의자들이 말하는 의미로 이해한다면, 우리는 (p이거나 ㄱp) 라는 명제는 수학에서 보편적으로 타당한 논리학의 원리가 아니라는 점을 바로 알 수 있다. 여러 가지 직관주의적 기호의 의미와 앞 절에 나온 예들에 비추어볼 때 **만약** 우리가 직관주의 수학의 견해와 프로그램을 채택한다면, 직관주의 논리학에 이상한 점은 전혀 없다는 사실을 알 수 있다. 아래에서 우리는 엄밀한 체계화 없이 직관주의 논리학의 용어와 몇 가지 정리를 간단하게 살펴보기로 하겠다.

$p \wedge q$ (p이고 q) 가 주장될 수 있기 위한 필요충분조건은 p와 q 둘 다 주장될 수 있다는 것이다. $p \vee q$ (p이거나 q) 가 주장될 수 있기 위한 필요충분조건은 p나 q 또는 둘 다 주장될 수 있다는 것이다. 'ㄱp'의 의미에 대해서는 이미 설명했다. 여기서 직관주의 논리학의 강한 부정조차도 너무 약하다고 거부하는 직관주의자도 있다는 점을 주목할 필요가 있다. 그것을 거부하는 근거는 어떤 구성의 불가능성을 증명하는 것이 실제적 구성 — 이런 좀더 급진적인 프로그램에 따르면 이것만이 수학적이다 — 에 해당한다고 볼 수 없다는 것이다. 급진적 직관주의자는 수학과 논리학에서

---

15) 〔옮긴이주〕 같은 책, 같은 곳 참조.

부정을 완전히 없앨 것을 요구한다. 그는 "완벽한 모순이란 바보에게도 그렇듯이 똑똑한 사람에게도 여전히 신비스러운 것으로 남아 있다"[16] 라는 괴테의 파우스트에 동의하는 것 같다.

직관주의의 함축 $p \rightarrow q$는 진리함수가 아니다. 헤이팅은 그것을 다음과 같이 해석한다. $p \rightarrow q$가 주장될 수 있기 위한 필요충분조건은 p를 증명하는 구성 (p가 구성될 수 있다고 가정할 때) 에 덧붙이게 되면 자동적으로 q를 증명하는 구성을 수행하게 되는 구성 W를 우리가 가지고 있다는 것이다.[17] 좀더 간단하게 표현한다면, p의 증명은 W와 함께 q의 증명을 형성한다는 것이다. 이제 우리는 직관주의의 정리와 정리가 아닌 것 몇 가지를 나열하기로 한다. 통상적으로 정리 앞에는 주장 기호 ⊢를 붙였고, 정리가 아닌 것 앞에는 *를 붙였다. 기호들의 의미를 잘 생각해 본다면 이런 구분이 정당하다는 점을 알 수 있을 것이다.

(1) $\vdash p \rightarrow \neg\neg p$

$*\ \neg\neg p \rightarrow p$

(2) $\vdash (p \rightarrow q) \rightarrow (\neg q \rightarrow \neg q)$

$*\ (\neg q \rightarrow \neg p) \rightarrow (p \rightarrow q)$

(3) $\vdash \neg p \rightarrow \neg\neg\neg p$

$\vdash \neg\neg\neg p \rightarrow \neg p$

(바꾸어 말해, p의 불가능성의 주장은 p의 **불가능성의 불가능성의 불가능성의 주장**과 동치이다. 세 개의 직관주의적 부정은 언제나 하나로 축약될 수 있다.)

---

16) 이런 견해와 이에 대한 참고문헌을 자세히 다루는 것으로는 헤이팅의 앞의 책 참조.

17) 〔옮긴이주〕 헤이팅의 책 98쪽 참조.

(4) $* \; p \vee \neg p$

  $\vdash \; \neg \neg (p \vee \neg p)$

(5) $\vdash \; \neg (p \vee q) \; \rightarrow \neg p \wedge \neg q$

  $* \; \neg (p \wedge q) \; \rightarrow \neg p \vee \neg q$

헤이팅의 형식체계에서 $q \rightarrow (p \rightarrow q)$ 는 공리이며, 그는 왜 이것이 직관적으로 분명하다고 보는지 그 이유를 제시한다. [18] 여기서 우리는 직관주의 논리학자 또는 거의 직관주의 논리학자라 할 수 있는 사람 가운데 적어도 한 사람은 이 명제가 직관적으로 분명하다는 주장을 부정한다는 사실에 주목해볼 수 있다. 수학적 직관의 본성에 관해 이와 같은 의견 불일치가 있다는 사실은 철학적으로 중요하며, 다음 장에서 이를 살펴볼 것이다.

앞서 보았듯이, 통상적인 양화이론을 전개할 때, 보편양화사를 **일종의 연언기호**로, 그리고 존재양화사를 **일종의 선언기호**로 여기는 것이 도움이 되기도 한다. 연언 성원이나 선언 성원의 수가 유한하다면, 양화사는 진리함수적 명제를 정식화하기 위한 약어장치에 불과하다. 무한한 연언과 선언으로 넘어가면, 보편양화 명제나 존재양화 명제와 연언이나 선언 사이의 유비는 어떤 경우에는 여전히 유용할지 몰라도 오해의 소지가 아주 클 수도 있다. '무한한 연언'이나 '무한한 선언'은 통상적 이론에서도 유한한 연언이나 유한한 선언과는 아주 다르다. (본문 73~74쪽 참조.)

직관주의의 양화이론을 전개할 때, 쉽게 설명하기 위해 양화의 원리를 명제논리로부터 도출한다면 이는 아주 주의해서 다루어야 한다. 직관주의 관점에서 볼 때 수학의 존재는 실제적 구성가능성이라는 원리를 위반하는 것은 아닌지, 그리고 무한히 진행하는 수열이나 전개라고 하는 특정한 개념 ─ 이 두 개념이 직관주의의 잠재무한 개념을 담고 있다 ─

---

18) 앞의 책, 102쪽.

을 위반하는 것은 아닌지를 끊임없이 확인해야 한다. 우리는 다시 직관주의의 핵심 용어 몇 가지의 의미와 몇 가지 정리 및 정리가 아닌 것을 나열하기로 한다.

만약 $P(x)$ 가 일정한 수학적 종 α 를 범위로 하는 1항 술어라고 한다면, "$(x)P(x)$"는 α 의 임의의 원소 a 를 고를 경우 구성 $P(a)$ 를 낳는 일반적인 구성방법을 우리가 가지고 있다는 의미이다.

"$(\exists x)P(x)$"는 α 의 어떤 특정 원소 a 에 대해 $P(a)$ 가 실제로 구성되었다는 의미이다. 이런 정의에 의해 다음에 나오는 각각의 정식이 정리이거나 정리가 아니게 된다는 점이 저절로 드러난다.

(vi) $\vdash (x)P(x) \rightarrow \neg(\exists x)\neg P(x)$

      * $\neg(\exists x)\neg P(x) \rightarrow (x)P(x)$

(vii) $\vdash (\exists x)P(x) \rightarrow \neg(x)\neg P(x)$

      * $\neg(x)\neg P(x) \rightarrow (\exists x)P(x)$

(viii) $\vdash (\exists x)\neg P(x) \rightarrow \neg(x)P(x)$

      * $\neg(x)P(x) \rightarrow (\exists x)\neg P(x)$

(ix) $\vdash (x)\neg\neg P(x) \rightarrow \neg(\exists x)\neg P(x)$

(x) $\vdash \neg(\exists x)\neg P(x) \rightarrow (x)\neg\neg P(x)$

이 장에서 다룬 직관주의 논리학과 직관주의 수학에 관한 절은 모두 물론 도식적이고 불완전하다. 여기서는 직관주의 수학의 기본정신을 대략 보여주고자 했을 뿐이다. 이 주제를 좀더 면밀히 접해보고 싶은 사람이라면 헤이팅의 저작을 살펴보기를 권하며, 거기에 나오는 잘 정리된 참고문헌을 참고하기 바란다. 논리학과 수학의 관점에서 보았을 때, 형식주의와 직관주의의 관계에 관해서는 클린의 《메타수학》에 대부분의 결과들이 나와 있으므로 이를 보면 될 것이다.

제 7 장

직관적 구성활동으로서의 수학: 비판

이 책의 계획에 따라, 이제 순수수학과 응용수학에 대한 직관주의의 철학과 수학적 무한에 대한 직관주의의 독특한 이론을 살펴보기로 하자. 하지만 응용수학의 본성문제에 대해서는, 현대의 직관주의자들은 논리주의자나 형식주의자들만큼 관심을 보이지 않았다. 사실 우리는 직관주의의 응용수학철학을 대략 추측할 수 있을 뿐이다. 그런 추측의 토대는 주로 ① 브라우어와 바일이 한 주장들(칸트 철학과 브라우어 철학의 유사성과 관련해 브라우어가 한 말들과 직관주의 수학과 자연과학 사이의 관계에 관해 바일이 한 말)과 ② 응용수학에 대한 그들의 철학과 순수수학에 대한 그들의 철학이 서로 일관적일 것이라는 추정 정도가 전부이다. 이 이론들을 순서대로 다루기로 하자.

마지막 절에서는 형식주의 관점과 직관주의 관점 사이의 충돌 때문에 생겨난 유익한 새로운 발전 몇 가지를 대략 살펴보기로 하겠다. 마지막 절은 성격상 설명을 담고 있기는 하지만, 형식주의와 직관주의를 서로 별개의 관점에서 논의한 후 끝에서 다루는 것이 가장 좋을 것 같아 비판을 다루는 이 장 마지막에서 다루었다.

1. 직관적 구성의 보고로서의 수학의 정리

우리는 이미 형식주의의 메타수학자와 직관주의 수학자들은 모두 같은 주장을 한다는 점을 보았다. 그들은 모두 수학의 진술은 논리학의 진술이 아니라고 주장한다. 수학의 진술은 먼저 산출되고(구성되고) 그런 다음 기술되는 주제에 관한 것이다. 그 결과 수학의 진술은 '분석적'이지 않고 '종합적'이다. 형식주의자의 구성은 물리세계에서 이루어지고 그렇게 이루어질 수 있다. 직관주의자의 구성은 마음속에서 이루어지며, 그 것은 감각지각과는 다른 매개물이고 내성에만 열려 있다. 형식주의자의 진술은 종합적이고 경험적이며, 직관주의자의 진술은 종합적이고 비경험적, 즉 선험적이다.

직관주의자에게 참인 수학의 진술은 모두 ① 자명한 경험이며 ② 외부 지각이 아닌 구성에 의해 정당화될 수 있다. 이 점에서 직관주의자는 자신이 논의하고 싶어 하지는 않지만 그럼에도 불구하고 오래된 철학적 주장들과 깊이 결부된다. 수학의 진리가 자명한 경험에 의해 타당하게 된다는 직관주의의 이론은 진리에 대한 데카르트의 이론의 한 형태이다. 가장 그럴듯하고 진전된 이 이론의 형태는 프란츠 브렌타노[1]가 제시한 것이라고 할 수 있다. 직관적(비지각적) 구성의 이론은 물론 칸트까지 거슬러 올라간다.

만약 자명한 경험(또는 자명한 경험 유형)이 공적 학문에 속하는 어떤 진술을 타당하게 만들어준다면, 그것은 상호주관적(*intersubjective*)이어

---

1) 가령 *Wahrheit und Evidenz*, Leipzig, 1930 참조.

야만 한다. 그것은 적절한 조건에서 누구나 접근가능한 것이어야 한다. 신비주의자가 말하는 사적 경험은 과학이론을 타당하게 만들어줄 수 없다. 비록 그것이 자명하다 하더라도 그렇다. 더구나 경험의 자명성은 경험에 내재적인 것이거나 그것과 분리될 수 없는 것이어야 한다. 그 경험을 하는 사람은 바로 그 사실에 의해, 기준을 사용하지 않고도 그것의 자명성을 인식할 수 있어야 한다. 이는 — 브렌타노는 이 점을 알고 있었고 데카르트는 언제나 알고 있었던 것은 아니다 — 자명성의 '기준'을 요구하는 것은 불필요하거나 잘못임을 함축한다. 만약 경험이 경험된다는 점에서 자명한 것으로 인식된다면, 아무런 기준도 필요하지 않다. 이른바 자명하다고 하는 경험이 경험된다는 점에서 그렇게 인식되지 않는다면, 그것은 자명한 것이 아니다. 그러므로 '명석과 판명'은 '자명성'과 비슷한 말이다. 그것은 자명성의 기준이 아니다. 어느 경우에나 직관주의자들은 수학적 구성을 상호주관적 경험으로 간주하며 자명성을 내재적인 것으로 간주한다.

하지만 자명성이 있는지를 결정하는 기준은 없을지라도, 자명성이 없다는 것을 결정해줄 기준은 있다. 만약 같은 상호주관적 경험에 관해 두 가지 보고가 있는데 그 두 보고가 모두 언어적으로는 옳더라도 서로 양립할 수 없다면, '자명성'이 무엇을 의미하든 그 경험은 자명한 것일 수 없다. 왜냐하면 이 이론에 따를 때, 자명한 경험에 대한 언어적으로 올바른 보고란 필연적으로 참인데, 언어적으로는 올바르나 양립불가능한 두 개의 보고란 둘 다 참일 수는 없으므로, 보고된 그 경험은 자명한 것일 수 없기 때문이다.

똑같은 경험에 대해 두 개의 올바른 보고가 양립불가능할 수 있다는 견해에 대해 두 가지 반론을 제기할 수도 있을 것이다. 첫째, 어떤 두 사람도 같은 경험을 할 수는 없다는 것이다. 둘째, 언어적으로 올바른 경험보고는 거짓일 수 없다는 것이다. 이 두 비판 모두 충분히 일리가 있다.

하지만 자명성 이론의 관점에서 볼 때, 어느 것도 일반적으로 참일 수 없거나 아니면 특히 수학의 진리에 대해 참일 수 없다.

만약 어느 두 사람도 **똑같은** 경험을 할 수 없다고 한다면, 그 경험은 상호주관적인 것이 아니어서 어떤 과학의 상호주관적 진술도 타당하게 할 수 없을 것이다. 예를 들어 내성심리학이라는 상호주관적 학문도 있을 수 없을 것이며, 직관적 구성을 보고하는 것으로서의 수학이라는 상호주관적 학문도 있을 수 없을 것이다.

또한 언어적으로 올바른 경험 보고는 거짓일 수 없다고 한다면, 내성심리학자와 직관주의 수학자들은 언어적 실수 외에는 어떤 실수도 할 수 없을 것이다. 하지만 내성심리학자와 직관주의 수학자 모두 언어적이지 않은 실수의 가능성을 인정한다. 내성심리학자와 직관주의 수학자가 실수 — 이 실수는 단순히 잘못 기술한 실수가 아니다 — 를 인지하고 그 실수를 바로잡았다고 할 수 있는 사례들도 분명히 있다. 실수란 전혀 있을 수 없고 의견의 불일치는 모두 언어적인 것일 뿐인 학문도 생각해볼 수 있다. 하지만 실제로 그런 학문이 있을 가능성은 거의 없다. 우리는 곧 직관주의자들 사이의 의견 불일치에 관해 논의할 기회가 있을 것이다. 우리는 견해차를 보이는 사람들 자신도 그런 견해차가 단순히 언어적 성격의 것이라고 여기지는 않는다는 점을 보게 될 것이다.

하나의 동일한 경험에 대한 보고가 의견의 불일치를 보이는 것은 그 내용과 관련된 것일 수도 있고 아니면 단순히 그것의 자명성에 관한 것일 수도 있다. 이 두 유형의 의견 불일치는 모두 그 경험 자체에 관해 행해진 주장, 즉 그것이 자명하다는 주장에 대해 치명적이다. 첫 번째 유형의 예는 다음과 같은 것이다. 두 내성심리학자 또는 '현상주의자'가 일정한 자료를 지각하는 경험을 한 후, 그것에 관해 서로 다른 보고, 즉 그것에 대해 양립불가능한 특성을 귀속시킬 수 있다. 그때 그 경험은 명확하게 구획된 내용조차 지니지 못한다. 두 번째 유형의 의견 불일치는 다음과 같은 것이다. 같은 경험을 한 두 사람 가운데 한 사람은 그것을 자명하다고 내성하고 다른 사람은 그렇지 않다고 하는 경우이다. 나는 여기서 다만 이런 유형의 불일치, 즉 이른바 어떤 경험의 자명성에 관한 불일치의 호소에 만족할 것이다.

데카르트의 철학이라고 하는 거대한 구조물은 이른바 자명하다고 하는 경험의 보고나 또는 그런 것들로부터 이른바 자명하다고 하는 추론에 의해 도출된 진술들로 이루어진다. 자명한 경험에 대한 데카르트의 보고가 '같은' 경험에 대한 다른 보고와 양립불가능하다는 데는 의문의 여지가 없다. 이를 위해서는 데카르트가 자신의 신학 논증과 물리학 논증에서 호소하는 그 경험을 우리가 한번 해보고, 그것을 우리 자신의 보고와 비교해보기만 하면 된다. 그러면 우리는 그의 보고나 우리 자신의 보고가 모두 자명하지 않음을 알게 될 것이다. 같은 경험에 관해 서로 상충하는 보고가 있다는 이 논증은 데카르트주의를 무너뜨리는 역할을 하게 된다.

이 논증을 그대로 써서 직관주의의 선험적 종합진술을 타당하게 해준다는 자명한 경험을 비판할 수 있을까? 그렇게 할 수 있다는 점은 우리가 부정을 다루는 직관주의의 방식을 생각해보면 분명해진다. 우리가 이미 보았듯이, 헤이팅은 이 상황을 아주 명쾌하게 기술하였다. 하지만 헤이팅이 고려하지 않은 난점도 있다. 이 난점은 심각한 난점으로, 이는 직관주의 수학철학에 대해서도 제기되는 것이다.

"둥근 사각형은 존재할 수 없다"[2]는 명제를 생각해보자. 이것은 브라우어와 헤이팅이 정리라고 인정한 명제이다. 따라서 그것은 자명한 상호주관적 경험에 대한 언어적으로 올바른 보고일 수밖에 없다. 브라우어는 그것을 우리가 원이기도 하면서 동시에 사각형인 것을 구성했다고 먼저 가정하고, 그런 다음 이 가정으로부터 모순을 도출하는 것으로 이루어지

---

2) 앞의 책, 120쪽.

는 구성이라고 기술한다. 그러나 여기서 가정된 구성, 더구나 실현불가능한 구성은 실제적 구성과는 아주 다르다. 비록 브라우어는 실현불가능한 구성을 가정하는 것에서 출발하는 경험의 자명성을 보고하기는 하지만, 다른 사람들이 그 경험을 자명하지 않다고 보고한다 하더라도 그것은 이상하지 않을 수 있다. 그리고 일부 직관주의자들은 심지어 실현불가능한 가정이 그들에게 '명확한 의미'를 지닌다는 점을 부정하기도 한다. 그러므로 구성이 자명하지 않다는 것은 상충하는 보고가 있다는 논증에 의해 증명된다. 자명한 구성의 보고가 아닌 보고는 정의상 직관주의적 수학의 정리가 아니다.

같은 이야기가 직관주의적 부정이 나오는 모든 보고에도 적용된다. 우리가 앞서 보았듯이 헤이팅의 말로 하면, $\neg p$는 "나는 마지막에 구성 A가 산출된다는 가정으로부터 모순을 연역하는 구성 B를 수행했다"[3]는 경험을 보고하는 것이기 때문이다. 이런 유형의 경험에 대해 서로 다른 직관주의 수학에서 나온 서로 상충하는 보고가 존재하기 때문에, 직관주의의 부정에 의해서만 표현가능한 경험은 모두 자명할 수 없으며, 그에 대한 보고는 모두 직관주의적인 의미에서 ― 정리는 자명한 구성에 관한 보고라는 의미에서 ― 정리일 수 없다. '$\neg p$' 형태의 보고에 적용되는 것은 또한 '$\neg\neg p$' 형태의 보고에도 적용된다. 왜냐하면 $\neg\neg p$는 p를 함축하지 않기 때문이다.

직관주의자들은 자명하다는 경험에 대해 서로 상충하는 보고가 있다고 하는 이 논증을 사용해, 유클리드 기하학의 정리는 공간 자체, 곧 모든 감각 내용이 비어있는 공간을 직관적 매개물로 한 자명한 구성에 대한 보고이기 때문에 선험적 종합명제라고 주장한 칸트의 견해를 비판하였다. 브라우어는 이를 거부하였다. 하지만 그는 초급산수의 정리들이 시

---

3) 앞의 책, 19쪽.

208

간 안에서의 자명한 구성에 관한 보고라는 칸트의 주장은 받아들인다. 그가 보기에 유클리드 기하학이 선험적 종합명제일 수 없는 이유는 비유클리드 기하학을 구성할 수 있다 — 이런 가능성은 칸트 스스로도 알고 있었다 — 는 논리적 가능성 때문이 아니라, 유클리드 기하학은 뒷받침하지만 다른 것들은 전혀 뒷받침하지 않는다고 하는 구성의 자명성이 논란의 여지가 있다고 보았기 때문이다. 비유클리드 기하학의 발견도 이런 자명성을 부정하게 한 원동력 가운데 하나일 수 있다. 비유클리드 기하학의 발견이 그 자체로 그것을 함축하는 것은 아니다.

자명하다고 하는 구성에 대해 서로 상충하는 보고가 있다는 것으로부터의 논증이 직관주의 수학의 토대를 허무는 역할을 한다는 점은, 역설이 '소박한' 집합론의 토대와 이에 따른 고전수학의 토대를 허무는 역할을 했다는 점과 비슷하다. 역설과 관련해, 핵심문제는 그것이 발생한다는 사실이라기보다는 그것이 언제 어디서 다시 발생할지 알 수 없다는 데 있었다. (본문 99쪽 참조.) 마찬가지로 서로 상충하는 보고로부터의 논증이 야기하는 핵심문제는 그것이 예를 들어 직관주의의 부정과 이중부정의 경우에는 그렇게 표현된 구성과 함께 성공적으로 적용되었다는 데 있지 않다. 그것은 우리가 언제, 어디서 그것이 갑자기 튀어나올지 알 수 없다는 데 있다. 이 유비는 수학에서 불안전성을 없애는 것이 직관주의의 목표이자 핵심주장 가운데 하나라는 사실을 생각해보면 더욱 힘이 실리게 된다.

직관주의의 수학관에 대한 우리의 비판을 두고 '순전히 철학적'이다, 즉 이것은 데카르트-브렌타노의 지식이론 — 이것은 진리를 자명한 경험에 의해 분석한다 — 에 대한 낡아빠진 비판의 한 변형일 뿐이라고 반박할지도 모르겠다. 이 점은 사실 그렇다. 하지만 어떤 논증에 악명이 붙어 있다고 해서 그것이 더 나빠지는 것은 아니다.

직관주의의 입장을 약간 수정하면, 즉 직관주의 수학은 그대로 유지하면서 직관주의의 수학철학을 희생하는 식으로 약간 바꾸게 되면, 서로 상충하는 보고로부터의 논증에서 벗어날 수 있다고 할 수도 있다. 이를 위해 우리가 해야 할 일은 지금까지 구성된 직관주의의 형식체계들에 집중해 그것들을 더 발전시키고, 그것들의 일관성을 증명하는 일이라고 주장할 수도 있을 것이다. 그 계획은 보고와 이들 사이의 상호 일관성에 집중하고, 그것들이 자명한 구성의 보고라는 사실을 잊어버리는 것이다. 이는 직관주의자를 힐베르트주의자의 형식체계와는 다른 또 다른 유형의 형식체계에 관심이 있는 형식주의자로 여기는 것이다. 이것은 실행될 수 있고 실행되어온 계획이다. 하지만 직관주의자에게 그것은 형식주의로의 개종을 의미한다. 여기서 요구되는 변화는 근본적인 것이다. 그것은 수학이 자명한 구성의, 언어 없이 행해지는 활동이라는 자신의 견해와 양립할 수 없다.

만약 수학적 구성을 직관주의의 부정과 이중부정을 사용하지 않고 기록할 수 있는 것에 국한시킨다면 직관주의 수학은 크게 피폐해지며, 상충하는 보고의 가능성에 맞서 안전성을 확보하지도 못하게 된다. 그런 안전성은 안전한 구성의 집합을 제대로 한계 지을 수 없다면 달성될 수도 없을 것이다. 하지만 그렇게 하려면 자명성의 적극적인 기준을 필요로 하게 되는데, 그런 기준이란 있을 수 없다. 자명한 것은 바로 더 이상의 증거가 필요하지 않은 것일 뿐만 아니라 더 이상의 증거를 제시할 수 없는 것이기도 하다.

실현불가능한 구성을 전제하지 않는, 사후에 구성된 수학의 논리를 이른바 '긍정적'(*positive*) 논리학, 즉 부정이 없는 논리학 ─《수학원리》의 어떤 하위체계가 그런 예이다 ─ 이라 부를 수 있을 것이다. 하지만 긍정적 논리학에 맞는 구성만을 허용가능한 것으로 정의한다면 직관주의자로서는 그것을 받아들일 수 없다. 그에게 수학의 논리는 자명한 수학적 구성에 의해 타당하게 된다. 수학의 논리가 구성을 타당하게 만드는 것이 아니다. 직관주의자에게 수학은 '언어 없이 이루어지는'(*languageless*) 활동일 뿐만 아니라 '논리학 없이 이루어지는'(logicless) 활동이기도 하다.

직관주의 안에서, 지각적 대상에 대해 실제로 수행될 수 있는 핵심이 되는 구성을 따로 구분해낼 수 있다고 생각할지 모르겠다. 그 경우 이 대상들에 대한 보고는 엄밀한 유한주의 수학의 정리가 될 것이다. 4) 하지만 여기서 우리는 또 다른 난점, 즉 자명한 구성이 직관에서 일어나지만 감각지각에서는 일어나지 않는다고 하는 문제에 부딪히게 된다.

자명한 경험이 그렇듯이, 비감각적 직관도 어려운 철학적 개념이다. 직관적 구성은 자명하다고 이야기되지만, 비감각적 직관의 존재는 논란의 여지가 없지 않다. 이 점은 유클리드 기하학의 선험적, 종합적 성격 ― 직관주의자들은 이를 문제 삼는다 ― 에 관한 칸트의 주장을 생각해보면 알 수 있다. (1장 4절 참조.) 우리는 여기서 칸트의 논증 ― 우리가 습관적으로 한다고 생각되는 **비논변적인**(즉 직관적인, *non-discursive*) **선험적 종합판단**으로부터 공간에 대한 순수 직관의 근거로 나아가는 논증 ― 에 관심이 있다기보다는, 문제의 순수 직관이 공허하지 않으려면 어떤 속성을 가져야 하는지에 관심이 있다.

거기서 자명한 구성이 가능할 수밖에 없다는 것은 직관이 가진다고 하는 특징 가운데 가장 중요한 것이다. 하지만 직관이 유클리드 기하학의 '가능성'의 근거가 되려면 직관은 두 가지 특징을 더 가져야 한다. 선명성(*sharpness*)과 유일성(*uniqueness*)이 바로 그것이다. 선명성이란 기하학적 구성의 대상이 정확한 개념, 즉 경계사례를 갖지 않는 개념의 사례이어야 한다는 의미이다. 지각적 대상 개념은 정확하지 않다. 어떤 대상이 가령 '시각적으로 타원'의 분명한 사례라 할지라도, 이 개념은 '기하학적 타원'과 달리 경계사례를 가진다. 논리주의와 형식주의가 정확한 개념과

---

4) 직관주의와 다소 엄밀한 형태의 유한주의 사이의 관계에 관한 논의로는 G. Kreisel, "Wittgenstein's Remarks on the Foundations of Mathematics", 특히 6절, *British Journal for the Philosophy of Science*, 1958, 9권, 34호 참조.

부정확한 개념을 혼용함으로써 무시했던 (정확한 수학적 개념과 이에 대응하는 부정확한 경험적 개념 사이의) 이런 차이는 이 견해들에 대한 비판을 다룬 장에서 이미 논의했다. 공간에 대한 칸트의 순수 직관은 가령 '유클리드의 점'이나 '유클리드의 선'과 같은 **정확한** 개념의 사례에 대한 직관이다. 이른바 그것은 이러한 기하학적 대상을 얻게 해주는 것이다. 그것들을 감각지각에서는 얻을 수 없다. (8장 참조. 거기서 이 주제를 체계적으로 다룰 것이다.)

공간적 직관의 선명성 — 유클리드 기하학의 정확한 개념을 위한 대상을 제공해주는 것 — 은 칸트의 목적에는 충분하지 않다. 그의 목적은 유클리드 기하학이 공리와 정리가 선험적 종합인 **유일한** 기하학임을 보이는 데 있었다. 이 목적을 달성하기 위해서는, 공간적 직관을 제한해야 한다. 그것은 대상이 인식되는 저장 장소라는 측면에서 그렇고 또한 대상들이 구성되는 제작 장소라는 측면에서도 그렇다. 그렇게 제한되도록 해야만 그 안에서 얻거나 구성되는 대상들만 유클리드적인 것이 된다. 왜냐하면 그 경우에만 유클리드 기하학이 모든 가능한 것들 가운데 **유일하**고 진정한 기하학으로 뽑힐 수 있기 때문이다.

현대의 직관주의자들은 자명한, 선명한, 제한적인 공간적 직관 — 이 것만이 유클리드 기하학을 **유일한** 선험적 종합진술로 만들어준다 — 이 있다는 칸트의 주장을 거부한다. (칸트 자신은 수학의 공리와 정리가 선험적, 종합적 성격을 지닌다는 점을 보이는 데 더 관심이 있었고 유일성을 보이는 데는 그다지 관심이 없었다. 그는 후자를 당연하다고 여겼다.) 하지만 그들이 가정하는 시간적 직관도 또한 자명하고 선명하며 유일한데, 그것은 직관주의 수학의 정확한 개념의 사례인 대상들만 시간적 직관에서 구성 가능하다는 의미에서 그렇다. 다른 수학체계의 대상들은 그냥 상정되는 것일 뿐이며, 이것들이 지닌 논리적 가능성은 반증될 수 없다 하더라도 결코 신뢰될 수 없다.

그러므로 수학의 정리가 자명한 구성 — 이것이 무슨 뜻이든 간에 — 에 대한 보고라는 직관주의의 주장은 궁극적으로 수학적 진리에 대한 자명성 견해에 근거한다. 상충하는 보고로부터의 논증이 공간과 시간에 대한 순수 직관과 관련된 칸트의 이론과 직관적 구성에 관한 현대의 이론 — 특히 '상정할 수 있지만 실현불가능한' 구성을 포함하는 — 에 가한 심각한 타격에 비추어볼 때, 현대의 직관주의는 순수수학에 대한 철학으로서 만족스럽다고 할 수 없다.

하지만 직관주의에는 우리가 순수수학에 대한 형식주의 이론과 응용수학에 대한 논리주의 (근본적인) 이론에서 볼 수 있었던, 지각적 개념과 수학적 개념의 혼동 같은 것은 전혀 없다. 또한 수학을 논리학으로 환원할 수 있다고 하는 논리주의의 주장, 즉 논리학이 우리가 아는 그 수학을 연역하는 데 필요한 개념과 진술과 추론규칙을 포함한다고 먼저 정의했을 때에만 성립할 수 있는 주장에 가했던 그런 비판은 직관주의에는 해당되지 않는다.

2. 직관주의와 응용수학의 논리적 지위

프레게나 러셀 식의 이론에 따르면, 지각과 수학은 자연수를 집합들 — 이 집합들의 원소는 어떤 종류의 대상이든 될 수 있으며, 그래서 특히 지각적 대상들도 원소가 될 수 있다 — 의 집합으로 정의하는 데서 궁극적으로 연결된다. 반면에 힐베르트와 그의 추종자들에 따르면, 수학과 지각 사이에는 직접적인 연관성이 있다. 그들이 보기에 수학은 아주 단순한 지각적 대상들을 조작하는 일정하고 규제된 활동이다. 메타수학은 그런 조작의 이론이다. 나는 이런 이론들 각각에 대해 응용수학의 본성에 관한 특수한 문제가 야기된다고 주장했다. 그것은 직관주의의 경우에는 특히 시급한 문제이다. 왜냐하면 직관주의자들은 직관과 지각을 날카롭게 구분하기 때문이다.

순수수학에 대한 직관주의의 철학은 응용수학에 대해 대략 두 가지의 입장을 보일 수 있다. 한편으로, 순수수학이나 응용수학의 정리는 모두 자명한 직관적 구성에 대한 보고로 볼 수 있기 때문에, 응용수학은 순수수학에 흡수되어야 한다는 견해를 취할 수 있다. 다른 한편으로, 응용수학은 '순수하지 않으며' 경험적이고 거짓일 수 있는 '수학'이며, 이것의 정리는 자명한 직관이나 구성에 대한 보고가 아니라는 견해를 취할 수도 있다. 두 견해 모두 살펴볼 필요가 있다. 첫 번째 견해는 칸트로 거슬러 올라가며, 그는 이 문제를 《자연과학의 형이상학적 원리》(*Metaphysiche Anfangsgründe der Naturwissenschaft*) 5) 에서 아주 상세하게 다룬다. 두 번째 견해는 헤르만 바일이 《수학과 자연과학의 철학》(*Philosophy of Mathematics and Natural Science*) 에서 간략히 ― 거의 부록으로 ― 제안한 바가 있다. 6)

《순수이성비판》에 나와 있는, 순수수학과 응용수학에 관한 칸트 철학의 개요에 대해서는 1장에서 대략 설명하였다. 이론물리학에 관한 이후의 저작에서 칸트는 (이것과 선험적 학문들이 조화를 이루도록 하기 위해) 제1비판에서 직관적이라고 인정한 것의 영역을 넘어서 직관의 범위를 확장하고자 한 것 같다. 7) 만약 산수와 기하학이 시간과 공간에서의 자명한 구성에 대한 보고로 이루어진 것이라면, 이론물리학도 이와 똑같이 공간과 시간에서의 **운동**에 관한 자명한 통찰에 대한 보고로 이루어진 것

---

5) *Metaphysiche Anfangsgründe der Naturwissenschaft*, Ak. ed., 4권.
   〔옮긴이주〕쉽게 볼 수 있도록 한 영어 번역으로는 다음을 참조. Kant, *Metaphysical Foundations of Natural Science*, ed. by. M. Friedman (Cambridge Univ. Press, 2004).

6) Princeton, 1949, 부록 A.

7) 가령 앞의 책, 482쪽에 나오는 각주 참조.

이라고 해야 한다. 시간 공간 구조에 운동을 추가하면 ─ 이렇게 하더라도 우리는 여전히 이에 대해 자명한 통찰을 가질 수 있다 ─ 순수수학에서 응용수학으로의 이행이 이루어지며, 칸트에 따르면 이런 이행도 여전히 선험적 지식의 영역 안에 머물게 되는 이행이다. (운동은 물체를 전제하며, '물체'는 경험적 개념이라는 점을 들어 비판할지 모르겠다. 하지만 여기서 원전 해석문제를 논의할 필요는 없다.)

어느 경우이든 칸트는 이론물리학과 같은 '순수 자연과학' ─ 이것은 '수학에 의해서만' 가능하다 ─ 과 당대의 화학과 같은 '체계적 기술이나 실험 이론' ─ 이것은 화학적 부분들의 운동과 그 결과를 공간에서 선험적이고 직관적으로 표상할 수 있는 법칙을 전혀 포함하지 않는다 ─ 을 구분한다.[8] 응용수학 또는 칸트에게는 이와 같은 것에 해당하는 선험적인 자연과학은 순수수학 ─ 산수와 기하학 ─ 을 운동할 수 있는 물체에 적용(또는 확장이라고 말할 수도 있다)한 것이다. 이런 확장을 통해 선험적 또는 이성적(*rational*) 물리학에 도달하며, 이 분야에는 운동양학, 동역학, 운동역학, 운동현상학 등이 있다.[9] 응용수학을 이성적 자연과학으

---

[8] 앞의 책, 471쪽.

[9] 앞의 책, 477쪽.

〔옮긴이주〕 칸트가 이 구분을 행하는 대목은 다음과 같다.

따라서 물체의 개념은 오성의 개념이 지닌 네 가지 역할에 따라 (이 책에서 네 개의 장으로) 탐구될 것이다 … 첫 번째로 순수한 분량으로서의 운동을 그 구성요소와 더불어 고찰하려 하는데 여기에는 운동하는 존재의 어떤 성질도 포함되지 않을 것이므로 이는 운동양학(*Phoronomie*)이라고 불린다. 두 번째로 근원적으로 운동하는 힘과 관련해서 물체의 성질에 속하는 운동을 고찰할 것인데 이는 동역학(*Dynamik*)으로 불린다. 세 번째로 이런 성질을 지닌 물체가 다른 물체와 맺는 관계를 그들의 본유적 운동과 더불어 고찰할 것인데 이는 운동역학(*Mechanik*)으로 불린다. 마지막 네 번째로는 물체의 운동 및 정지를 오직 표상 또는 양상과 관련해서만, 즉 외부적 감관에 드러나는 현상과 관련해서만 다루려 하는데 이는 운동현상학(*Phänomenologie*)으로 불린다. (이상의 번역은 김성호 선생님이 독일어 원전에서 옮긴 것임.)

─Kant, *Metaphysical Foundations of Natural Science*, 12쪽 참조.

로 보는 칸트의 견해는 바로 이런 간단한 언급의 의미에 비추어 이해되어야 한다. 우리는 자주 인용되는 그의 진술 "자연의 이론이 진정한 과학을 얼마나 포함하느냐 하는 것은 거기에 수학이 얼마나 적용되느냐에 달려있다"[10] 도 바로 그와 같은 뜻에서 이해해야 한다.

우리는 여기서 칸트가 가령 이성적 역학을 단순히 여러 가지 **생각가능한** 대안 이론들 가운데 하나로 간주한 것이 아니라, 종합적이고 선험적인 자연과학의 일부 — 이것은 세계에 대해 참이며 감각경험과 독립해 있다 — 로 여겼다는 점을 강조해둘 필요가 있다. 이런 견해에 따를 때, 감각경험은 이성적 동학에 대한 우리 지식의 근거일 수가 없고 다만 그런 지식을 얻는 기회가 될 뿐이다. 마치 어린이가 어떤 합산에 대한 일정한 답이 옳다는 것을 주판알로 실험을 해서 배우듯이, 갈릴레오는 피사에서 실험을 해서 자유낙하 하는 물체의 법칙에 대한 지식을 얻었다.

응용수학에 대한 이런 식의 견해는 이성적 역학의 체계가 오직 하나 존재하던 시기에는 그럴듯해 보일 수도 있다. 그런 것이 오직 하나 있다는 사실은 그런 것이 오직 하나 있을 수 있다는 견해를 어느 정도 설명해준다. 사실 뉴턴 역학이 가능한 유일한 역학이라는 확신은 칸트가 죽고 나서도 백 년 넘게 — 정확하게 말하면 101년 동안 — 물리학자들에 의해 유지되었다. 이후에 특수 상대성이론이 참일 수 있고 뉴턴 물리학이 거짓일 수 있다는 것을 인정하게 되면, 후자의 명제들을 순수수학이 운동을 할 수 있는 것으로 이해되는 물체에 '적용'되는 구성에 대한 자명한 보고라고 간주할 수는 없게 된다.

이제 우리 시대의 위대한 수학자이자 이론물리학자 가운데 한 사람인 헤르만 바일이 주장한 견해를 살펴보기로 하자. 바일 자신은 비록 '반직관주의적'(*semi-intuitionist*) 체계를 만든 사람이었지만, 순수수학이 무엇

---

10) 앞의 책, 470쪽.

인지 또는 순수수학이 어떤 것이어야 하는지라는 관점에서 생각해볼 때 더 적합하다고 할 수 있는 것은 자신의 체계라기보다는 브라우어의 완전한 직관주의적 체계라고 생각했다. (순수수학의 이론이 직관주의적이어야 한다는 것은 브라우어의 철학적 입장과 아주 유사했던 바일의 철학적 입장으로부터 따라 나온다.)

바일이 보기에 직관주의 수학은 너무 좁아서 이론물리학을 포섭할 수가 없다. 그는 "… 심지어 힐베르트의 체계에도 임의적 요소가 많이 있어서 놀랐다"고 말한다. 그는 독창적인 이론물리학자들의 저작에서 대안을 찾을 수 있을 것으로 보았다.

> 아인슈타인의 일반 상대성이론이나 하이젠베르크, 슈뢰딩거 양자역학에 나오는, 발견에 도움이 되는 논증과 이후의 체계적인 구성이 훨씬 더 올바른 것으로 보이고 사실에 가까워 보인다. 진정으로 실재적인 수학은 물리학과 마찬가지로 하나의 실재세계에 대한 이론적 구성의 분야로 생각되어야 하며, 그것의 기초를 가설적으로 확장할 때에는 물리학에서 드러난 것과 똑같이 차분하고 조심스런 태도를 견지해야 한다.[11]

응용수학, 특히 이론물리학에 대한 바일의 생각은 칸트의 견해를 수정한 것이라고 볼 수 있다. 그는 유일성 주장을 버리지만, 직관주의 수학에 대해서는 여전히 그 주장을 할 수 있다고 생각한다. 바일의 견해를 따를 때, 뉴턴의 역학은 칸트가 생각했듯이 세계에 대한 우리 경험의 불변적인 특징으로서의 공간과 시간에서의 운동에 대한 보고나 그것에 대한 기술이 아니라 도리어 그것에 대한 이성적 재구성이다.

하지만 바일이 보기에 그런 재구성은 감각경험, 특히 물리적 실험이나

---

11) 앞의 책, 235쪽.
   〔옮긴이주〕우리말로 번역된 책, 269쪽 참조.

관찰에 의해 그냥 생겨나는 것은 아니다. 그것은 그것과 **맞아야**(*in line with*)한다. 그리고 그것은 언제나 잠정적(*provisional*)이다. 그것은 실험 물리학에 의존하며, 이 점은 새로운 경험적 자료가 나타날 가능성이 언제나 있음을 함축한다. 경험에 맞는 것으로 보였던 이성적 재구성이 경험과 맞지 않는 것으로 드러날 수도 있다. 뉴턴 물리학은 경험과 맞는 것으로 보였다. 하지만 그것은 상대성이론이나 양자물리학보다 '덜 맞는' 것으로 드러났다.

우리는 어떤 이성적 재구성이 경험과 **맞다**는 것이 무슨 뜻인지를 물어보아야 한다. 바일은 설명하지 않았으며, 그가 말한 것이라고는 잠깐 지나가면서 한 말이 전부인 상황에서 자세한 설명을 요구한다는 것도 옳지 않은 것 같다. 하지만 바일이 좋아한 용어를 사용해 표현해본다면, 이성적 재구성과 재구성된 경험 사이에 성립해야 하는 일치관계는 경험적 일반화와 일반화된 경험 사이에 성립해야 하는 일치관계와는 다르다. 경험적인 자연법칙 — 가령 자유낙하 하는 물체에 관한 일반명제 — 은 일반 법칙의 증거를 서술하는 특칭 명제를 **논리적으로** 함축해야 한다. '이성적' 또는 수학적으로 표현된 자연법칙은 그것과 일치하는 실험적 사실을 논리적으로 함축할 수 없다. 자유낙하에 대한 갈릴레오의 법칙은 물체가 아니라 물질적 입자에 관한 진술이며, 그에 대응하는 아인슈타인의 법칙은 계량 장(*metric field*)에 관한 진술이다.

이성적 재구성은 경계사례를 허용하지 않는 정확한 개념에 의해 정식화된다. 반면 물체의 움직임에 관한 경험적 일반화는 실험실 안에서든 실험실 밖에서든 상관없이 부정확한 개념에 의해 정식화된다. '지각적인 시간 간격'이나 '지각적인 공간 간격'과 같은 개념과 지각적 대상을 특징 짓는 다른 개념들은 모두 부정확하다. 반면에 '뉴턴의 공간 간격', '뉴턴의 시간 간격', '아인슈타인의 공간 시간 간격'과 같은 개념과 이론물리학의 개념들은 모두 정확하다. 따라서 이론물리학의 정확한 진술들(정확한 개념을 적용해서 구성되는 진술들)과 부정확한 지각적 진술들 사이의 일치 관계를 분석하려면 먼저 정확한 개념의 논리와 부정확한 개념의 논리를 서로 비교해보아야 한다. (8장 참조.)

바일이 순수수학 — 이것은 감각지각과는 분리된다 — 과 실재적이면서 거짓이 될 수 있는 응용수학 — 이것은 감각지각을 기술하기 위한 것이다 — 을 대조하는 것으로 보아, 그는 경험적 개념과 수학적 개념 사이의 간극을 알고 있었다. 하지만 (부정확한) 지각적 특성의 논리를 탐구해 이를 (정확한) 수학적 특성의 논리와 대비하지 않은 것으로 보아, 그도 또한 응용수학의 철학적 문제에 별다른 기여를 하지는 못했다.

이런 주장에 대해 이론물리학자는 응용수학의 문제를 실제 실험을 통해, 즉 이론을 구성하고 그 이론을 점차 성공적이게 만들어 이 문제를 해결한다고 반박할지도 모르겠다. 하지만 이런 분명한 사실을 인정하지 않고 이론물리학자의 작업을 그냥 이해하는 것만으로는 응용수학의 구조를 이해했다고 할 수 없다.

3. 수학적 무한에 대한 직관주의의 견해

힐베르트의 무한 개념을 논의하면서 우리는 세 가지 철학적 입장을 구분했다. 유한주의, 초한주의, 그리고 방법론적 초한주의가 그것이다. 직관주의는 온건한 유한주의 입장으로서, 실제무한 개념을 거부하지만 잠재무한한 수열, 즉 계속 커지고 불완전한 무한 개념의 '실재성과 이해 가능성'을 인정한다. 우리는 세 입장을 각각 논제로 여길 수도 있고 프로그램으로 여길 수도 있음을 보았다. 그것을 하나의 논제로 여긴다는 것은 그것과 양립불가능한 입장은 거짓임을 함축한다. 하나의 프로그램으로 여긴다는 것은 그것과 양립불가능한 프로그램들이 만족될 수 없다는 것을 함축하지 않고도 그것이 실행되거나 만족될 수 있다는 것을 함축한다.

브라우어는 직관주의를 프로그램으로 간주할 뿐만 아니라 논제로도 간주한다. 이 점은 잠재무한에 대한 직관주의의 이론의 경우 특히 그렇다. 그는 무한히 진행하는 수열은 단순히 그가 다른 것에 비해 선호하는 구성, 혹은 그가 특히 관심을 갖는 구성이 아니라는 점을 아주 분명히 한다. 그는 무한히 진행하는 수열이 사고하고 지각하는 존재에게 주어지는 유일한 무한이며, 그것은 순수지각이나 직관에 주어진다는 점을 명확히 한다.

반면 그는 힐베르트의 방법론적 초한주의가 직관주의와 양립할 수 없을 뿐만 아니라 거짓이라는 점을 분명히 한다. 사실 그는 그 이상으로 나아간다. 그는 그것이 악순환에 근거한다고 보며, 그것을 거부하는 일은 시간문제일 뿐이라고 생각한다. 그는 힐베르트의 입장이 거짓이라는 점은 순수한 반성적 경험, 즉 "논란의 여지가 전혀 없는 요소를 포함하는"[12] 경험에 의해 드러난다고 주장한다.

그래서 브라우어는 "일관성 증명에 의해 형식주의 수학을 논리적〔(내용적(*inhaltliche*)〕으로 정당화하는 일은 악순환을 포함한다"는 점이 순수한 반성을 통해 드러난다고 주장한다. "왜냐하면 바로 이런 정당화는 어떤 명제의 정당성이 그것의 일관성으로부터 따라 나온다고 하는 진술의 논리적(내용적) 정당성을 미리 전제하기 때문이다. 그것은 배중률의 논리적(내용적) 정당성을 전제한다."[13] 브라우어의 이런 진술이 사실이라

---

12) "Intuitionistische Betrachtungen über den Formalismus", Sitzunger. preuss. Akad. Wiss., Berlin, 1927, 48~52쪽 참조. 이는 Becker, *Grundlagen der Mathematik*, Freiburg, München, 1954, 333쪽에 부분적으로 재수록되었다.
〔옮긴이주〕 이 글은 P. Mancosu, *From Brouwer to Hilbert*(Oxford Univ. Press, 1998), 40~44쪽에 영어로 번역되어 실려 있다. 여기 나오는 쾨르너의 설명과 인용문은 이 책 41쪽에 나온다.

13) 〔옮긴이주〕 앞에 나온 만코수의 책, 41쪽 '네 번째 통찰'(*the fourth insight*) 참조.

면 그것은 논제로서뿐만 아니라 프로그램으로서 힐베르트의 입장의 핵심을 강타하는 것이다. 그것이 직관주의와 다른 한, 형식주의는 기껏해야 수학 정식들의 저장고를 건설하는 일에 그치게 된다.

브라우어의 비판을 이해하기 위해서는, 힐베르트가 논리적(내용적) 개념, 진술 및 추론과 형식적 — 순수하게 기호적인 — '개념', '진술' 및 '추론'을 구분한다는 점을 기억해야 한다. 힐베르트에게 실제무한에 적용되는 배중률은 그에 해당하는 논리적 대응물이 없는 형식적 법칙이다. 초한적 모임이란 개념도 형식적 개념일 뿐이다. 형식적이지만 논리적이지는 않은 다른 초한원리에 대해서도 똑같이 말할 수 있다. 가령 모든 무한집합은 정렬될 수 있다고 하는 공리가 그런 예이다.

형식체계의 일관성을 증명하는 데 사용되는 논리학이나 메타수학은 일관성이 증명되는 그 형식체계보다 약해야 한다는 것이 힐베르트 프로그램의 핵심이다. 논리학이 형식체계보다 약하려면, 모든 논리적 진술은 형식적 대응물을 갖지만, 모든 형식적 진술이 논리적 대응물을 갖지는 않아야 한다. 힐베르트는 수학의 형식체계는 무제한적인 배중률을 포함하지만, 자신의 논리학은 그것을 포함하지 않는다고 주장했다. 그러나 브라우어가 공언한 통찰은 힐베르트의 이 논리학이 실제로는 무제한적인 배중률을 암암리에 포함한다는 것이었다.

브라우어의 주장은 적어도 두 가지 이유에서 주목할 만하다. 첫째, 약한 논리학 — 힐베르트는 이것을 사용해 고전수학의 형식체계가 (실질적으로) 일관적임을 보이고자 하였다 — 으로는 그 일을 할 수 없다는 점을 괴델이 보여주기 전에 주장했다는 점이다. 메타수학적 방법의 틀을 더 넓혀야 한다. 그것을 넓히는 일이 곧 배중률을 채택하는 것은 물론 아니다. 하지만 초한귀납의 원리를 약한 논리학이나 메타수학의 일부로 채택한다는 것은 직관주의의 입장에서 볼 때 배중률의 도입이 그랬던 것처럼 거의 순환을 인정하는 셈이다. 사실 일관성을 메타수학적으로 증명하게 될 그 형식체계와 비교해 그 논리학이나 메타수학이 더 강력하게 되면 될수록, 힐베르트 프로그램의 가치는 더 떨어질 수밖에 없는 것 같다.

브라우어의 자명한 직관에 관한 보고와 관련해서 두 번째 주목할 만한 특징이 있다. 그것은 논리적인 배중률을 사용하지 않고 상응하는 형식적 원리를 가진 형식체계의 일관성을 입증하고자 한 힐베르트와 그의 추종자들의 시도에는 순환이 단순히 들어있기만 한 것이 아니라, 그런 시도 **모두**가 순환적이라고 주장한다.

하지만 브라우어의 통찰은 원래의 메타수학이 부적합하다는 괴델의 증명에 의해서도 독자적으로 확인된 것이 아님을 강조해두어야 하겠다. 배중률 이외의 원리들을 도입해 메타수학을 충분히 강화하는 일이 가능할지도 모른다. 그 점은 분명히 **가능한** 모든 메타수학과 관련해 확인된 바가 없다. 브라우어의 통찰이 올바른 통찰일 수도 있다. 그런 통찰을 갖지 못한 사람은 그렇게 될 때까지 기다려볼 수도 있다. 아니면 예상과 달리, 주어진 메타수학적 체계와 이를 통해 일관성을 입증하고자 하는 형식체계 사이의 강도 차이가 단지 외관상의 차이에 그치거나 아니면 무시할 만한 정도라는 점이 증명될 때까지 기다려볼 수도 있을 것이다.

직관능력의 존재를 모두가 다 인정하는 것은 아니다. 직관능력은 감각 지각과 달리 특정 대상을 주어진 것으로 파악하게 하는 것이다. 내성은 칸트나 브라우어 형태의 직관능력이 있다는 것을 보여주지 않는다고 주장하는 철학자들도 많이 있다. 그런 능력을 부인한다는 것은 암암리에 잠재무한 — 무한히 진행하는 수열 — 이 직관적으로 구성가능하다는 의미에서 존재한다는 브라우어의 적극적 견해를 부정하는 것이다. 여기서 핵심은 무한히 진행하는 수열이 과연 존재하는지 또는 어떤 의미에서 존재하는지를 결정하는 것이 아니라, 이런 진술이 자명한, 상호주관적 경험에 대한 보고가 **아니라**는 점을 보이는 것이다. 동일한 상호주관적 경험에 대해 상충하는 보고가 있다는 사실은 언제나 그것이 자명하지 않음을 분명히 보여준다. 직관주의적인 무한 개념과 관련한 주장의 근저에 놓여 있는 것이 바로 그런 수열의 직관적인 자명성이다. 즉 그것이 유일하게 '실재적'이거나 '이해가능한' 것이고, 그것은 서로 다른 목적에서는 정도에 따라 수학적으로 동등할 수도 있는 여러 가지 대안들 가운데 하나가 아니라는 것이다.

엄밀한 유한주의자라면 직관주의자들이 실제무한의 존재를 부인하듯이 무한히 진행하는 수열의 (구성가능한) 존재도 부인할 것이다. 그런 사람은 **유한히** 진행하는 수열과 달리 **무한히** 진행하는 수열은 특수자를 파악하는 인간의 능력을 넘어서 있다고 주장할 것이다. 우리는 스트로크에 스트로크를 더하는 과정을 어느 선까지 상상할 수 있다. 하지만 어떤 지점이 있어서 그 지점 이후에는 지각과 직관이 더 이상 쫓아갈 수 없는 경우가 있다. 그 과정이 멈추지 않고 계속된다고 '원리상' 상상하는 것은 더 이상 상상하는 것이 아니다. 사실 원리상 지각(또는 직관)할 수 없는 것은 **원리상** 상상할 수도 없다. 어느 경우에나 그 말은 특수자를 파악하는 것에서 논리적으로 가능하기는 하지만 지각적으로 (그리고 직관적으로는) 공허한 일반적 진술을 하는 것으로 넘어간다는 것을 나타낸다.

직관주의가 직관이나 지각에서 찾거나 구성가능한 것을 단순히 기록하는 것을 넘어서 있다는 사실은 힐베르트와 버네이즈가 그들의 책 1권에서 (괴델 결과가 나오기 이전에) 주장한 것이다.[14] 더구나 부정과 이중부정에 대한 직관주의의 용법은 실현불가능한 구성도 실현가능한 것만큼 직관적으로 분명하다는 것을 함축한다는 비판을 생각해볼 때, 정확히 똑같은 비판이 무한히 진행하는 수열에 대해서도 제기될 수 있을 것이다.

직관주의 수학철학은 직관주의 수학 자체와는 뚜렷이 구분되어야 한다. 여기서 직관주의 입장을 비판하면서 제시한 논증들은 철학적 입장을

---

14) 앞의 책, 1권, 43쪽.

비판하기 위한 것일 뿐이다. 특히 그것들은 직관주의 수학이 여러 가지 가능한 대안들 가운데 단순히 하나가 아니라 자명한 구성을 통해 뒷받침되는 유일한 것이라는 주장을 비판하기 위한 것이었다. 이와 마찬가지로, 기하학에 대한 칸트의 철학을 옹호하거나 비판하기 위한 논증들 — 칸트가 유클리드 기하학을 직관과 직관적 구성에 뒷받침되는 유일한 것으로 보는 것 — 도 유클리드 기하학이 지닌 수학적 장점이나 단점의 문제와는 아무런 관련이 없다.

브라우어의 프로그램 노선을 따르는 직관주의 수학 — 그 논제가 자명한 통찰로 받아들여지는지와 무관하게 — 이 앞으로 계속 번창할 가능성도 있다. 많은 수학자들이 직관주의 수학의 특권적 지위에는 별 관심이 없으면서도 직관주의 수학의 문제들에 대해서는 커다란 관심을 보인다. 직관주의 프로그램이 만족가능하다는 믿음은 여태껏 흔들리지 않았다. 이제는 프레게의 방식으로 '논리학'에서 '수학'을 연역할 수는 없거나[15] 힐베르트의 유한적 방법으로 고전수학이 일관적임을 증명할 수는 없다. 처음 생각했던 대로 직관주의 수학을 계속해나가는 일은 여전히 가능하다.

4. 형식주의와 직관주의의 상호관계

직관주의를 반대하는 사람들은 직관주의에서 수학의 주제와 방법의 범위를 정할 때 불분명한 점이 있다고 비판한다. 그들은 직관주의 수학과 직관주의 철학의 밀접한 연관성도 비판한다. 하지만 직관주의 수학은 직관주의 철학과 확실하게 구분된다. 직관주의의 수학적 증명은 고전수학자들의 저작에서 찾아볼 수 있는 비직관주의적 증명만큼이나 '엄격'하

---

15) 〔옮긴이주〕 하지만 최근의 라이트, 헤일 등이 주장한 '새로운 논리주의' 또는 '새로운 프레게주의'라는 입장에서는 여전히 이런 가능성을 옹호한다.

다. 더구나 직관주의 수학을 담은 체계는 적절히 해석할 경우 형식주의의 체계와 동형으로 보일 수도 있다. 16) 우리가 보았듯이, 직관주의 철학의 주요 구실은 직관주의 수학의 특권적 지위를 확립하는 것이었다. 직관주의 수학은 점증하는 많은 경쟁자들 가운데 유일하게 '실재적', '적합한' 또는 '이해가능한' 수학체계로 여겨진다.

하지만 직관주의의 철학, 특히 배중률과 실제무한을 거부하고 존재가 곧 구성가능성이라고 주장하는 이 철학은 수학의 발전뿐만 아니라 수학철학의 발전에도 커다란 영향을 주었다. 우리는 직관주의의 취지와 형식주의의 정확성을 결합해보고자 하는 바람을 종종 갖게 된다. 이런 상호작용의 결과로, 수학자와 철학자들을 논리주의자, 형식주의자, 그리고 직관주의자로 명확히 나누는 일 — 이는 사실 이들의 움직임에 적대적인 사람이 아니라면 전혀 현실적이지 않다 — 은 가치가 없어졌으며 단순히 교육적인 장치일 뿐이다.

회귀함수이론에 대해 서술하면서, 우리는 구성적 증명이란 개념이 그런 함수에 의해 어떻게 정확하게 되었는지를 보았다. 이와 연관해 우리는 또한 직관주의 수학을 회귀적 실현가능성 — 이는 클린의 용어이다— 에 의해 해석하는 클린을 언급해두어야 하겠다. 그는 그 개념이 직관주의적 수학의 정리가 된다 — 이 개념은 그다지 정확하지 않다— 는 개념을 정확하게 수 이론적으로 분석한 것이라고 주장한다. 17)

내 생각에 어떠한 종류의 구성에 의해서도 뒷받침되지 않는 아무 제한 없는 존재정리에 대한 일반적 회의는 수학의 구석구석까지 확산되었다. 그리고 이것은 대개 이전 견해들에 대한 직관주의의 비판 덕분이고 이들의 수학적 업적이라고 할 수 있다. 존재정리가 실수나 실수의 속성에 관

---

16) 괴델, 클린, 그리고 그 밖의 사람들이 이 물음을 다루었다. Kleene, 앞의 책 참조.
17) Kleene, 앞의 책, 501쪽 이하.

한 것일 때는 언제나, 존재정리를 어느 정도 정확하게 정당화하는 것이 필요하며, 아니면 적어도 그렇게 하는 것이 바람직하다. 배중률과 무한 집합의 모든 부분집합들의 집합을 무제한적으로 태평하게 적용하던 시대는 이제 지나간 것 같다. 역설을 유형이론과 같은 임시방편적인 해결책으로 처리하고자 하던 관행에 대해서도 정도는 약간 덜하지만 같은 얘기를 할 수 있을 것 같다.

직관주의만큼 급진적인 것은 아니지만 여러 측면에서 영향력을 발휘한 체계는 바일이 일찍이 1919년에 구성한 체계이다.[18] 바일은 자연수(그리고 유리수)에 대한 배중률을 받아들이지만 실수나 실수의 속성에 대한 배중률은 받아들이지 않는다. 그에게 모든 수학적 구성의 절대적 기초는 "자연수의 무한수열과 그것들을 가리키는 존재 개념"[19] 이다.

무한한 전체를 이루는 자연수들과, 한 수가 다른 수의 직후자에 해당한다거나 또는 두 기호가 같은 수를 나타낸다는 진술 등이 수학적 구성의 토대를 이룬다. 여기서 바일은 수학적 해석학의 고전적 절차를 그대로 받아들인다. 그는 또한 고전적 집합론에서 가령 실수 개념의 정의는 악순환(본문, 70쪽 참조)에 기초한다는 러셀의 진단에 동의한다. 이런 결점은 임시방편적 규정이나 금지를 통해 해결해서는 안 되고, 수학적 실재에 대한 실제적 구성의 원리를 명시적으로 정식화해서 해결해야 한다고 바일은 주장한다. 어떤 대상들의 범주를 그냥 정의하는 것으로는 "그 아래 속하는 대상들을 두고 확정적이고 이상적으로 완전한 전체라는 말을 의미 있게 할 수 있다"는 점을 결코 보증해주지 못한다. 그것은 그 범주가 '지칭 면에서 명확하다'[20] (*denotationally definite*) 는 것을 보여주지 못한다.

---

18) *Das Kontinuum*, Göttingen, 1918 and 1932 참조. 또한 이후의 논문, 특히 "Über die neue Grundlagenkrise der Mathematik", *Math. Zeitschrift*, 1921, 25권. 이는 벡커의 *Grundlagen der Mathematik*에 재수록되었다.

19) *Kont.*, 37쪽.

바일에 따르면, 지칭 면에서 명확하다는 것을 적극적으로 규정하는 일은 한편으로는 속성과 대상의 층위를 **잠정적으로** 나누는 것으로 이루어지고, 다른 한편으로는 1차원의 속성이나 대상으로부터 2차원이나 다른 상위 차원의 속성과 대상을 구성하는 규칙을 제시하는 것으로 이루어진다.

그는 다음과 같이 말한다. "대상들의 근본 범주가 하나 있는데, 그것은 자연수들이며, 이 수들 사이의 1항, 2항, 3항 … 관계들이다. 이런 것을 모두 우리는 1차원 관계라 부른다. 그런 관계가 속하는 범주는 그것이 포함하는 변항의 수에 의해 완전히 결정된다." 그 다음에 2차원이 있다. "2차원 관계는 관계의 변항이 일부는 임의의 자연수이고, 일부는 임의의 1차원 관계인 관계이다. 그런 2차원 관계가 속하는 범주는 변항의 수와 대상들의 범주 — 이것들의 변항은 각각 그것을 가리킨다 — 에 의해 결정된다. 3차원 관계는 2차원의 변항관계가 나오는 관계이다. 관계들의 범주 K에 대해 각각 관계 $\in (x, x', \cdots ; X)$ 가 대응한다. 후자는 x, x', $\cdots$ 가 서로서로 관계 X에 있음을 의미한다. 여기서 X는 범주 K의 변항관계이며, 변항 x, x', $\cdots$ 는 범주 K의 관계 X의 변항과 같은 대상들의 범주를 가리킨다. 이들 $\in$ 관계는 1차원의 관계 F와 함께 (구성적 과정의) 최초 재료로 사용된다."[21]

나는 여기서 1차원에서 가능한 이 재료들로부터 새로운 수학적 속성을 구성하는 바일의 8개 규칙을 반복하지는 않겠다. 하지만 두 가지 일반적인 사항은 주목해둘 필요가 있다. 첫째, 앞에서 기술한 차원으로 층위를 나누는 일이 그의 규칙 가운데 하나에 의해 무너진다는 점이다. 그것은 이른바 대입 원리로, 그것은 $R(X, Y)$ — 여기서 불포화된 부분은 1차원보다 높은 차원들의 집합을 가리킨다 — 와 같은 명제함수의 포화를 지배하며, 일정하고 구체적인 조건 아래 더 높은 차원의 집합으로부터 더 낮

20) Becker, 앞의 책, 339쪽.
21) Becker, 앞의 책, 341쪽.

은 차원의 집합을 구성하게 하는 원리이다. 둘째, $R(x, y)$ 가 명제함수라면, 존재양화 — $(\exists x) R(x, y)$ — 는 양화될 불포화된 자리가 자연수를 가리키거나 자연수들이 순서로 나열된 수열을 가리킬 때에만 허용된다는 점이다. 22)

일정한 방식으로 구성된 집합만을 인정함으로써 우리는 물론 또한 디리클레23) 와 칸토르 이래 사용되었던 함수라는 아주 일반적인 개념도 제한하게 된다. 이를 보여주기 위해, 나는 먼저 함수라는 일반 개념에 대한 통상적 정의를 제시하고, 이에 대한 두 가지 논평을 인용하기로 하겠다. 하나는 하우스도르프24) 가 한 것으로, 그는 함수 개념을 아무 제한 없이 받아들인 사람이다. 다른 하나는 바일이 한 것으로, 그는 그 개념을 거부한 사람이다.

우리는 우선 관계를 순서쌍, 순서셋쌍 … 순서 n쌍으로 정의하는 것으로 시작할 수 있다. R을 순서쌍들의 집합이라 하고 (a, b) 가 그런 것 가운데 하나라고 하자. 두 개의 순서쌍, 가령 (a, b) 와 (c, d) 가 같기(equal) 위한 필요충분조건은 그것들의 첫 번째 원소들과 두 번째 원소들이 각각 같아야 한다, 즉 $a=c$이고 $b=d$ 여야 한다는 것이다. 이는 특히 $a=b$인 특수한 경우를 제외하고는 $(a, b) \neq (b, a)$ 를 함축한다. R의 순서쌍들에서 첫 번째 원소들로 이루어진 집합을 '정의역'(domain) 이라 부르고, 두 번째 원소들 모두로 이루어진 집합을 R의 '치역'(range) 이라 부른다. (첫 번째 원소들을 x 좌표로, 두 번째 원소들을 y 좌표로 생각하는 것이 이해하는 데 도움이 된다.)

일반적으로 모든 첫 번째 원소 (모든 x좌표) 는 하나나 그 이상의 두 번째 원소(y좌표) 에 대응한다. 그리고 모든 두 번째 원소는 하나나 그 이상

---

22) *Kont.*, 29쪽.

23) 〔옮긴이주〕P. G. L. Dirichlet(1805~1859) 독일 수학자.

24) 〔옮긴이주〕Felix Hausdorff(1868~1942) 독일 수학자.

의 첫 번째 원소에 대응한다. 하지만 그 대응이 모든 첫 번째 원소에 대해 **오직 하나의** 두 번째 원소만 대응하는 식으로 이루어졌다면, 그 대응은 첫 번째 원소들의 집합'에서' 두 번째 원소들의 집합'으로'의 (또는 'on') 함수이다. 게다가 모든 두 번째 원소에 대해 오직 하나의 첫 번째 원소만 대응한다면, 그 함수는 양쪽으로 유일한(*bi-unique*) 대응 또는 일대일대응이다. 그래프는 함수 — 일대일대응이든 아니든 상관없이 — 를 보여주는 좋은 시각적 유비이다. 순서셋쌍 등의 집합에 대한 정의와 그에 대응하는 함수의 정의도 똑같은 방식으로 진행된다.

이런 함수 개념에 대해 논평하면서 하우스도르프는 첫 번째 원소와 두 번째 원소의 대응을 어떤 규칙에 의해 확립하느냐 하는 것은 전혀 문제가 되지 않는다고 강조한다. 그는 "이 규칙이 '해석학적 표현'이나 아니면 어떤 다른 방식으로 결정되는지는 본질적이지 않으며, 우리가 단 하나의 a에 대해 $f(a)$를 실제로 결정할 수 있는 지식이나 수단을 가지는지는 본질적이지 않다"[25]고 말한다.

위에서 기술한 함수라는 일반 개념은 바일의 수학에서는 거부되어야 한다. 이 상황에 대한 그의 평가는 다음과 같다. "현대에 와서 수학이 발전함에 따라 특수한 대수적 구성 원리 — 이로부터 이전의 해석학이 진행되었다 — 는 너무 좁다는 통찰을 얻게 되었다. 그것은 해석학을 논리적이고 자연적이며 일반적으로 구성하기에는 너무 좁을 뿐만 아니라, 또한 함수 개념이 물질적 과정을 지배하는 법칙에 대한 지식을 얻는 데서 담당해야 할 역할이라는 관점에서 보더라도 너무 좁다는 것이다. 일반적인 **논리적** 구성 원리가 이전의 **대수적** 구성 원리를 대체해야 한다. 그런 구성을 한꺼번에 다 버린다는 것은 — 이들의 정의에 비추어볼 때 현대의 해석학이 이렇게 하는 것으로 보인다 — 완전히 안개 속에 길을 잃게 되

---

25) *Kont.*, 16쪽.

는 꼴이다(다행히 이 경우 말과 실제 행동은 다르다). 26)

바일은 자신의 체계가 해석학의 기초가 될 수 있는 유일한 체계라고 주장하지는 않는다. 하지만 그는 자신의 구성에는 악순환과 '부자연스런' 공준들이 없다고 주장한다. 그는 그것의 구조가 투명하고 수학을 정식화하는 데 있어 당대 물리학에서 발견된 자연법칙과 조화될 수 있을 정도로 강하다고 주장한다. 지각의 연속체와 바일의 원리에 따라 구성한 실수의 연속체 사이의 '깊은 심연'27) 은 여전히 남아 있다. 그는 지각 — 좀더 정확히, 순수지각이나 직관 — 의 연속체의 본성은 브라우어의 수학 — 바일 자신이 이 수학을 지지한 가장 유명한 사람 가운데 하나였다 — 에 의해 더 잘 드러난다고 생각한다. 28)

형식주의와 직관주의적 비판자들, 그리고 바일의 저작의 영향력을 보여주는 또 하나의 중요하고 아주 독창적인 체계는 로렌첸(P. Lorenzen) 의 연산논리학(*operative logic*) 이다. 29)

연산수학의 주제는 커리의 의미(본문 134쪽 참조) 에서의 계산체계 혹은 형식체계이다. 증명방법 및 수학적 대상을 구성하는 방법과 관련해 로렌첸은 어느 정도 바일의 초기 저작에까지 거슬러 올라간다. 그의 목적은, 다시 바일의 표현을 사용한다면, "논리적으로 자연스럽고 일반적인 해석학의 구성"을 제시하는 데 있다. 그 자신의 말로 하면, 그것은 "불필요하거나 임의적인 금지"를 절대 사용하지 않고 방법적 틀을 되도록 넓게 하는 데" 있다. 30) 따라서 그는 모든 진술이 효과적이거나 직관주의적

---

26) *Kont.* , 35쪽.
   〔옮긴이주〕 영어로 번역된 *The Continuum*(Dover, 1987), 46쪽을 참조해 옮겼다.
27) *Kont.* , 71쪽.
28) 가령 Becker, 344쪽 참조.
29) *Einführung in die operative Logik und Mathematik*, Berlin, 1955 참조.
30) 앞의 책, 5쪽.

으로 참이어야 한다고 요구하지 않는다. 그가 요구하는 것은 진술들은 확정적이어야 한다, 즉 지칭 면에서 확정적인(*denotationally definite*) 것이 아니라 '증명 면에서 확정적'(*demonstrationally definite*) 이어야 한다는 것이다.

만약 숫자 x가 계산체계 K에서 — 가령 명제논리나 어떤 자리가 있는지를 알아보기 위해 그냥 한 사람이 하는 체스 게임에서 — 도출가능하다면, "x는 K에서 도출가능하다"는 진술은 (증명 면에서) 확정적이다. "x는 K에서 도출가능하지 않다"는 진술도 그렇다. 왜냐하면 우리는 K에서 x를 도출하는 것이 어떤 것일지, 즉 이 진술을 논박하는 것이 어떤 것일지를 알기 때문이다. 규칙 R은 K에서 허용가능하다고 말하기도 하는데, 그러려면 그것을 덧붙인 후에도 이전보다 더 많은 숫자가 K에서 도출되지 않아야 한다. 그래서 허용가능성은 도출가능성과 도출 불가능성에 의해 정의되며, 그것은 '확정적'이다. 확정성의 정의는 다음과 같다. "① 도식적 연산에 의해 결정가능한 모든 진술은 확정적이다. ② 어떤 진술에 대해 증명이나 반증의 확정적 절차가 결정된다면, 그 진술 자체는 확정적, 더 정확히 말해 증명 면에서 혹은 반증 면에서 확정적이다."[31]

여기서 로렌첸의 작업을 요약할 수는 없다. 하지만 그가 칸토르의 정수 집합과 더 높은 차원의 집합을 증명 면에서 확정적인 개념 — 그가 실수의 산수와 대부분의 고전 해석학을 재구성하는 데 사용했던 개념 — 으로 대치하는 데 성공했다는 점은 주목할 만하다. 이를 달성하는 데 쓰이는 핵심수단은 바일의 것을 연상시키듯 언어의 차원을 층차로 나누는 것이다. 하지만 여기서는 이제 그 층차의 구분이 더 이상 잠정적인 것이 아니다. 그의 절차 가운데 좀더 주목할 만한 결과는 가부번 집합과 비가부번 집합의 차이가 상대적인 것으로 바뀌었다는 점이다. 한 차원에서 가

---

31) 앞의 책, 6쪽.

부번적인 집합이 다른 차원에서는 비가부번적인 것일 수도 있다. (가부번이라는 개념이 상대적 성격을 가진다는 점을 스콜렘은 일찍이 1922년에 강조하였다.)

만약 우리가 여러 가지 서로 다른 방식으로 고전수학을 다양하게 재구성하게 했던 일반적인 철학적 입장을 잠시 잊어버리고, 또한 지금까지 구성된 모든 수학체계를 수학의 진술과 이론으로 볼 수 있게 해주는 어떤 공통의 핵심 부분이나 특징이 있느냐 하는 물음을 잠시 잊어버린다면, 우리는 그 상황을 대략 다음과 같이 정리할 수 있을 것 같다. 여러 사람들이 역설 때문에, 엄밀성이 없기 때문에, 또는 이런저런 결함 때문에 고전수학에 불만을 가졌다. 그들은 수학이론이 충족시켜야 한다고 생각한 다양한 고려사항을 나름대로 내놓았으며, 옛 수학을 이런 고려사항에 맞는 체계로, 일관된다면 가급적 옛 것을 많이 보존하면서 대체하고자 하였다. 때로 논리주의와 형식주의의 경우에서 보듯이, 원래의 요건을 완화해야 한다는 점이 밝혀지기도 했고, 때로는 보존할 수 있다고 생각한 것 가운데서도 옛 수학의 상당 부분을 희생해야 한다는 점이 드러나기도 했다.

우리는 (개념과 진술 형성 및 수학적 증명에서) 각 수학자들의 고려사항이 가급적 자신이나 아니면 자신보다 뛰어난 다른 수학자에 의해 만족되거나 만족될 수 있다고 가정한다. 그리고 우리 자신의 철학적 관심사를 잠시 잊어버린다면, 우리는 최종결과로 수많은 새로운 수학체계가 고안되고, 수많은 이전 이론들에 새로운 기초가 마련되었다는 데에도 동의할 수 있다. 다음과 같은 그림이 가장 고무적인 것 같다.

부족 시를 쓰는 데는 구백육십 가지 방식이 있다.
그리고 그것들 각각은 모두 옳다![32]

---

32) 〔옮긴이주〕 1907년 노벨 문학상을 받은 영국 시인이자 소설가인 키플링 (Rudyard Kipling, 1865~1936)의 시 〈In the Neolithic Age〉에 나오는 구절.

그러면 우리는 수학이란 모든 수학자들이 하고 있는 것이라고 결론지을 수 있다. 수학의 기초는 그들 가운데 일부가 하는 작업이며, 수학철학은 이런 활동을 아주 겸손하게 보고하는 것이다. 하지만 철학자들이 언제나 그렇게 겸손한 것은 아니다. 그리고 겸손한 체 하지도 않을 것이다. 마지막 장에서 나는 수학과 지각의 관계를 면밀히 검토함으로써 순수수학과 응용수학의 철학을 개략하고자 한다. 나는 수학과 철학의 관계에 관해 간단히 몇 가지를 언급하는 것으로 마무리 지을 것이다. 앞에 나온 비판적 장들(3, 5, 7장)은 어느 정도는 다음에 나올 것을 위한 준비작업이었다.

제8장

순수수학과 응용수학의 본성

앞의 여러 장에서 우리는 "순수수학이란 무엇인가?"라는 물음에 대한 양립불가능한 다양한 대답을 살펴보았다. 순수한 논리주의자는 그것이 논리학이라고 말한다. 형식주의자는 계산체계에서의 기호들의 조작이라고 말하며, 직관주의자는 시간적 직관을 매개로 한 구성이라고 말한다. 논리적 실용주의자는 우리가 논리학의 일부 진술보다 더 쉽게 버리고 경험적 진술보다는 덜 기꺼이 버리는 진술이라고 말한다. 중간 입장들도 있다. 불과 프레게 이래 수리논리학이 발전했지만 그래도 수학의 본성에 관한 철학적 논란은 아직도 계속된다.

"순수수학이란 무엇인가?"라는 원래의 물음에 대해 하나의 간단한 대답을 할 수는 없으며, 그런 대답을 제시한다는 것은 이미 사람들을 오도한다고 볼 수도 있다. 마찬가지로 "왜 사람들은 법을 준수하는가?" 하는 물음에 가령 "동의해서", "두려워서", "습관적으로"와 같이 답한다면, 이는 하나의 간단한 대답이 있다는 점을 시사한다. 정치적 의무에 관한 거대한 이론을 통해 그런 대답이 무게를 갖도록 할 수도 있을 것이다. 후자의 물음에 대한 대답으로 "온갖 가지의 서로 다른 이유 때문에"를 제시하기도 했다. "순수수학이란 무엇인가?"라는 물음에 대해서도 이와 똑같이 "온갖 가지의 서로 다른 것들이다"라는 대답을 제시할 수도 있을 것이다.

사실 이와 같은 무뚝뚝한 대답의 일종이기는 하지만 비트겐슈타인은 이보다 좀더 미묘한 대답을 내놓았다. 그는 다양한 게임들, 즉 '언어게임들'(language-games), 특히 수학적 '언어게임들'이 갖는 유사성의 유형을 검토하는 대목에서 그런 대답을 제시하였다.

이런 검토의 결과 우리는 중복되고 교차하는 복잡한 유사성의 망을 보게 된다. 때로 전체적으로 유사하기도 하고, 때로 미세한 부분에서 유사하기도 하다.

나는 이런 유사성을 특징짓는 데 '가족유사성'(family resemblances)이라는 표현보다 더 나은 것은 없다고 생각한다. 왜냐하면 가족 구성원들 사이에도 다양한 유사성, 가령 체격, 골격, 눈 색깔, 걸음걸이, 성격 등이 같은 식으로 중복되거나 교차하기 때문이다. 나는 '게임'이 하나의 가족을 형성한다고 말하겠다.

가령 수도 같은 식으로 하나의 가족을 형성한다. 왜 우리가 어떤 것을 '수'라고 부르는가? 아마도 그것이 지금껏 수라고 불러온 여러 가지 것들과 어떤 — 직접적인 — 관계를 갖기 때문일 것이다. 그리고 이 때문에 우리가 같은 이름으로 부르는 다른 것들과 그것이 간접적인 관계를 갖게 된다고 말할 수 있다. 우리가 섬유 가닥을 꼬아 실을 잣듯이 우리는 수 개념을 확장한다. 그리고 그 실이 힘을 갖게 되는 까닭은 어떤 하나의 섬유 가닥이 전체 실을 관통하기 때문이 아니라 여러 개의 섬유 가닥이 서로 중복되기 때문이다.

하지만 누군가가 "이런 모든 구성에는 어떤 공통점이 있다. 즉 모든 공통 속성의 선언(disjunction)이 있다"라고 말한다면, 나는 다음과 같이 대답할 수밖에 없다. "너는 말장난을 하고 있을 뿐이다. 어떤 사람은 다음과 같이 말할 수도 있을 것이다. 전체 실을 관통하는 어떤 것이 있다. 즉 이런 섬유 가 닥이 계속해서 중복된다고 하는 점이 바로 그것이다."[1]

비트겐슈타인은 순수수학의 명제와 다른 명제를 구별할 수 있는 어떤 특징을 찾으려는 노력을 포기했다. 우리도 그에게 동의할 수 있다. 그러면서도 우리는 순수수학의 모든 이론에 **공통된 중핵**을 찾고자 할 수도 있다. 그것은 '유사성이 중복되고 교차하는 복잡한 망'과는 아주 별도로 순수수학의 모든 이론에서 찾아볼 수 있는 어떤 가정이나 구성일 것이다. 가령 버네이즈와, 그리고 그가 말하듯 그 이전에는, 프리스 ― 그의 철학은 칸트의 철학과 밀접히 연관된다 ― 가 이런 식의 접근을 했다. 다음 대목은 힐베르트와 버네이즈의 《수학의 기초》에 나오는 대목과 많은 유사성을 보여준다.[2]

수학의 기초에 대한 탐구를 통해 다음 두 가지가 드러났다. 첫째, 우리는 어떤 유형의 순수하게 지각적인 인식을 수학의 출발점으로 삼아야 하며, 그런 지각적 인식에 어느 정도 호소하지 않고는 판단과 추리의 이론으로서의 논리학조차 전개할 수 없다는 것이다. 여기서 우리가 의미하는 것은 분리된 배열에 대한 지각적 표상이며, 이로부터 우리는 아주 원초적인 결합적 표상, 특히 연속의 표상을 얻게 된다. 구성적 산수는 이런 초보적인 지각적 인식에 따라 전개된다. 둘째, 구성적 산수는 양(量)을 다루는 수학에 충분하지 않

---

1) *Philosophical Investigations*, translated by G. E. M. Anscombe, Oxford, 1953, 66~67절.
   〔옮긴이주〕 우리말 번역으로는 다음을 참조. 비트겐슈타인 지음, 이영철 옮김, 비트겐슈타인 선집 4, 《철학적 탐구》(책세상, 2006). 여기 나오는 이 대목은 이 책, 70~71쪽에 나온다.
2) 이것은 다음에서 따온 것이다. "Die Grundgedanken der Fries'schen Schule in ihrem Verhältniss zum heutigen Stande der Wissenschaft" in *Abhandlungen der Fries'schen Schule, Neue Folge*, Göttingen, 1930, 5권, 2.

으며, 이를 위해서는 수학적 대상의 전체, 가령 수의 전체나 수의 집합의 전체를 가리키는 어떤 일정한 개념을 추가해야 한다는 것이다.

　그러므로 수학이론은 지각적인 — 버네이즈가 그렇게 생각하고 싶어 하듯이, 칸트적 의미에서 직관적인 — 자료와 구성이라는 중핵으로 이루어져 있고, 어떤 경우 이상적 전체를 가리키는 다양한 비지각적 이상화가 그 중핵을 둘러싼 모양을 띤다.

　나는 앞에서 지각의 '이상화'는 무한한 전체를 도입하기 이전에 이미 수학적 사고에 포함된다고 주장했다. (특히 본문 91쪽 이하와 150쪽 이하 참조.) **수학적으로** 덧붙일 수 있는 **수학적 단위** — 단위와 연산이 프레게 식으로 정의되든, 힐베르트나 브라우어의 식으로 정의되든 상관없다 — 와 같은 기초적인 개념마저도 이에 대응하는 개념인 **경험적으로** 덧붙일 수 있는 **경험적** 단위라는 기초적 개념과는 구분되어야 한다. 수학적 개념은 정확하다. 즉 그것은 경계사례나 중립사례를 허용하지 않는다. 반면 이에 대응하는 경험적 개념은 부정확하다. 수학적 개념이나 진술 및 이론은 정확하다는 점이 바로 수학적 개념과 경험적 개념을 구분하는 중요한 특징이라는 사실은 물론 플라톤도 명확히 알고 있었던 것이고, 좀더 최근에는 — 적어도 기하학과 관련해 — 다른 사람들 가운데 특히 클라인도 알았던 사실이다. 경험적 개념에 대해 어떻게 이야기하든 상관없이, 수학적 개념이 정확하다는 사실은 프레게도 명시적으로 밝혔던 점이며,[3] 내가 아는 한, 수학철학자들과 수학자들도 모두 그 사실을 받아들인다. 수학책에서 임의로 고른 예를 하나만 들어보기로 하자. 레베그 정수에 관해 잘 알려진 책을 쓴 어떤 사람은 가령 다음과 같이 말한다.

---

3) *Grundgesetze*, 2권, 56절.
　〔옮긴이주〕 이 대목은 Geach & Black, ed., *Translations from the Philosophical Writings of Gottlob Frege*, 139쪽에 실려 있다.

집합 E에 대해 우리가 요구하는 것이라고는 어떤 대상이 주어지든 간에 그 대상이 E의 원소인지 여부를 말할 수 있어야 한다는 것뿐이다. [4]

나는 수학철학자들이 정확한 개념과 부정확한 개념 사이의 차이가 순수수학과 응용수학의 본성문제와 관련이 있다는 사실을 제대로 깨닫지 못했다고 생각한다. 그렇게 된 이유는 주로 그들이 **부정확한** 개념의 논리에 별로 관심을 기울이지 않았기 때문이다. 그리고 그 점 때문에 그들은 다시 경계사례를 허용하는 부정확한 개념과 의미나 용법이 명확하게 결정되지 않은 애매한 표현이나 불분명한 표현을 서로 혼동하게 되었다. 부정확한 개념들 사이의 논리적 관계를 좀더 분명하게 하지 않는다면, 수학적 개념이 (부정확한) 지각적 개념의 이상화라는 논제도 여전히 불분명하게 남을 수밖에 없다. 이상화한다는 것은 어떤 것을 다른 무엇으로 이상화한다는 것이다. 우리가 이 작용의 출발점과 최종 산물을 제대로 알지 못한다면, 우리는 그 작용 자체를 정확히 이해했다고 할 수 없다.

이 장의 목적은 순수수학과 응용수학의 철학의 핵심 논제를 정확히 이해하고 이를 다른 철학적 입장과 비교할 수 있는 선까지 개략하는 데 있다. 그 철학이 지니게 될 좀더 두드러진 특징들은 정확한 개념들 사이의 논리적 관계, 부정확한 개념들 사이의 논리적 관계, 그리고 정확한 개념과 부정확한 개념들 사이의 논리적 관계가 무엇인지를 살펴볼 때 나오는 결과에 의존할 것이다. 따라서 나는 우선 정확한 개념과 부정확한 개념의 논리가 갖는 몇 가지 간단한 특징들을 제시하기로 하겠다.

순수수학과 관련해, 나는 (현존하는) 모든 수학이론의 개념과 진술은 — 이 용어의 정확한 의미에서 — 순수하게 정확하다, 즉 지각과 단절되어 있으며, 수학이론이 존재진술을 포함하는 한, 존재함축을 갖는 경험적 진술이나 신학적 진술과 달리 수학이론의 개념과 진술은 유일하지 않

4) J. C. Burkill, *The Lebesgue Integral*, Cambridge, 1951.

다는 주장을 하고자 한다. 응용수학과 관련해, 나는 대략 말해 순수수학의 '응용'은 주어진 목적에 맞게 지각적 진술을 순수하게 정확한 진술과 맞바꾸는 것이라고 주장할 것이다.

이런 논제들의 의미를 좀더 분명히 하면서 이 논제들을 옹호한 다음, 나는 수학과 철학의 관계에 대해 간단히 논의하고 이 장을 마치기로 하겠다.

1. 정확한 개념과 부정확한 개념

어떤 것이 하나의 기호나 특히 하나의 개념(속성, 술어, 명제함수 등)으로 사용되려면 어떤 조건을 만족시켜야 하는지를 우리가 여기서 ― 그런 조건을 나열할 수 있다고 할 경우 ― 나열할 필요는 없을 것이다. 이 문제에 대한 몇 가지 일반적인 언급만 해두어도 여기서는 충분할 것이다.[5]

어떤 것을 기호로 사용하려면 ― 좀 덜 정확하기는 하지만 좀더 간단히 말해, 어떤 것이 기호가 되려면 ― 그 기호의 올바른 사용과 잘못된 사용을 구분할 수 있어야 한다. 이는 기호의 사용규칙 ― 이는 이런 규칙을 따르고자 하는 의도가 있다고 할 수 있는 어떤 사람의 행동에 의해 준수되거나 위반될 수 있는 것이어야 한다 ― 을 원리상 정식화할 수 있어야 한다는 말이다. 의도가 있다고 말할 수 있는 근거는 그 사람이 자신의 의도를 완벽하게 깨달았거나 또는 그 의도를 가지고 있는 양 행동한다는 것을 일러줌으로써 정당화될 수 있을 것이다. 이런 두 극단 사이에 아주 여러 가지 중간 경우도 있을 수 있다. 그런 가능성을 모두 포괄해, 그 사람이 그 규칙들을 채택했으며, 그 사람이 누구인지를 구체적으로 밝힐 필요가 없을 경우, 그 규칙들이 그 기호를 지배한다고 말할 수 있을 것이다.

---

5) 더 자세한 내용을 보려면, *Conceptual Thinking*, Cambridge, 1955, Dover Publications, New York, 1959 참조.

어떤 기호가 개념이 되려면, 그 기호를 지배하는 규칙에 지시규칙(*rule of reference*)이 포함되어야만 한다. 지시규칙이란 기호를 대상에 할당하거나 할당하지 않는 규칙이다. 여기서 대상은 넓은 의미로 쓰여서, 지각적 자료와 물리적 사물, 사건, 색깔, 수, 기하학적 패턴을 모두 포괄한다. 간단히 말해 그것에 할당되는 기호를 지닐 수 있는 것이면 무엇이든 그것은 모두 대상이다. (대부분의 게임, 예컨대 체스 게임의 규칙은 개념 지배적인 규칙이 아니다.) '대상'이란 말의 이런 용법과 이에 대응하는 '개념'이란 말의 용법은 어떤 대상이 '실재적'인지 여부에 대한 온갖 종류의 존재론적 믿음과 양립가능하며, 그런 의도로 그 말을 쓴다는 점을 강조해 둘 필요가 있다. 수와 관련해, 러셀의 유명론과 프레게의 실재론을 대비하면서 우리가 보았듯이, 그런 존재론들은 완전한[범주적인(*categorematic*), 자율의미론적인(*autosemantic*)] 기호와 불완전한[공범주적인(*syncategorematic*), 공의미론적인(*synsemantic*)] 기호의 구분에 의해 대개 — 발견되는 것은 아닐지라도 — 이루어진다. 아래 나오는 것은 존재론과 이와 결부된 불완전한 기호에 관한 이론 및 불완전한 기호에 대한 적절한 맥락적 정의가 어떤 것인지에 관한 이론이 무엇이든 그런 이론들과 모두 쉽게 조화될 수 있을 것이다. 그러므로 개념적 체계는 개념을 지배하는 규칙을 포함해야만 한다. 이것이 '언어게임'이라는 뜻에서의 언어에도 해당하는지는 나로서는 잘 모르겠다.

어떤 기호를 할당하거나 할당하지 않는 규칙과 관련해, 다음 두 조건이 성립할 경우 여기서는 그것을 각각 부정확한 지시규칙 r과 부정확한 개념 U라고 부를 것이다.

① 첫째 조건은 대상들에 U를 할당하거나 할당하지 않는 가능한 결과에 관한 것이다. 그런 결과에는 다음과 같은 것들이 있다. ⓐ 일부 대상에 U를 할당하는 것은 r에 맞지만 U를 할당하지 않는 것은 r을 위반하는 경우이다. 이 경우 그 대상을 U의 긍정적 후보라고 말할 것이고, 그런 할

당을 하는 사람에게 그것은 U의 긍정적 사례가 된다. ⓑ 일부 대상에 U를 할당하지 않는 것은 r에 맞지만 U를 할당하는 것은 r을 위반하는 경우이다. 이런 경우 그 대상은 U의 부정적 후보이며, 그런 할당을 하지 않는 사람에게 그것은 U의 부정적 사례가 된다. ⓒ 일부 대상에 U를 할당하는 것과 그런 할당을 하지 않는 것이 모두 r에 맞는 경우이다. 이 경우 그 대상은 U의 중립적 후보가 된다. U를 그 대상에 할당하는 사람에게는 그것이 U의 긍정적 사례가 되고, 그 대상을 U에 할당하지 않는 사람에게는 그것이 U의 부정적 사례가 된다.

　② 둘째 조건은 부정확한 개념 U의 중립적 후보가 어떤 본성을 지니느냐에 관한 것이다. 우리가 어떤 개념 V를 정의하는데, 가령 U의 중립적 후보는 V의 긍정적 후보여야 하다는 요건에 의해 그것을 정의한다면, V는 다시 긍정적, 부정적, 그리고 중립적 후보를 갖게 될 것이다. (예: U를 '녹색'이라는 부정확한 개념이라 하고, V를 "'녹색'의 중립적 후보를 긍정적 후보로 갖는 것"이라는 개념이라 하자. V는 부정확한 개념이다.) 이 정의에 대해 몇 가지 간단한 언급을 해두어야 오해를 피할 수 있을 것이다. (이 장에서 다루는 것은 모두 둘째 조건에는 전혀 의존하지 않는다. 하지만 그 조건은 여기서 다룰 주제를 심층적으로 이해하는 데는 중요하다.)

　어떤 개념이 부정확하다거나 정확하다는 것은 개념이나 개념을 지배하는 규칙이 지닌 특성이지, 세계가 어떻게 구성되어 있는지에 달려 있는 것이 아니다. 어떤 개념을 부정확한 개념으로 규정짓는 것은 중립적 후보가 있을 수 있다는 가능성이지, 실제로 그런 것이 있다는 사실이 아니다. 하지만 우리 목적과 관련된 대부분의 진술은 다른 것들로 대치될 수도 있다. 즉 그런 진술들은 '개념의 부정확성'이 그 개념의 중립적 후보가 있을 수 있다는 가능성에 의해서가 아니라 실제로 그런 중립적 후보가 있는지에 의해 정의되는 진술로 대치될 수도 있다. 따라서 여기서는 이 문제를 둘러싼 '내포' 논리학자와 '외연' 논리학자들 사이의 논란을 ─ 이 논란이 항상 분명한 것은 아니다 — 피해갈 수 있다.

일부 대상에 어떤 개념을 할당하는 것과 그것을 할당하지 않는 것이 모두 그 개념을 지배하는 규칙에 맞는다면, 그 개념은 부정확하다. 어떤 개념이 어떤 대상에 올바르게 할당되거나 할당되지 않았는지를 모른다거나 또는 알 수 없다고 해서 그 개념이 바로 부정확한 것은 아니다. 이런 설명에 따르면, 특히 개념을 할당하거나 할당하지 않는 것이 허용가능한 방법으로 결정될 수 없다고 해서 그 개념이 곧 부정확한 것은 아니다. 다시 말해, 어떤 용어를 할당하거나 할당하지 않는 일정한 규칙을 채택해야 하느냐 여부를 두고 의문이 있다고 해서 이 점이 바로 그 용어가 부정확한 개념이라는 의미는 아니라는 것이다.

가령 우리는 초한귀납을 고전적 수 이론의 일관성을 확고히 하는 데 써도 되는지에 대해 의문을 가질 수도 있다. 바꾸어 말해 그것을 사용하는 논증이 '증명'이고 이를 통해 '정리'를 확립할 수 있는지에 대해 의문을 가질 수도 있다. 〔그렇지만〕 이 두 용어〔즉 '증명'과 '정리'라는 용어〕는 정확한 개념으로 사용된다. 그 점은 초한귀납의 방법을 인정하는 수학자나 그 방법을 거부하는 수학자 모두 마찬가지이다. 그 의문은 '증명'과 '정리'라는 개념 가운데 어느 〔편에서 말하는〕 정확한 개념을 받아들여야 하는가에 관한 것이다.[6]

정확한 개념은 중립적 사례를 가질 수 없다. 그런 개념의 경우 후보와 사례의 구분은 아무런 의미가 없기 때문이다. 첫째 조건의 조항 (c) 는 (둘째 조건과 합해져서) 어디에도 적용되지 않게 된다. 정확한 개념뿐만 아니라 부정확한 개념에 대해서도 개념들 사이의 논리적 관계를 정의할 수 있으며, 이들에 대해 결합사를 이용한 복합 개념의 형성을 정의할 수 있고, 정확한 개념에 대해서는 이런 정의가 우리에게 익숙한 정확한 개

---

6) Kleene, 앞의 책, 476쪽 이하 참조.

념의 논리로 환원될 수 있도록 할 수도 있다. 이렇게 하게 되면 우리는 정확한 개념의 논리와 부정확한 개념의 논리가 특수한 경우가 되는 일반화된 논리학에 도달할 것이다. 여기서는 이런 방향에서 오직 첫 번째 단계만을 취하기로 한다.

개념 U와 V — 우리는 지금 이들의 논리적 관계에 관심이 있다 — 는 정확한 개념일 수도 있고 부정확한 개념일 수도 있다. 논의를 단순하게 하기 위해, 우리는 정확한 개념은 언제나 긍정적 후보와 부정적 후보를 가지며, 부정확한 개념은 이 외에 또한 중립적인 후보도 가진다고 가정하기로 하며, 그것은 합당한 것으로 보인다. U와 V 사이에 성립하는 가능한 논리적 관계들을 구분하기 위해, 두 단계로 진행하는 것이 편리하다. 첫 번째 단계는 긍정적 후보나 부정적 후보와 관련해서만 이들 사이의 관계를 생각해보는 것이다. 즉 U나 V 또는 이 둘 모두의 중립적 후보인 대상들은 일단 무시하는 것이다. 이 관계를 **잠정적** 관계라 부를 것이며, '〔 〕'를 써서 나타내겠다. 두 번째 단계는 U와 V의 서로 다른 후보나 공통의 중립적 후보와 이 개념들의 긍정적 사례나 부정적 사례를 고르는 것도 고려할 경우 어떤 관계가 성립하는지를 생각해보는 것이다. 그런 관계는 **최종적** 관계라 부를 것이며, '∥∥'를 써서 나타내기로 하겠다. (잠정적 관계는 이른바 고르기 이전에 발견되는 관계이며, 최종적 관계는 고른 이후에 발견되며, 고르고 났을 때 가능한 결과를 나타낸다.)

우리는 아래와 같은 **잠정적** 관계들을 구분할 수 있다.

(1) 〔$U<V$〕, 즉 U가 V에 잠정적으로 포함된다는 것은 다음과 같이 정의된다. U와 V가 적어도 하나의 공통된 긍정적 후보를 가지며, U의 긍정적 후보 가운데 V의 부정적 후보는 하나도 없다. 〔$U>V$〕는 〔$V<U$〕와 같다. 그리고 〔$U≤V$〕는 〔$U<V$〕와 〔$V<U$〕의 연언과 같다.

(2) 〔U | V〕, 즉 U와 V 사이의 잠정적 배제는 다음과 같이 정의된다. 각 개념이 갖는 긍정적 후보 가운데 적어도 하나는 다른 개념의 부정적 후보이며, U와 V는 공통된 긍정적 후보를 하나도 가지지 않는다.

(3) 〔U○V〕, 즉 U와 V 사이의 잠정적 중첩은 다음과 같이 정의된다. U와 V는 적어도 하나의 공통된 긍정적 후보를 가지며, 각 개념은 상대 개념의 부정적 후보를 긍정적 후보로 가진다.

(4) 〔U ? V〕, 즉 U와 V 사이의 잠정적 미결정은 다음과 같이 정의된다. 위의 관계 가운데 어느 것도 성립하지 않는다. 정확한 개념의 논리에서는 이럴 가능성은 없다.

가능한 **최종적** 관계(최종적 포함, 배제, 중첩, 미결정)는 이에 대응하는 잠정적 관계와 같은 방식으로 정의된다. 〔〕자리에 ‖를 넣고, '잠정적' 자리에 '최종적'을 넣고, '후보' 자리에 '사례'를 넣는다.

이제 우리는 U와 V의 긍정적 사례나 부정적 사례 — 만약 그런 것들이 있다면 — 로 서로 다른 중립적 후보나 공통의 중립적 후보를 고르게 되면, 잠정적 관계가 어떻게 바뀔 수 있는지를 살펴보기로 한다. 분명히 잠정적 중첩은 다른 최종적 관계로 바뀔 수 없다. 만약 〔U○V〕라면, 우리는 ‖U○V‖ 를 가질 수밖에 없다. 또한 잠정적 포함은 최종적 배제로 바뀔 수 없으며, 그 역도 마찬가지이다. 즉 〔U<V〕라면, 어떤 중립적 후보를 U나 V의 긍정적 사례나 부정적 사례로 고른다 하더라도 ‖U | V‖ 일 수 없다. 그리고 〔U | V〕라면, ‖U | V‖ 일 수도 없다. 반면에 잠정적 포함은 최종적 중첩과 양립가능하다. 가령 〔U<V〕(하지만 〔V<U〕는 아니다)라면, x_0가 U와 V의 공통된 중립적 후보일 경우 그리고 x_0를 U의 긍정적 사례이자 V의 부정적 사례로 고를 경우, ‖U○V‖. 같은 식으로 잠정적 배제 〔U | V〕는 최종적 중첩 ‖U○V‖ 와 양립가능하다. 가령 x_0가 U와 V의

공통된 중립적 후보이면서 그것을 한 개념의 긍정적 사례이자 다른 개념의 부정적 사례로 고른다면 그렇게 된다. 잠정적 미결정은 최종적 포함 및 최종적 배제와 양립가능하며, 때로 최종적 중첩과도 양립가능하다.

잠정적 관계와 최종적 관계의 구분을 사용해 이제 임의의 두 개념 — 이것들은 정확할 수도 있고 부정확할 수도 있다 — 사이의 논리적 관계를 아래와 같이 정의할 수 있다.

(1) $U < V$, 즉 U가 V에 포함된다는 것은 다음과 같이 정의된다. U와 V 사이의 잠정적 관계는 포함이며, 유일하게 가능한 최종적 관계도 포함이다. $U > V$와 $U \leqq V$도 마찬가지 방식으로 정의된다.

(2) $U \mid V$, 즉 U와 V 사이의 배제는 다음과 같이 정의된다. U와 V 사이의 잠정적 관계가 배제이고, 유일하게 가능한 최종적 관계도 배제이다.

(3) $U \bigcirc V$, 즉 U와 V의 중첩은 다음과 같이 정의된다. U와 V 사이의 잠정적 관계가 중첩이고, 유일하게 가능한 최종적 관계도 중첩이다.

(4) $U \oslash V$, 즉 U와 V의 포함-중첩은 다음과 같이 정의된다. U와 V 사이의 잠정적 관계가 포함이고 두 가지 최종적 관계, 즉 포함과 중첩이 가능하다. ($U \oslash V$도 마찬가지 방식으로 정의된다.)

(5) $U \oslash V$, 즉 U와 V 사이의 배제-중첩은 다음과 같이 정의된다. U와 V 사이의 잠정적 관계는 배제이고, 두 가지 최종적 관계, 즉 배제와 중첩이 가능하다.

(6) $U ? V$, 즉 U와 V 사이의 미결정은 다음과 같이 정의된다. 잠정적 관계가 미결정이다. 이는 가능한 최종적 관계는 포함과 배제이며, 때로 중첩이기도 하다는 점을 함축한다. (이런 가능성은 우리의 직접적 목적에 비추어보면 관심거리가 못 되지만 따져볼 필요가 있다.)

만약 U와 V가 모두 정확하다면, 이들 사이에는 (1) ~ (3) 관계만 성립할 수 있다. 정확한 개념들 사이의 익숙한 관계는 더 넓은 도식에서 나타난다. (4)는 (1)과 (3)의 선언이 아니며 (5)는 (2)와 (3)의 선언이 아니라는 점을 강조해둘 필요가 있다.

위의 논리적 관계를 정의할 때, 중립적 후보를 고르는 과정에 대해 아무런 제한도 두지 않았다. 심지어 개념 U에 대해 똑같은 중립적 후보를 긍정적 사례로 고르면서 또한 부정적 사례로 골라서는 안 된다는 제한마저 없다. 그 결과 부정확한 개념 U가 자기 자신에 대해 갖는 논리적 관계는 $U \otimes U$이지 $U < U$가 아니다. 왜냐하면 어떤 대상이 U의 중립적 후보일 경우, 우리는 그것을 한 번은 U의 긍정적 후보로, 다른 한 번은 U의 부정적 후보로 고를 수도 있기 때문이다.

정확한 개념과 이의 여($complement$) 개념 사이의 논리적 관계가 배제가 아니라는 사실도 '여'를 자연스럽게 정의할 때 — 정확한 개념과 부정확한 개념에 모두 맞도록 정의할 때 — 예상할 수 있다. U와 $\overline{U}$가 서로 여이기 위한 필요충분조건은 하나의 긍정적 후보는 모두 다른 하나의 부정적 후보이고, 하나의 부정적 후보는 모두 다른 하나의 긍정적 후보이며, 하나의 중립적 후보는 모두 다른 하나의 중립적 후보이어야 한다는 것이다. 그러면 부정확한 개념 U와 이의 여인 $\overline{U}$ 사이의 논리적 관계는 $U \oslash \overline{U}$이지 $U \mid \overline{U}$가 아니다.

어떤 개념의 중립적 후보를 긍정적 사례나 부정적 사례로 자유롭게 고를 수 있다는 점을 추가규약으로 정해 제한할 수도 있으며, 대부분의 개념체계에서는 실제로 그렇게 한다. 하지만 우리는 그와 관련해 두 가지 점을 면밀히 주목해둘 필요가 있다. 첫째, 어떠한 제한규약도 부정확한 개념의 중립적 후보를 막지는 못한다는 점이다. 그것은 단지 그것을 고르는 일을 지배하는 규칙에 부가될 뿐이고, 따라서 부정확한 개념을 지배하는 규칙에 부가될 뿐이다. 둘째, 제한규약에는 여러 가지 대안이 존재한다는 점이다. 물론 엄밀하게 본다면, 첫 번째 요소만 우리 목적과 관련이 있기는 하지만, 이 두 가지 점을 아래에서 예를 통해 살펴보기로 하자.

제한규약은 일반적일 수도 있고 특수할 수도 있다. 일반적 규약은 모든 개념에 관련된 것인 반면, 특수한 규약은 일정한 개념에만 관련된 것이다. 다음 규칙은 일반적 규약의 한 예시다. 만약 중립적 후보를 임의의 개념 U의 긍정적(부정적) 사례로 골랐다면, 그것을 또한 U의 부정적(긍정적) 사례로 골라서는 안 된다. 이런 규약을 채택할 경우, 앞의 규약과 무관하게 고르도록 할 때 성립하는 $U \otimes V$ 대신 이제 $U < V$가 성립하게 된다. 즉, 일반적인 이 규약은 원래의 포함-중첩을 이른바 포함 관계가 되도록 만들어준다.

특수한 규약의 예로, $P \oplus Q$ 관계에 있는 두 개념 P와 Q, 가령 '녹색'과 '청색'을 생각해보기로 하자. 만약 공통된 중립적 후보가 있을 경우, 어느 한 개념의 긍정적(부정적) 사례로 우리가 어떤 것을 고른다면 우리는 그것을 또한 다른 한 개념의 부정적(긍정적) 사례로도 골라야 한다는 규약을 덧붙인다면, 그 결과 원래 관계 $P \oplus Q$는 $P \mid Q$ 관계가 된다. 어떤 양상진술의 논리적 필연성 ─ 가령 "녹색인 것은 무엇이나 필연적으로 청색이 아니다"와 같은 ─ 은 그런 진술을 부정할 경우 앞서 고른 독립성을 제한하기 위해 채택한 어떤 특수한 규약을 위반하게 된다는 사실에 근거한다. 특수한 규약은 부정확한 개념의 적용하고만 관련된 것이기 때문에, 정확한 개념의 논리는 그런 양상진술을 설명해줄 수 없다. 적절한 제한을 가하는 규약을 통해 확장된 부정확한 개념의 논리에서만 그런 설명을 할 수 있다. 여기서 이 문제를 더 다룰 필요는 없을 것 같다.

정확한 개념들 외에 부정확한 개념들까지 고려할 경우 개념들 사이에 성립할 수 있는 논리적 관계의 수가 늘어나는 것과 마찬가지로, 이미 있는 개념들로부터 논리적 결합사에 의해 새로운 개념을 형성할 수 있는 가능성의 수 또한 늘어난다. 정확한 복합 개념의 경우에는, 익숙한 정의로 환원될 수 있도록 이를 정의하는 것이 바람직하다. 아래와 같은 방식으로 이 일을 할 수 있다.

두 개념, U와 V의 합은 다음 규약에 의해 정의될 수 있다. ⓐ 어떤 대상이 $(U + V)$ ─ 'U나 V'라 읽는다 ─ 의 긍정적 후보이기 위한 필요충분조건은 그것이 U나 V의 긍정적 후보이어야 한다는 것이다. ⓑ 어떤 대상이 $(U + V)$의 부정적 후보이기 위한 필요충분조건은 그것이 그 둘 모두의 부정적 후보이어야 한다는 것이다. ⓒ 그 밖의 모든 경우 그 대상은 $(U + V)$의 중립적 후보이다. 이 정의는 개념들의 유한한 합과 무한한 합 ─이는 물론 우리가 이에 대해 어떤 태도를 갖는지에 달려 있다 ─ 에까지 쉽게 확장될 수 있다. 이 합은 사례가 아니라 원소 개념의 후보에 의해서 정의되며, 중립적 후보를 긍정적 사례나 부정적 사례로 고르는 것을 일반적으로 제한하거나 특수하게 제한하는 것과 양립가능하다. 만약 U와 V가 정확하다면, $(U + V)$는 우리가 잘 알고 있는 정확한 개념들의 합이다.

곱 $(U \cdot V)$은 다음과 같이 정의될 수 있다. ⓐ 한 대상이 $(U \cdot V)$의 긍정적 후보이기 위한 필요충분조건은 그것이 U와 V 모두의 긍정적 후보이어야 한다는 것이다. ⓑ 그것이 $(U \cdot V)$의 부정적 후보이기 위한 필요충분조건은 그것이 어느 하나의 부정적 후보이거나 그 둘 모두의 부정적 후보이어야 한다는 것이다. ⓒ 그 밖의 모든 경우 그 대상은 $(U \cdot V)$의 중립적 후보이다. 이 정의는 두 개 이상의 원소를 갖는 곱에도 쉽게 확장될 수 있으며, 정확한 개념의 경우 통상적 정의로 환원된다. 앞서 제시한 여 $\overline{U}$의 정의에 대해서도 같은 이야기를 할 수 있다.

합, 곱, 그리고 여에 대한 이런 일반화된 정의는 서로 일관적이다. 이를 적용하면 정리들이 생겨나는데, 이것들은 대부분 정확한 논리의 정리들을 명백히 일반화한 것이다. 교환, 결합, 분배법칙도 분명히 타당하다. 이른바 드모르간의 법칙, 즉 $\overline{U+V} = \overline{U} \cdot \overline{V}$도 타당하다. 왜냐하면 우리 정의에 의해 어떤 대상이 $(\overline{U+V})$의 긍정적 후보이거나 부정적 후보이거나 중립적 후보이기 위한 필요충분조건은 그것이 각각 $(\bar{U} \cdot \bar{V})$ 의 긍정적 후보이거나 부정적 후보이거나 중립적 후보이어야 한다는 것이기 때문이다.

물론 우리는 또한 '공 개념'(*null concept*) 0 — 모든 대상은 이 개념의 부정적 후보이다 — 을 도입할 수 있고, 이의 절대적인 여 개념으로 '보편 개념'(*universal concept*) $\bar{0}$ — 어떤 대상이든 모두 이 개념의 긍정적 후보이다 — 를 도입할 수도 있다. 만약 A가 **정확한** 개념이라면, '+', '·' 및 '⁻'에 대한 우리의 — 통상적 — 정의에 따라 $(A \cdot \bar{A})$ 는 공 개념을 나타내고, $(A + \bar{A})$ 는 보편 개념을 나타낸다. 하지만 이것이 일반적으로 참은 아니다. 왜냐하면 P가 부정확한 개념일 경우, $(P \cdot \bar{P})$ 와 $(P + \bar{P})$ 는 중립적 후보를 갖기 때문이다. 그리고 이 점은 합과 곱 및 이들의 원소 각각에 대해서도 마찬가지이다.

대체로 앞서 제안한 정의는 '이거나', '이고' 및 '이 아니다'의 통상적 용법과 일치한다. 우리는 통상적인 방식대로 그 밖의 결합사를 정의할 수 있고, 정확한 개념과 부정확한 개념으로 해석하는 일반화된 계산체계를 구성할 수도 있다. 현재 목적에는 앞서 나온 정의와 언급으로 충분하다.

부정확한 개념들의 복합물(*compounds*)은 정확할 수도 있고 부정확할 수도 있다. 정확한 개념 A와 부정확한 개념들 $P_1, \cdots, P_n$을 가진 개념체계로, 다음 조건이 성립하는 체계를 한번 생각해보기로 하자. ① A의 긍정적 후보는 모두 어떤 P의 긍정적 후보이며, A의 부정적 후보는 모두 모든 P의 부정적 후보이며, ② 어떤 P의 중립적 후보는 모두 어떤 다른 P의 긍정적 후보이며, ③ P의 긍정적 후보와 부정적 후보는 각각 A의 긍정적 후보와 부정적 후보를 모두 포괄한다. 이 경우 $P_1 + P_2 + \cdots + P_n = A$이며, 부정확한 개념들의 합은 그 자체로 정확하다. 〔예: 정확하다고 할 수 있는 '색깔이 있는'과 이의 부정확한 종(*species*)인 '녹색'이 그렇다.〕

A가 부정확한 종을 지닌 정확한 개념이기 위해서는 — U를 V의 종이라

부를 때 — $U < V$이거나 $U \otimes V$이어야 한다. 일반적으로 개념 자체뿐만 아니라 그 개념의 종의 정확한 또는 부정확한 특성에 주목해보면, 몇 가지 더 자세한 구분을 할 수 있다. **순수하게 정확한** 개념과 **내적으로 부정확한** 개념에 대한 다음의 정의는 특히 유용하다. 한 개념이 순수하게 정확하기 위한 필요충분조건은 그 개념의 종이 모두 정확해야 한다는 것이다. (모든 개념은 그 자신의 종이기 때문에, 순수하게 정확한 개념도 정확하다.) 어떤 개념이 내적으로 부정확하기 위한 필요충분조건은 그 개념의 모든 종이 부정확하거나 또는 부정확한 하위 종들을 가져야 한다는 것이다. 예를 들어, '소수임'이라는 산수의 개념은 순수하게 정확하다. '색깔이 있는'이라는 개념은, 비록 여러 용법에서 정확하기는 하지만, 내적으로 부정확하다. '녹색'이라는 개념은 부정확하고 그리고 내적으로 부정확하기도 하다.

만약 A가 정확하고 P는 부정확하며 $(A \cdot P)$가 공집합이 아니라면, $(A \cdot P)$는 A의 부정확한 종이다. (가령 $A =$'소수임', $P =$'피타고라스학파 사람들이 좋아함'). 칸토르, 프레게 그리고 모든 순수수학자를 포함하는 이들의 후계자들의 체계에서는 P와 같은 개념이나 부정확한 개념을 찾아볼 수 없을 뿐만 아니라 그런 것들을 허용하지도 않는다. 우리가 보았듯이, 이 이론가들은 표현이나 이유를 달리하긴 했지만, 말하자면 순수수학의 개념들이 순수하게 정확하다는 점이 바로 순수수학의 특징이라고 주장했다.

철학 책에서 '색깔', '모양' 등과 같이 때로 '결정가능한 것'이나 '같은 점'(*respects of likeness*)이라고 불리는 지각적 특성은 모두 내적으로 부정확하다. 그러므로 두 개의 지각적 대상이 어떤 점에서 서로 닮았다고 주장할 경우, 우리는 내적으로 부정확한 개념을 적용하는 있는 것이다. 특히 하나의 지각적 대상이 예컨대 결정가능한 '색이 있는'이라는 점에서 서로 닮았다고 한다면, 그 대상은 결정가능한 것의 한 종이나 그 이상의 종, 가령 '녹색', '청색' 등의 긍정적 후보이거나 중립적 후보이어야 한다. 결정가능한 점에 비추어 서로 닮았다고 하는 진술이 부정확한 개념의 사용을 전제한다는 사실은 그 자체로 정확한 개념과 부정확한 개념의 구분이 사소하고 철학적으로 무의미한 것이 아님을 잘 보여주며, 정확한 개념과 **부정확한** 개념의 일반화된 논리를 구성하는 일이 의미 있는 일임을 잘 보여준다.

부정확한 개념의 논리와 지각적 대상들 사이의 유사성이라는 개념 사이에도 밀접한 연관성이 있는 한편, 부정확한 개념의 논리와 결정가능한 속성이라는 개념 사이에 밀접한 연관성이 있다는 점은 두 가지 방식으로 밝힐 수 있다. 우리는 먼저 다른 개념에 의해 어떤 개념을 정의해서는 지각적 특성의 의미나 용법을 전달할 수 없는 어떤 한계가 있다는 점을 지적할 수 있다. 정의항으로부터 다른 정의항으로 나아가는 길은 어디에선가는 멈추어야 하며, 하나나 그 이상의 여러 정의항을 예를 들어 보여줄 필요가 있다. 임의의 지각적 특성, 가령 P의 의미를 전달한다는 것에는 일정한 대상과 닮은 대상은 모두 P의 사례이며 닮지 않은 대상은 어느 것도 P의 사례가 아니라고 하는 규칙을 직간접적으로 전달한다는 것이 포함된다. 그런 규칙의 정식화 — 나는 이를 '직시적(ostensive) 규칙'이라 부른다 — 는 경험적 대상들 사이의 유사성이라는 개념이 분명하다는 것을 전제한다. 직시적 규칙에 의해 지배되는 개념은 적어도 부정확하다는 점을 쉽게 알 수 있다.

둘째, 다른 극단으로 부정확한 개념을 먼저 잡고 이것들과 정확한 개념들의 차이에서 출발해 이들 사이의 논리적 관계를 당연한 것으로 여기고, 그런 다음 결정가능성이나 유사성이라는 여러 개념들을 정의하는 데로 나아가도 된다. 첫 번째 접근방법이 더욱 분명하고 직접적이기는 하지만, 두 방법 모두 나름의 장점을 지닌다. 7)

서로 닮은 지각적 대상들은 **부정확한** 개념의 긍정적 후보나 중립적 후보일 수밖에 없듯이, 일대일 대응관계에 있는 수학적 대상들은 **정확한** 개념의 긍정적 후보일 수밖에 없다. 닮음이나 경험적 유사성(*empirical similarity*)은 일대일대응이나 수학적 동수성(*mathematical similarity*) — 프레게는 이를 사용해 '수'를 정의했다 — 과 아주 다르다. 수학적 대상들로 이루어진 두 집합(가령 유리수들의 집합과 정수들의 집합) 사이에 일대일 대응이 있다고 주장할 때, 우리는 한 수학적 개념(가령 '유리수')의 긍정적 사례인 대상은 모두 또 다른 수학적 개념(가령 '정수')의 긍정적 사례인 어떤 대상과 맞대응(*match*)될 수 있다고 주장하는 것이다. 한 집합의 대상들은 다른 집합의 모든 대상들과 짝을 이룬다. 긍정적 사례들로 이루어진 두 집합은 그 두 정확한 개념(명제함수 등)의 '외연'이나 '치역'이라 불린다. 하지만 부정확한 개념의 외연은, 그것의 긍정적 사례나 부정적 사례로 고를 수 있는 중립적 후보에 비추어볼 때, 결정되어 있지 않다. 프레게가 명확히 알았듯이, 두 개념 가운데 하나가 부정확하거나 둘 다 부정확할 경우 그 두 개념의 '외연'은 일대일로 대응될 수 없다. 프레게는 부정확한 개념을 허용하지 않았다. 그는 부정확한 개념도 마치 정확한 개념처럼 다루었다. 즉 그것들이 마치 명확하게 결정된 외연을 갖는 듯이 다루었다.

정확한 개념과 부정확한 개념 사이의 구분은 이미 말했듯이 별로 중요하지 않고 철학적으로도 별 관련이 없어보일지 모르겠다. 닮음과 일대일 대응 사이의 구분은 분명히 그렇지 않다. 만약 닮음과 일대일대응의 구분이 정확한 개념과 부정확한 개념의 구분과 밀접하게 관련된다면, 이런 구분이 별로 중요하지 않다는 느낌은 사라질 것이다. 정확한 개념과 부정확한 개념의 구분이 순수수학과 응용수학의 본성을 이해하는 문제와

---

7) 나는 *Conceptual Thinking*에서 첫 번째 접근방법을 택했고, *Determinables and Resemblance*, *Proceedings of the Aristotelian Society*, supp. 33권, 1959에서 두 번째 접근방법을 택했다.

어떻게 연관되는지를 탐구하는 일이 아직 **초보단계**라고 해서 그것을 그냥 거부해서는 안 될 것이다.

부정확한 개념의 논리와 일반화된 논리 — 정확한 개념의 논리와 부정확한 개념의 논리는 이 논리의 특수 사례이다 — 는 개념들 사이에 성립할 수 있는 논리적 관계들을 드러내고, 결합사에 의해 복합물을 형성하는 규칙을 진술하고, 부정확한 개념들 사이의 관계에 의해 몇 가지 새로운 개념을 정의하는 작업을 통해 여기서 이제 막 시작되었을 뿐이다. 아래 나오는 절을 위해서는 이것으로도 충분하다. 하지만 이 논리학의 형식체계를 만족스럽게 전개하려면 많은 생각과 전문적 기술이 필요하며, 간단한 초기단계에서 이미 무엇인가를 바꾸어야 할지도 모르겠다.

2. 지각과 단절된 순수수학

종국에는 모든 수학을 두 개념, 즉 집합이나 정확한 개념의 치역(명제함수 등)이라는 개념과 '집합'에 의해 정의되는 함수(맵핑 등)라는 개념만을 써서 제시할 수 있을 것이다. 이 점에서는 고전수학뿐만 아니라 이를 이후에 재구성한 것 — 이에 대해서는 앞의 여러 장에서 논의했다 — 도 마찬가지이다. 재구성된 체계에서 집합과 함수 개념은 버려지는 것이 아니라 여러 가지 조건이 붙어 제한을 받게 된다. (가령 본문 229~230쪽에서 인용한 하우스도르프와 바일의 주장 참조.) 그러므로 수학의 개념들은 순수하게 정확하다. 즉 그것들과 그것들의 종은 모두 정확하다. (칸토르에 따르면, 기수가 n인 임의의 집합에 대해 2^n개의 부분집합들이 '존재'하며, 이것들은 모두 정확하다. 이후 체계에서는 이 부분집합들이 모두 '존재'하는 것은 아니다. 하지만 존재하는 것들은 정확하며, 이 점은 이러한 부분집합들을 치역이나 외연으로 갖는 명제함수나 개념에 대해서도 마찬가지이다.)

반면 지각적 특성은 모두 내적으로 부정확하다. 우리가 기억하듯이, 이는 그것의 종이 각각 부정확하거나 아니면 정확할 경우 부정확한 하위 종을 가진다는 의미이다. 이보다 더 강한 주장, 즉 P가 임의의 지각적 특성일 경우 이것의 **진부분 종**(*proper species*)은 모두 (즉 P 자체를 제외한 모든 종은) 부정확하다는 주장도 옹호할 수 있을 것이다. 하지만 이보다 약하고 논란의 여지가 덜한 주장으로도 수학과 지각을 대비하고 이들의 관계를 살펴보는 데는 충분하다.

수학이 순수하게 정확하다는 주장은 논리학자들과 수학자들이 이런저런 식으로 이야기했던 것이며, 일반적으로 받아들여질 것 같다고 생각한다. 하지만 수학적 개념이 모두 정확하다는 것은 본질적인 점이 아니며, 마치 수학의 초기 관심이 양에 있었다는 것이 단순히 역사적 우연임이 밝혀졌듯이, 이 점도 나중에는 단순히 역사적 우연임이 밝혀질 수도 있다는 비판도 가능하다. 이런 비판은 표현상의 문제일 뿐이다. 만약 수학을 양의 과학이라고 말할 때 뭔가 참인 것을 말한 것이라면, 그것은 지금은 포기한 정의 아래 속하는 이론들에 대해서도 여전히 참일 것이다. 마찬가지로, 순수하게 정확한 수학에 대해 말한 것이 무엇이든 그것이 참이라면, 그 점은 '부정확한 수학'을 포함하는 이보다 더 넓은 개념을 일반적으로 채택하더라도 여전히 참일 것이다. 부정확한 수학이 어떤 것이든 간에, 정확한 수학의 영역은 이에 관심을 두어도 될 만큼 여전히 넓으며 앞으로도 그럴 것이다.

지각에 예화될 수 있는 개념의 논리적 구조를 생각하는 사람이라면 누구나 지각적 특성의 내적 부정확성을 부정하지 않을 것이다. 여기서는 때로 같은 단어, 예컨대 〈삼각형〉, 〈덧셈〉, 그리고 우리가 보았듯이 〈자연수〉와 같은 단어가 서로 다른 개념으로 ─ 즉 한편으로는 (순수하게 정확한) 수학적 개념으로, 다른 한편으로는 (내적으로 부정확한) 지각적 특성으로 ─ 사용된다는 사실을 기억하는 것이 도움이 될 것이다. 아울러 논리주의와 형식주의 수학철학에서 이들을 뒤섞는다는 점을 비판한 논증을 다시 생각해보는 것도 도움이 될 것이다.

하지만 논의를 위해, 우리가 내적으로 부정확하지 않은 지각적 특성을 인정한다 할지라도, 흥미로우면서도 내적으로 부정확한 지각적 특성도 여전히 많이 있다. 이 점을 인정하고, 나는 앞으로 지각적 특성에 대해 이야기할 때 '내적으로 부정확한'이란 수식어를 마음대로 생략할 것이며, 수학적 개념에 대해 논의할 때 '순수하게 정확한'이란 수식어도 마음대로 생략할 것이다.

오해를 막기 위해 한 가지 더 주의를 할 필요가 있다. 지각적 특성은 지각에서 예화될 수 있다. 그것들은 '감각인상이다', '물리적 대상의 한 측면이다', '물리적 과정의 한 측면이다' 등과 같은 다양한 범주이거나 다양한 범주 아래 속한다. 이 범주들이 합당한가 하는 물음은 형이상학적 물음이다. 우리가 말하는 '지각적 특성'의 용법은 실재론이나 현상론을 함축하고자 하는 것이 아니며, 다른 형이상학적 입장을 함축하고자 하는 것도 아니다.

만약 수학적 개념은 순수하게 정확하지만 지각적 특성은 내적으로 부정확하다면, 정확한 개념과 부정확한 개념 사이의 관계 및 순수하게 정확한 개념과 내적으로 부정확한 개념 사이의 관계에 대해 다음과 같은 아주 간단한 논제가 철학적으로 의미가 있게 될 것이다.

A가 순수하게 정확한 개념이고 B는 내적으로 부정확한 개념일 경우, 순수한 정확성과 내적 부정확성의 정의로부터 $A < B$도 아니고 $B < A$도 아니라는 것이 바로 따라 나온다. B의 종은 모두 정의상 부정확하거나 아니면 부정확한 하위 종을 가져야만 하기 때문에, A는 B에 포함될 수 없다. 또한 A의 종은 모두 정의상 정확하기 때문에 부정확한 종을 갖는 B는 A의 종일 수 없다.

수학적 개념은 모두 순수하게 정확하고 지각적 특성은 모두 내적으로 부정확하기 때문에, 어떤 수학적 개념도 지각적 특성을 포함하지 않으며 그것에 포함되지도 않는다〔그것에 의해 필연적으로 함축되거나(entail) 그것을 필연적으로 함축하거나(imply) 또는 논리적으로 함축하거나 함축되거나 하지 않는다〕는 점이 따라 나온다. 앞으로 우리는 수학의 개념과 지각적 특성은 (연역적으로) 단절되어 있다고 말할 것이다.

수학적 특성과 지각적 특성이 '단절되어 있다'(unconnectedness)고 하는 논제와 수학의 개념을 지각적 개념과 단절된 것으로 특징짓는 것은 수학적 개념은 선험적이라고 하는 칸트의 유명한 입장을 생각나게 한다. 하지만 칸트는 선험적 개념이 — 이것이 수학에 속하는 한 — 지각에 예화된다고 가정했다. 그는 그것이 특히 이른바 불변적인 지각적 구조의 특징, 즉 공간과 시간의 특성이라고 가정했다. 그는 수학적 개념이 모든 지각적 특성과 단절되어 있다고 생각한 것이 아니라 감각지각적인 특성하고만 단절되어 있다고 생각하였다. 우리의 논제는 감각지각과 순수지각 또는 직관 사이의 칸트적 구분을 인정하지 않는다는 점에서 좀더 급진적이다. 나아가 칸트의 견해는 어떤 수학이론, 이른바 순수지각을 기술하는 이론이 특권적 지위를 지닌다는 점을 함축한다. 끝으로 칸트는 정확한 개념과 부정확한 개념들 사이의 구분을 생각하지 않았거나 아니면 적어도 중요하다고 생각하지 않았다.

플라톤도 정확한 수학적 형상과 부정확한 경험적 특성을 구분한다. 하지만 그도 다른 수학체계가 있을 수 있다는 점을 알지는 못했으며, 이것이 아마도 그가 형상에 대해 형이상학적 이론을 주장한 한 가지 이유일 것이다. 물론 그때는 정확한 개념의 논리가 아주 초보단계에 있었던 때였으므로, 그로서는 정확한 개념과 부정확한 개념의 논리를 비교할 수 없었을 것이다.

개념의 단절성 논제는 대상이나 진술 및 이론에까지 확장하는 것이 자연스러우며, 이는 쉽게 이루어질 수 있다. 우리는 지각적 대상을 지각적 특성만을 갖는 대상으로 정의하고, 수학적 대상을 수학적 특성만을 갖는 대상으로 정의한다. 그리고 두 대상이 '단절되어' 있기 위한 충분조건은 이들의 특성이 단절되어 있어야 한다는 것이다. 그러므로 수학적 대상과 지각적 대상은 서로 단절되어 있다. 어떤 진술이 지각적이라는 것은 그 진술을 주장한다는 것이 하나나 여러 대상에 어떤 지각적 특성을 할당하거나 할당하지 않는 것으로 정의된다. 그리고 어떤 진술이 순수하게 정확하다는 것은 그 진술을 주장할 때 할당되거나 할당되지 않는 개념들이 순수하게 정확하다는 것으로 정의된다. 우리는 그렇게 할당되거나 거부되는 개념을 그 진술의 '구성요소 개념'이라고 부른다. 그리고 두 진술이 단절되어 있다는 것은 그 진술들의 구성요소 개념이 단절되어 있다는 것으로 정의된다. 따라서 수학적 진술과 지각적 진술은 서로 단절되어 있다. 끝으로, 우리는 어떤 이론의 모든 진술이 순수하게 정확하고 그 진술들의 모든 구성요소 개념이 순수하게 정확할 경우, 그리고 그런 경우에만 그 이론이 순수하게 정확하다고 말한다. 그리고 우리는 어떤 이론의 한 진술이나 그 이상의 진술이 지각적이고 이에 따라 그 진술의 구성요소 개념들도 하나 이상이 지각적일 경우, 그 이론을 지각적 이론이라 부른다. 따라서 수학적 이론과 지각적 이론은 서로 단절되어 있다.

요약한다면, 순수수학과 지각은 단절되어 있다(disconnected)고 말할 수 있다. 아니면 순수수학은 지각과 연결되어 있지 않다(unconnected)고 말할 수 있다. 후자의 표현방식은 지각적 개념이나 진술 및 이론을 수학화할 때, 우리는 지각적 개념들을 수정해 이제는 더 이상 지각적이지 않도록 한다는 사실을 함축한다. 그런 수정이나 이상화가 이른바 지각과의 '연결을 끊는 것'(disconnection)에 해당한다.

3. 수학의 존재명제

수학의 존재명제(진술, 정리, 메타 정리 등, 여기에는 물론 계산체계에 속하지만 해석되지 않은 단순한 대상들의 배열은 포함되지 않는다)의 문제는 이른바 수학적인 것(본문 23쪽 참조)에 대한 논의만큼이나 오래된 것이다. 수학의 존재명제, 가령 "유클리드 점이 존재한다"나 "첫 번째 자연수가 존재한다"는 언뜻 보기에 다른 존재명제, 가령 "의자가 존재한다"나 "신이 존재한다"와 아주 다른 것 같다. 이런 차이가 순수하게 정확한 개념과 다른 개념들 사이의 차이와 연관이 있으리라고 예상할 수 있다.

수학의 존재명제라는 개념을 분명히 하기 위해서는 명제라는 개념을 어느 정도 분명히 해야 한다. 전통적 방식을 따를 때, 명제는 ① 의미를 가진 것, 그리고 ② 참이나 거짓인 것으로 특징지을 수 있다. 개념도 '의미' — 뜻, 논리적 내용 — 를 갖기 때문에 두 번째 특징에 의해 개념과 명제가 구분된다. 개념(명제)의 의미를 드러낸다는 것은 그것이 다른 개념(명제)과 갖는 논리적 관계를 드러낸다는 것이다. 우리는 개념들 사이의 논리적 관계를 어느 정도 살펴보아야 한다. 명제들 사이의 논리적 관계는 한편으로는 명제를 구성하는 구성요소 개념을 지배하는 규칙에 의존하고, 다른 한편으로는 관련 명제를 구성하는 비개념적 구성요소 개념 — 결합사나 양화사 및 다른 연산자와 같은 것이 이에 속한다 — 을 지배하는 규칙에 의존한다. 정확한 개념 및 부정확한 개념을 포함하는 개념들의 논리의 확장은 또한 분석된 명제와 분석되지 않은 명제의 논리의 확장을 낳게 되는데, 후자를 여기서 다룰 수는 없다.

명제를 구분 짓는 두 번째 전통적 특징, 즉 참이거나 거짓이라는 점도 너무 제한적이다. 이렇게 되면 규칙들이 명제에서 배제된다. 왜냐하면 규칙은 참도 아니고 거짓도 아니기 때문이다. 어떤 규칙, 가령 "아침 먹기 전에는 절대 담배를 피우지마라" — 이것이 누군가에게 부과되거나 누군가에 의해 채택된다는 경험적 사실과 따로 떼어 생각해볼 때 — 는 개념이 아니며, 참이나 거짓이 아니다. 하지만 그것은 다른 규칙과 일정한 논리적 관계를 가질 수 있으며, 적어도 많은 사람들이 이를 명제로 간주하기도 한다. 이 점은 '명제'의 용법을 '서술'이나 '직설'이라는 말을 덧붙여 제한하는 버릇이 있는 논리학자들이 암묵적으로 인정하는 것이기도 하다.

하지만 (규칙을 포함해) 명제와 개념을 구분하기에 충분한 어떤 특징이 있다. 그 특징은 개념은 명제와 달리 대상에 할당될 수 있다는 점이다. (본문 241쪽 참조.) 따라서 우리는 명제를 ① 논리적 관계를 가질 수 있고 ② 대상에 할당될 수는 없는 것이라고 특징지을 수 있다. 비록 명제가 한 대상에 개념을 할당하는 것을 표현할 수는 있을지라도, 명제 — 그 할당 — 는 어떤 것에도 그 자체로 할당될 수 없다. 이는 우리가 명제를 '실재' 나 '전체로서의 세계'의 특징으로 여기고자 할 경우 — 나는 그렇다고 여기지 않는다 — 에도 여전히 참이다.

우리가 사용하는 넓은 의미에서의 명제는 세 부류로 나눌 수 있다. ⓐ 논리적 명제, 이는 개념이나 명제들 사이의 논리적 관계를 표현한다. ⓑ 규칙, 즉 규칙을 채택하는 사람의 행위에 의해 지켜지거나 위반될 수 있는 명제. ⓒ 사실적 명제, 즉 규칙도 아니고 논리적 명제도 아닌 명제. 8) 마지막 범주에 존재명제가 속한다. 존재명제는 논리적 명제도 아니고 규칙도 아니다. "개념 P가 올바르게 할당될 수 있는 대상 x가 **존재한다**"는 명제는 포함이나 배제 등과 같은 개념들 사이의 논리적 관계를 표현하는 것이 아니며, 연역가능성이나 양립불가능성과 같은 명제들 사이의 논리적 관계를 표현하는 것도 아니다. 그것은 사실적 명제이다.

하지만 존재명제를 그냥 사실적 명제로 규정한다면 이는 너무 느슨하다. "페아노의 공리들을 만족하는 정수가 존재한다"와 "나무가 존재한다"

---

8) 훨씬 더 자세한 논의를 보려면 *Conceptual Thinking*, 3장 참조.

는 아주 다른 명제이다. 하지만 이들 모두 사실적 명제이다. 수학의 존재 명제를 좀더 면밀하게 규정지으려면, 우리는 명제에 대한 또 하나의 분류, 즉 내가 유일한(*unique*) 명제와 유일하지 않은(*non-unique*) 명제라고 부를 이분법을 도입해야 한다.

논리적 명제와 달리 규칙은 유일하지 않다. 왜냐하면 규칙은 참도 아니고 거짓도 아니어서, 두 규칙이 양립불가능하다는 사실이 그 가운데 적어도 하나가 거짓이라는 것을 함축할 수 없기 때문이다. "아침 먹기 전에는 절대 담배를 피우지마라"는 규칙과 "월요일마다 아침 먹기 전에 담배를 피워라"는 규칙은 양립불가능하지만, 이들의 양립불가능성이 이 가운데 적어도 하나가 거짓일 수밖에 없다는 것을 함축하지는 않는다. 〈개〉를 개의 이름으로 사용하라는 규칙과 그것을 고양이의 이름으로 사용하라는 두 규칙에 대해서도 같은 얘기가 성립할 것이다. 왜냐하면 어느 규칙도 참이거나 거짓이 아니기 때문이다. (참이거나 거짓인 것은 어느 하나가 채택되거나 만족되거나 위반되거나 권장된다고 하는 것이다.)

어떤 명제 p가 다른 어떤 명제 q와 양립불가능하다는 것이 이들 가운데 적어도 하나는 거짓이라는 사실을 함축한다면, 그런 경우에만 나는 명제 p가 유일하다고 말하겠다. 논리적 명제는 유일하다. 예를 들어 양립불가능한 논리적 명제인 $P \mid Q$와 $P \bigcirc Q$를 생각해보자. 만약 이 가운데 하나가 P와 Q의 의미를 드러낸다면, 좀더 정확히 말해 이 가운데 하나가 P와 Q를 지배하는 규칙에 맞는다면, 다른 하나는 그 규칙을 위반한다. 이 경우 그 가운데 하나는 참이고 다른 하나는 거짓이다. 물론 $P \mid Q$가 $P \bigcirc Q$와 양립불가능하다는 것은 이 가운데 어느 것도 참이 아닐 가능성 — 가령 $P < Q$이기 때문에 — 도 허용한다. 바꾸어 말해, $P \mid Q$가 $P \bigcirc Q$와 양립불가능하다는 것은 그 가운데 적어도 하나는 거짓이라는 것을 함축한다. 또 다른 예로 "p가 q를 논리적으로 함축한다" — 이는 때로 좀더 정확히 "$p \vdash q$"로 적는데, 여기서 아래 첨자는 주어진 언어나 개념체계의 개념적

구성요소와 비개념적 구성요소의 유형을 지배하는 규칙을 가리킨다—는 논리적 명제를 생각해보자. 이 명제는 가령 "p는 q를 논리적으로 함축하지 않는다"와 양립할 수 없다. 이 둘이 유일하다는 사실은 앞과 아주 꼭 같은 논증을 통해 알 수 있다. 개념이나 명제의 연언이 내적으로 일관적이라고 주장하는 것은 논리적 관계를 주장하는 것이며, 그러므로 유일한 명제이다.

이제 사실적 명제, 즉 논리적 명제도 아니고 규칙도 아닌 명제를 살펴보기로 하자. 특정한 그리고 일반적인 경험적 명제—여기서 '경험적'을 포퍼처럼 반증가능한 것으로 이해해도 된다—는 분명히 유일하다. 그래서 "구리 조각은 모두 전기를 통한다"와 "전기를 통하지 않는 구리 조각도 있다"라는 양립불가능한 명제들 가운데 적어도 하나는 거짓일 수밖에 없다. 마지막에 나온 명제는 또한 유일한 존재명제의 예이기도 하다. 또한 "사람은 불멸의 영혼을 가진다"와 "사람은 불멸의 영혼을 갖지 않는다"는 신학적 명제들도 유일하다. 적어도 우리가 논리 실증주의자들의 유의미성 기준을 채택하지 않는 이상은 그렇다는 말이다.

그러나 수학의 존재명제는 유일하지 않다는 것을 보이기 위해, 나는 다음과 같은 가정을 하겠다. 속성 P를 갖는 대상이 존재한다고 하는 참인 진술은 P가 내적으로 일관적이라는 것을 논리적으로 함축하지만, P가 내적으로 일관적이라는 것은 P를 가진 대상이 존재한다는 것을 함축하지는 않는다. 간단히 말해, 존재는 일관성을 함축하지만, 일관성은 존재를 함축하지 않는다. (나는 또한 '일관성'이나 이와 비슷한 말의 의미는 논란의 여지가 없다고 가정한다. 즉 그것은 존재와 일관성의 관계에 관한 위의 진술이 참이 아니라고 하는 분석이나 정의는 모두 부당한 것으로 거부해야 한다는 의미에서 그렇다고 가정한다.)

만약 우리가 "구리 조각이 있다"나 "불멸의 영혼이 있다"를 "유클리드 점이 있다"와 비교한다면, 우리는 이 존재진술들의 근거가 아주 다르다는 사실을 알 수 있다. 구성요소 개념의 일관성은 어느 경우에나 다 필수적이다. 그러나 '유클리드 점'을 나타내는 대상의 경우 우리가 그 대상을 결정이나 상정 (*postulation*) 에 의해 얻을 수 있지만, '구리 조각'이나 '불멸의 영혼'에 대해서는 그렇게 할 수 없다.

'유클리드 점'이 내적으로 일관적일 경우에만 물리적 우주의 본성과 독립해서 유클리드 점의 존재를 상정하는 것이 합당하다. 하지만 "유클리드 점이 있다"라고 말하는 것이 '유클리드 점'이 내적으로 일관적이라는 것을 말해준다는 의미는 아니다. 그것이 오류임은 존재와 일관성 사이의 일반적 관계뿐만 아니라 가령 힐베르트나 베블린이 제시한 유클리드 기하학의 구조로부터도 알 수 있다. 만약 유클리드 기하학의 존재진술은 존재진술이 아닌 것에 의해 표현될 그 이론의 개념들이 일관적임을 표현해주는 것일 뿐이라면, 일단 일관성을 보여주고 나면 그 이론으로부터 원래 이론의 귀결을 제거하지 않고도 존재 가정을 모두 제거할 수 있어야 할 것이다. 그러면 그 이론의 존재진술이 모두 비존재진술에 의존함을 입증할 수 있을 것이다. 그런데 이는 거짓임을 보일 수 있다.

유클리드 점이 있다는 것을 상정할 자유가 있다는 것은 이것들이 존재하지 않는다고 상정할 자유도 있다는 점을 함축한다. 이는 "유클리드 점이 존재한다"와 "유클리드 점이 존재하지 않는다"는 두 진술이 양립불가능하다 할지라도, 이 양립불가능성은 그 가운데 적어도 하나가 거짓임을 함축하지는 않는다는 의미이다. 이 두 명제는 모두 사실적 명제이지만, 규칙과 같이 유일하지 않다. 이런 간단한 결과를 불분명하게 마련인, 명제에 대한 통상적인 좁은 규정으로는 표현해낼 수 없다.

같은 사실이 수학의 존재명제 일반에 대해서도 똑같이 적용된다. 순수하게 정확한 개념 — 가령 '정수' — 의 일관성은 그런 대상의 상정을 허용한다. 엄밀한 유한주의자들이나 직관주의자들 그리고 고전수학자들이 규정하는 여러 가지 실수 개념과 심지어 그런 사람들이 주장하는 다양한

'정수' 개념도 유클리드 기하학이나 비유클리드 기하학에서의 '점' 개념만큼이나 서로 다르다. 우리는 존재명제와 일관성 명제를 식물학이나 동물학에서처럼 순수수학에서도 아주 주의 깊게 구분해야 한다. 하지만 식물학자나 동물학자는 자기일관적 개념의 사례를 창조할 수 없지만, 순수수학자는 자신의 **결정**(*fiat*)에 의해 자기일관적 개념의 대상들을 만들어낼 수 있다. 그는 그렇게 할 수 있을 뿐만 아니라 끊임없이 그렇게 하기도 한다. "어떠어떠한 대상이 존재한다"와 같은 형태의 수학의 존재명제는 유일하지 않은 사실적 명제이다.

우리가 보았듯이, 수학의 존재명제가 유일한 논리적 명제라는 견해는 '논리적 원리' — 논리적 원리로 분류되는 무한공리와 같은 원리들 — 의 의미에 대한 임시방편적인 정의에 근거한다. 논리적 명제란 개념들이나 명제들 사이의 논리적 관계를 표현하는 것이라는 정의가 너무 좁다고 생각된다 하더라도, 내적으로 일관적인 개념을 나타내는 대상은 있을 수 있다고 하는 명제는 어느 것도 논리적 명제가 아니다. 사실 이런 부정적 요건은 '논리적 명제'에 대한 모든 정의가 적합한지를 측정하는 기준 가운데 하나이다.

형식주의 수학철학에서, 수학의 존재명제 가운데 **일부**는 유일한 사실적 명제라는 견해는 그 명제들이 지각적 대상 — 스트로크와 스트로크 연산 — 을 기술한다고 하는 사실에 근거한다. 그것은 부정확한 지각적 특성의 사례와 순수하게 정확한 수학적 개념의 사례를 혼동했기 때문이다. 직관주의 철학에서, 존재명제의 유일성에 대한 견해는 자명한, 상호주관적, 직관적 구성이라는 사실에 근거한다. 이 견해 또한 이미 앞에서 오래되기는 했지만 효과적인 논증에 의해 기각되었다.

우리는 내적으로 일관된 개념을 나타내는 대상의 상정이 수학의 존재명제의 기초라고 말했다. 이는 우리가 주어진 경우에 그런 대상을 실제로 상정해야 하는지 여부의 물음에 대해서는 아무런 대답도 함축하지 않는다. 그것을 함축한다고 말한다면, 그것은 어떤 형태의 자동차를 만드는 것이 이 유형의 자동차가 존재한다는 진술의 토대라는 사실이 우리가 그런 자동차를 만들어야 하는지 여부의 물음에 대한 대답을 함축한다고 여기는 것과 같다. 수학에서 존재명제에 관해 논의됐던 것은 실제 수학자의 견해와 아주 잘 맞는 것 같다. 사실 '존재 상정'(또는 공준, *postulate*)이란 용어를 그들이 쓴다는 사실은 수학의 존재명제가 유일하지 않다는 점을 아주 뚜렷이 시사해준다.

수학의 이론이 모두 존재명제를 포함하는 것은 아니며, 수학적 진술은 모두 상정(공준)이 정리를 논리적으로 함축한다고 하는 논리적 진술일 뿐이라고 비판할 수도 있을 것이다. 그 경우 수학이론은 단순히 의미를 드러내는 것일 뿐이며, 그 이론이 '어떤 대상을 붙잡을 수 있는지' 여부를 전혀 고려하지 않고 개념 망을 드러내줄 뿐인 것으로 이해될 것이다. 하지만 우리는 (기술적) 동물학의 개념 망도 아주 똑같다고 볼 수 있다. 그런데 이 경우에도 우리는 여전히 그런 체계의 개념에 대상이 어떻게 제공되는가 하는 물음을 물을 수 있다. 동물학의 경우 이에 대한 대답은 지각적 자료나 물리적 자료에 의해 그렇게 된다고 할 것이고, 수학의 경우 상정을 통해 그렇게 된다고 할 것이다.

순수수학의 이론은 모두 유일하지 않은 존재명제를 포함한다고 말하기보다는 존재명제 — 이것은 순수수학 이론에 포함되는 것이거나 그런 이론에 의해 제공된다 — 는 이런 특성을 가진다고 말하는 것이 더 바람직하다. 이런 양해 하에 우리는 앞 두 절의 논의를 다음과 같이 요약해볼 수 있다. 순수수학의 모든 이론 — 이는 집합과 함수나 이와 유사한 개념에 의해 정식화된다 — 은 순수하게 정확하며, 존재적으로 유일하지 않다.

4. 응용수학의 본성

순수수학은 (논리적으로) 지각과 단절되어 있다. 하지만 응용수학, 특히 이론물리학에서 순수수학과 지각은 맺어진다(*bring together*). 이런 관계의 본성은 무엇인가? 이에 답할 수 있는 올바른 토대는 이미 앞의 논의를 통해 대체로 마련된 것 같다.

한 이론물리학자가 내놓은 간결한 주장을 인용하는 데서 논의를 시작하는 것이 좋을 것 같다. 이 주장은 우리가 앞에서 살펴볼 기회가 있었던, 실제 수학자들과 자기 분야에 수학을 이용하는 과학자들의 주장과 그 정신이 비슷하다. 그리고 그런 학자들의 수는 무한정 늘어날 수 있다. 디랙[9]은 다음과 같은 지적을 한다. 양자역학을 정식화하려면 고전물리학에서 사용되는 것과는 다른 수학적 장치가 필요하다. 왜냐하면 새로운 생각의 물리적 내용은 "고전적 관점에서 보면 이해할 수 없는 아주 이상한 방식으로 연결되는 역학체계(*dynamical system*)의 상태와 역학변수(*dynamical variable*)를 필요로 하기" 때문이다. 그는 이어 양자역학과 모든 물리이론의 구조에 대한 자신의 견해를 다음과 같이 표현한다.

> 새로운 도식(*scheme*)이 정확한 물리이론이 되려면, 수학적 양을 지배하는 모든 공리와 조작규칙들이 구체화되고, 이에 덧붙어 물리적 사실과 수학적 형식체계를 연결해줄 어떤 법칙이 확립되어 물리적 조건으로부터 수학적 양 사이의 등식이 추론될 수 있어야 하며, 그 역도 또한 성립해야만 한다. 그 이론을 적용할 때 우리는 어떤 물리적 정보를 얻을 것이며, 그 정보를 우리는 수학적 양 사이의 등식을 통해 표현할 것이다. 그렇게 되면 우리는 공리와 조작규칙의 도움을 받아 새로운 등식을 연역할 것이며, 이런 새로운 등식

---

9) *The Principles of Quantum Mechanics*, 3판, Oxford, 1947, reprinted 1956, 15쪽.

을 물리적 조건으로 해석해 결론을 내릴 것이다. 전체 도식의 정당성은 내적인 일관성과 독립해 최종결과가 실험과 일치하느냐에 달려 있다.

디락이 "물리적 사실과 수학적 형식체계를 연결해줄 법칙을 확립한다"고 말할 때, 그는 그 연관성의 본성이 물리적 특성이나 대상과 수학적 특성이나 대상 사이의 일대일대응에 있다거나 또는 수학적 특성이 물리적 대상에 의해 예화되는 데 있다고 미리 예단하지는 않는다.

고전적 저작에서 상대성이론의 논리적 구조를 논의한 에딩톤[10] 은 내가 보기에 그렇게 분명하지는 않다. 그는 "세계의 관계구조를 기술하고자 하는 순수기하학을 발전시킨 후", '동일시의 원리'(*the principle of identification*) 라고 부른 것을 다음과 같이 정식화한다.

> 관계구조는 우리 경험 속에서 물리적 세계가 **공간, 시간** 그리고 **사물들**로 구성된다는 것을 보여준다. 기하학적 기술(*description*) 로부터 물리적 기술로 나아가는 것은 물리적 양을 측정하는 텐서(*tensor*) 를 순수기하학에 나오는 텐서와 동일시할 때에만 가능하다. 우리는 먼저 물리적 텐서가 어떤 실험상의 속성을 갖는지를 탐구하고, 그런 다음 이런 속성을 지닌 기하학적 텐서를 **수학적 동일성에 의해** 찾고자 해야 한다.

여기서 문제는 '동일시'라는 말의 의미이다. 만약 그 의미가 단순히 어떤 목적을 위해서는 물리적 특성을 마치 수학적 특성인 **양** 다룰 수 있다는 것이라면, 에딩톤의 주장은 의도 면에서 디락의 주장과 아주 비슷하다. 만약 그 의미가 수학적 특성과 물리적 특성의 동일성이 발견되거나 추측되거나 상정된다는 것이라면 동일시의 원리는 거짓이다. 왜냐하면 이는 수학이 지각과 단절되어 있다는 것과 양립불가능하기 때문이다. 에

---

10) *The Mathematical Theory of Relativity*, 2판, Cambridge, 1924, 222쪽.

딩톤의 이후 저작, 특히 철학적인 저작을 보면 두 번째 해석을 염두에 둔 것 같다. 그런데 이는 순수하게 정확한 개념들과 부정확한 개념들 사이의 근본적 차이를 무시하는 것이고, 순수수학에서 찾아볼 수 있는 확정적인 대응과 지각적 명제에서 찾아볼 수 있는 유사성 사이의 근본적인 차이를 무시하는 것이다.

다행히 이론물리학과 응용수학 전반에서 수학적 특성과 지각적 특성 사이의 관계를 설명하기 위해, 우리가 양자역학이나 상대성이론과 같은 수학적으로 아주 복잡한 이론을 살펴볼 필요는 없다. '(철학적) 일반성을 잃지 않으면서도' 아주 간단한 예 — 우리는 이를 응용수학에 대한 논리주의자와 형식주의자의 견해를 비판할 때도 썼다 — 를 살펴보면 된다. 다시 한 번, 하지만 이번에는 정확한 개념과 부정확한 개념의 논리에 대한 좀더 명확하고 자세한 논의에 비추어 다음 명제들을 생각해보기로 하자.

(1) "$1 + 1 = 2$"
(2) "사과 하나와 사과 하나를 더하면 두 개의 사과가 된다."

명제 (1)은 순수수학의 명제로, 여러 가지 다른 방식으로 분석될 수 있다. 다시 말해 (1)은 서로 일관적일 필요가 없는, 가령 초한공준에서 차이가 나는, 다양한 산수이론에 속하는 명제로 간주될 수도 있다. (두 이론이 비일관적이란 말은 두 이론의 공준집합이, 이들이 합쳐져서 서로 다른 수 개념을 정의하는 것이 아니라 **똑같은** 수 개념을 정의한다고 할 때, 비일관적인 연언이라는 의미이다.) 하지만 이런 해석은 모두 순수하게 정확한 개념만을 포함한다. 그러므로 (1)과 (2)의 개념을 프레게 식으로 단위와 쌍을 특징짓는 정확한 개념으로 간주할 수도 있고, 힐베르트 식으로 종이 위의 스트로크(하지만 그 스트로크는 중립적 후보를 허용하는 부정확한 개념의 긍정적 사례로서가 아니라 중립적 후보를 허용하지 않는 정확한 개념의 긍정적 사례로 여겨진다)를 특징짓는 정확한 개념으로 간주할 수도 있으며, 끝으로 브라우어 식으로 자명한 직관적 구성의 정확한 특성으로 간주할 수도 있다. 이런 여러 해석도 정확한 개념들을 지배하는 규칙의 차이, 즉 수학철학에서 중요 학파들 내의 여러 차이에 따라 세부적으로 더 차이가 날수 있다. 수학의 덧셈에 대한 분석에 대해서도 마찬가지 이야기를 할 수 있다. 프레게는 수학의 덧셈을 논리적 합(정확한 개념의 정확한 치역)의 순수하게 정확한 관계로 여기며, 힐베르트는 이상적 스트로크의 병렬이 지닌 정확한 개념의 특성으로 간주하고, 끝으로 브라우어는 이런 지각적 연산의 직관적 대응물이 지닌 정확한 특성이라 생각한다.

그러므로 어떤 식으로 분석하든 명제 (1)은 순수하게 정확한 개념만을 포함하며, 지각과 단절되어 있다. 힐베르트와 브라우어에 따르면, 그것은 분명히 여기 포함된 개념이 빈 개념이 아니라는 점을 함축한다. 그것은 존재적이며, 우리가 주장했듯이 유일하지 않게 존재적이다.

명제 (2)는 서로 다른 두 가지 방식으로 분석될 수 있다. 첫째, 그것을 순수하게 정확한 것으로 간주할 수 있다. 우리가 보았듯이, 논리주의자는 (2)를 (1)의 대입 사례로 간주했다. 즉 (1)에 나오는 불특정한 단위집합을 특정한 사과들의 단위집합으로 구체적으로 대입해 넣고, (1)에 나오는 불특정한 논리적 합을 사과들의 단위집합들의 논리적 합으로 대입해 넣어 얻은 대입 사례로 간주했다. 그 이행은 공집합이 아닌 서로 다른 x와 y에 대해 다음 식으로부터,

$$(x)(y)(((x \in 1) \ \& \ (y \in 1)) \equiv ((x \cup y) \in 2))$$

다음 식으로 나아가는 것이다.

$$((x_0 \in 1) \ \& \ (y_0 \in 1)) \equiv ((x_0 \cup y_0) \in 2))$$

형식주의 체계에서, ⑵는 ⑴과 동형인 것으로 해석된다. 즉 사과와 이들의 병렬은 암묵적으로 정확한 개념의 사례로 생각된다. 나는 여기서 지금 본 방식대로 ⑵를 ⑵a)처럼 정확한 명제로 만들어 주는 것을 앞으로 ⑵의 모사(*transcription*)라 부를 것이다.

하지만 명제 ⑵를 물리적 대상들을 물리적으로 더한 결과에 관한 경험적 진술로 여길 수도 있다. '물리적 단위', '물리적 덧셈', '물리적 쌍' — 이 용어들의 여러 의미에서 — 이란 개념들은 모두 내적으로 부정확한 개념이다. 이에 따라 이 부정확한 개념들을 구성요소로 갖는 명제들도 내적으로 부정확하다. "하나의 사과에 하나의 사과를 더하면 두 개의 사과가 된다"는 경험적인 자연법칙이며, 이것은 "1 + 1 = 2"와 달리 실험과 관찰에 의해 확증되거나 반증될 수 있다. 나는 여기서 ⑵를 ⑵b)와 같은 내적으로 부정확한 (지각적) 특성을 포함하는 일반적인 경험적 진술로 만들어주는 것을 명제 ⑵의 분석(*analysis*)이라고 말할 것이다. 11)

비판적인 논의를 한 앞 장들에서, 나는 ⑴과 ⑵a)의 관계를 생각해보는 것은 순수수학을 경험에 적용하는 것과 관련된 문제를 아직 건드리지도 않은 것이라고 주장하였다. ⑴과 ⑵a)의 관계를 통해 ⑴과 ⑵b)의 관계를 설명한다면, 이는 순수하게 정확한 개념과 순수하게 정확한 대상 및 그것들을 포함하는 명제들을, 내적으로 부정확한 개념과 내적으로 부정확한 대상 및 그것들을 포함하는 명제들과 혼동하는 실수를 하는 것이다. 그것은 정확한 개념의 논리와 부정확한 개념의 논리 사이의 근본적 차이와 이들이 (논리적으로) 단절되어 있다는 사실을 무시하는 것이다.

⑵a)와 ⑵b)는 전혀 다른 구조를 가졌고, 따라서 ⑵b)는 ⑴의 예화도 아니고 그것과 동형인 것도 아니기 때문에, ⑵b)를 낳게 되는 ⑴의 '적용' — ⑵a)에 의해 ⑵b)를 이상화하거나 수학화하는 것 — 은 ⑵b)를

---

11) 경험적인 자연법칙에 대한 분석으로는 *Conceptual Thinking*, 11장 참조.

(2a) 로 대체하는(replacing) 것으로 이루어진다. 이런 대체는 의도에 따라 정당화된다. 특히 (2a) 가 다른 수학적 명제와 함께 또 다른 수학적 명제를 연역하는 전제로 쓰이고, 이 가운데 일부가 새로운 경험적 명제의 이상화로 여겨질 수 있다고 한다면, (2b)를 (2a) 로 애초에 대체하는 것도 새로운 경험적 진리를 발견하기 위한 보조제로서 정당화된다. 이론물리학과 응용수학의 절차는 대개 경험적 명제를 수학적 명제로 대체하는 것이며, 수학적 귀결을 수학적 전제들로부터 연역하는 것이고, 이런 귀결들 가운데 일부를 경험적 명제로 대체하는 것이다. 이런 절차가 아주 성공적일 수 있고 실제로 성공적이기도 했다는 점은 세계의 실제 모습에 의거한다. 정확한 개념과 부정확한 개념을 (수학적 연역 이전과 이후에) 교환하는 것을 (어느 정도 엄격하게) 지배하는 만족가능한 규칙이 발견되었다는 사실은 인간의 독창성이라 부르곤 하는 세계의 특성에 의거한다.

사과를 더하는 응용수학과 양자역학 및 상대성 물리학 사이의 차이는 복잡성의 정도차일 뿐이다. 양자역학과 상대성 물리학에서 순수하게 정확한 개념이나 명제를 내적으로 부정확한 개념이나 명제와 교환하는 두 가지의 연속적 단계(물리적 개념이나 물리적 명제로서, 물리적 개념을 먼저 수학적 개념으로 대체하고 그런 다음 수학적 명제를 물리적 개념으로 대체하는 것) 는 대개 수학적 추론의 긴 연쇄에 의해 분리된다. 반면 사과를 더하는 물리학의 경우에는 여기에 개입되는 수학적 추론의 연쇄가 짧거나 아예 없을 수도 있다. 더구나 힐베르트 공간의 순수기하학을 원자물리학의 물리적 현상에 적용할 때나 텐서의 계산을 움직이는 물체의 물리적 현상에 적용할 경우에는 수학적 개념이나 명제를 모두 물리적 개념이나 명제와 짝지을 수 없지만, 사과 예에서는 수학적 개념이나 명제를 물리적 개념이나 명제와 완벽하게 짝지을 수 있다.

대개는 순수수학이 감각경험에 적용되기 전에, 새로운 개념들뿐만 아니라 그런 개념들의 용법을 지배하는 공준을 도입해 순수수학을 먼저 확장해야 한다고 주장할 수도 있을 것이다. 러셀[12]에 따르면, 순수수학은 '질량', '속도' 등과 이에 대응하는 새로운 공준을 도입하여 이성적 역학 (*rational dynamics*) 으로 확장된다.

비록 이러한 개념들과 순수하게 논리적인 또는 수학적인 개념들을 명확하게 구분하기 어렵다는 점을 인정한다 할지라도, 이성적 역학의 개념들은 순수하게 정확하다. 이성적 역학에서 사용되는 '질량'과 '속도'는 실험실 안이나 밖에서 사용되는, 감각경험의 특성인 질량과 속도 개념과는 연역적으로 단절되어 있으며, 그 개념들은 경험적 개념이 모두 그렇듯이 내적으로 부정확하다. (이성적 역학에는 경계사례를 허용하는 개념은 전혀 들어있지 않다.) 바꾸어 말해 가령 여러 의미의 '물리적 덧셈'이 '수학적 덧셈' — 이 개념을 논리주의 식으로 순수하게 정확한 개념으로 정의하든 아니면 형식주의 식으로 정의하든 아니면 직관주의나 또 다른 방식으로 정의하든 상관없다 — 과 단절되어 있듯이, 이성적 역학의 개념들도 그에 대응하는 경험적 대응물 — 만약 그런 게 있다면 — 과는 똑같이 단절되어 있다.

이런 맥락에서 우리는 맹거[13] (K. Menger) 가 수행한, 순수수학의 개념과 응용수학의 개념의 구분을 언급해야 하겠다. 그는 양(*quantity*) 을 첫 번째 원소가 대상이고 두 번째 원소가 수인 순서쌍으로 정의한다. 같은 대상이 서로 다른 수치를 갖지 않는 이상 두 양은 서로 일관적이다. 만약 그 대상이 수가 아니라, 가령 물리적 거리나 저울의 눈금을 읽는 행위라고 한다면, 그 양은 순수수학이 아니라 응용수학에 속한다. 서로 일관적인 양의 집합을 간단하게 '플루언트'[14] 라 부른다. 만약 그 원소의 첫 번째 성원이 수라면, 그 플루언트는 순수수학의 함수이다. 만약 그 원소의

---

12) *Principles of Mathematics*, 2판, London, 1937, 465쪽 이하.

13) *Calculus — A modern approach*, Boston, 1955와 이 책의 여러 논문 참조.

14) 〔옮긴이주〕 *'fluent'*. 마땅한 번역어가 없어 그냥 '플루언트'로 적는다.

첫 번째 성원이 수가 아니라면, 그 플루언트는 응용수학에서의 어떤 관계를 나타낸다.

이런 핵심 용어를 이용한 멩거의 통찰력 있는 분석을 내가 알게 된 것은 아주 최근이어서 여기서 그에 걸맞은 논의를 하기는 어렵다. 따라서 나는 그의 플루언트, 특히 응용수학에 속하는 플루언트가 순수하게 정확하며, 그래서 내적으로 부정확한 경험적 개념들과 연역적으로 단절되어 있다는 주장을 하는 정도로 만족하기로 한다.

응용수학에 대한 우리의 논의를 요약한다면 다음과 같다. 지각과는 논리적으로 단절되어 있는 순수수학을 지각에 '응용'하는 일은 다음을 포함하는 어느 정도 엄격하게 규제된 활동이라 할 수 있다. ① 경험적 개념과 명제를 수학적인 것으로 대체하고, ② 그렇게 해서 제공된 수학적 전제들로부터 귀결을 연역해내고, ③ 연역된 수학적 명제들 가운데 일부를 경험적인 것으로 대체하는 것으로 이루어진다. 우리는 이에 ④ 마지막에 언급한 명제를 경험적으로 확증하는 것 — 하지만 이는 이론 과학자의 과제라기보다는 실험 과학자의 과제이다 — 을 덧붙일 수도 있을 것이다.

여기서 제시한 이 견해는 디락이나 폰 노이만(본문 91쪽 참조), 그리고 다른 여러 사람들의 주장과 대개 같다. 앞에서도 지적했듯이, 그것은 또한 응용수학에 대한 커리의 견해와도 어느 정도 유사하다. 지금 이 입장의 새로운 특징이 있다면, 그것은 (순수하게 정확한) 수학적 개념이나 명제들과 (내적으로 부정확한) 경험적 개념이나 명제들을 명확히 대조한다는 점이다. 그런 대조는 이들이 서로 단절되어 있다는 간단한 정리에 가장 명확하게 드러나 있다.

이론물리학에 수학을 '적용'하는 일을 아주 다른 식으로 이해하는 현대 철학자들도 있다. 그들은 경험적 결론이 수학적 추론을 통해 경험적 전제들로부터 바로 연역된다고 주장한다. 즉 수학적 연역을 하기 전과 한 후에 정확한 개념이나 명제를 부정확한 개념이나 명제와 교환하지 않고도 경험적 결론이 바로 연역된다고 주장한다. 예를 들어 벤저민 퍼스 (Benjamin Peirce) 의 유명한 격언인, "수학은 필연적 결론을 이끌어내는 과학이다"에서 그런 주장을 찾아볼 수 있다. 이런 주장은 칸트의 수학철학에도 암묵적으로 들어있다. 그리고 몇몇 최근 저술, 가령 브레이스웨이트(R. B. Braithwaite) 의 탁월한 책인 《과학적 설명》(*Scientific Explanation*) 15) 에도 그런 주장이 함축되어 있다. 아니면 적어도 그런 주장을 거부하지 않는다. 하지만 이론물리학의 논증에서 정확한 개념과 부정확한 개념을 교환한다는 사실을 무시하면, 수학철학에서뿐만 아니라 과학철학에서까지 수학적 개념과 경험적 개념을 뒤섞는 꼴이 된다.

5. 수학과 철학

수학자들은 두 가지 유형의 틈 — 이것들이 언제나 명확히 나누어질 수 있는 것은 아니다 — 즉 현존 이론 내에서 정리가 없어서 생기는 틈과 이론이 없어서 생기는 틈을 메우고자 한다. 수학자의 과제가 정리를 발견하는 데 있다기보다는 이론을 발견하는 데 있을 경우 철학적 고려가 훨씬 더 영향력을 발휘할 수도 있을 것 같다. 또한 수학자의 과제가 이를테면 물리학의 특정 분야를 위한 수학적 도구를 제공할 이론을 구성하는 데 있다기보다는 수학의 '기초'를 제공하고자 하는 이론을 구성하는 데 있을 경우에도 철학적 고려가 훨씬 더 영향력을 발휘할 수도 있을 것 같다. 적어도 논리주의의 수학이나 형식주의의 수학 또는 직관주의의 수학을 처음 만든 사람들은 철학적 가정이나 통찰 또는 편견(우리가 이것을 무엇이라 부르든)에 큰 영향을 받았다는 데는, 우리가 그들의 주장을 진정으로 받

---

15) Cambridge, 1953.

아들인다고 할 때, 의문의 여지가 전혀 없다. 수학과 철학의 관계를 좀더 또렷이 알기 위해서는, 분석철학과 형이상학의 구분이라는 유용하고도 널리 받아들여지는 구분을 더 면밀히 생각해보는 것이 좋을 것 같다. 어느 정도 도식적이고 지나칠 정도로 단순하게 다루더라도 여기서는 이것으로 충분하다. 16)

분석철학은 한때 일상적 진술이나 특수한 탐구 분야에 속하는 진술이나 이론의 '의미'를 드러내는 것 (*exhibition*) 으로 생각되곤 했다. 그리고 의미를 드러낸다는 것은 의미를 바꾸는 것이 아니라, 의미를 명확히 해주는 것이라고 여겨졌다. 언어적 표현의 의미를 찾지 말고 용법을 찾으라는 비트겐슈타인의 충고를 널리 받아들여, 그의 추종자들은 분석철학을 분석된 믿음과 이론의 언어적 표현을 지배하는 규칙을 드러내는 것이라고 생각하였다. 분석이 분석되는 것을 변화시켜서는 안 된다는 요건은 지금도 여전히 받아들여진다. 비트겐슈타인은 그것을 "철학은 언어의 실제 사용에 어떤 식으로도 간섭해서는 안 되며, 철학은 그것을 기술할 수만 있다"17) 는 말로 정식화하였다. 나는 이런 형태의 분석을 '드러내기 분석' (*exhibition-analysis*) 이라 부르겠다.

드러내기 분석이 어느 정도로 유익한 철학적 방법인가 하는 문제를 여기서 따지지는 않더라도 모든 철학, 분석철학이라는 이름으로 행해지는 모든 철학이 드러내기 분석은 아니라는 점은 분명하다. 분석철학자들이나 다른 철학자들은 때로 규칙을 드러내는 것 이상으로 나아가고 그것을 변화시켜야 하는 경우도 있다고 생각한다. 특히 현존하는 규칙 가운데

---

16) 더 자세한 논의를 보려면 *Conceptual Thinking*, 특히 30~33장과 *Library of Living Philosophers*, ed. Schilpp의 브로드 편에 나올 *Broad on Philosophical Method*를 참조.

17) *Philosophical Investigations*, Oxford, 1953, 49쪽.
  〔옮긴이주〕 이 대목은 이영철 옮김, 《철학적 탐구》, 124절, 100쪽에 나온다.

일부만 보존하고 다른 것들은 좀더 적절한 규칙 — 규칙의 적절성은 다양한 상황과 목적에 따라 다를 수 있다 — 으로 대체해야 한다고 생각한다. 그래서 집합이론의 역설은 고전수학(과 그리고 아마도 상식적 믿음)에 대한 드러내기 분석을 통해 새롭게 알려졌으며, 이런 발견으로 생긴 수학적이고 철학적인 문제 가운데는 고전수학과 사람들이 하는 일상적인 대화에서 '집합'과 이와 비슷한 말들을 지배하는 규칙들을 어떻게 적절히 대체할 것인가 하는 문제도 있다. 나는 이런 형태의 분석을 '대체하기 분석'(*replacement-analysis*) 이라고 부르겠다.

대체하기 분석은 결함이 있는 피분석항을 올바른 분석항으로 — 결함이 있는 규칙집합을 올바른 것으로 — 바꾸는 일이다. 물론 이 경우 분석항과 피분석항은 공통된 요소를 충분히 가져서 분석이란 말을 할 수 있을 정도이어야 한다. 대체하기 분석이 어느 경우에 성공적인지를 알려면, 우리는 ① 올바른 분석인지를 가릴 수 있는 분명한 기준과 ② 분석항과 피분석항 사이에 성립해야 하는 관계가 무엇인지에 대해 의견의 일치를 보아야 한다. 그러므로 대체하기 분석의 과제는 다음과 같은 일반적 형태를 띤다고 할 수 있다. 개념들과 다른 명제를 구성하는 구성요소 개념들을 지배하는 규칙이 올바른지를 결정하는 기준이 주어지고 아울러 분석관계가 주어졌다고 할 때, 결함이 있는 규칙들의 연언을 올바르면서도 원래의 결함 있는 집합과 분석관계에 있는 새로운 연언으로 대체하는 일이 바로 그 과제이다. 대체하기 분석을 수행할 때 가정되는 올바름의 기준과 분석관계는 내용과 정식화되는 정확성의 정도 면에서 아주 다를 수 있고 실제로 다르기도 하다. 예컨대 어떤 사람에게는 고기인 것이 다른 사람에게는 독이 될 수도 있다. 이때 서로 다른 기준의 선택을 어떻게 정당화할 수 있는지의 문제가 즉각적으로 생겨난다.

드러내기 분석이나 대체하기 분석은 모두 그런 선택을 정당화해줄 수 없다. 드러내기 분석은 올바를 경우 어떤 선택을 했는지를 보여줄 뿐이다. 대체하기 분석은 기준을 선택한 이후나 또는 선택 없이 기준을 채택한 이후에야 진행될 수 있다. 물리학이론이나 수학이론의 올바름의 기준을 고를 때, 우리는 이론의 구성을 위한 프로그램을 선택하는 것이다. 물리이론의 경우 그런 선택은 관찰과 실험의 사실에 의해 제한을 받는다. 하지만 이 경우 다른 요건도 관련이 되며, 이런 점은 아인슈타인과 보어 및 이들의 추종자들 사이의 논쟁에서도 드러났다. 그것은 단순히 양자역학의 형식체계에 관한 것이라기보다는 그것이 '이해가능한지' 또는 '설명적 가치'[18] 가 있는지에 관한 것이었다. 수학이론의 경우 경험에 의한 통제가 있다 하더라도 그것은 아주 간접적인 형태에 그친다. 선택은 이른바 '실재'의 본성에 대한 통찰이나 건전한 관행이나 전통에 뿌리를 두는, 형이상학적 확신에 의해 많이 좌우된다. 이것들은 규제적 원리, 가령 행위규칙 ─ 행위의 영역은 수학이론을 구성하는 데 있다 ─ 으로 영향력을 발휘하게 된다.

수학이론의 내적구조와 관련해서는 드러내기 분석의 여지가 거의 없다. 수학이론 안에서 진술 형성과 추리를 지배하는 규칙에 대해서는 그것들이 이미 명시적으로 정식화되었거나 ─ 이 경우 이것들을 다시 드러내 줄 필요는 전혀 없다 ─ 또는 그것들이 실제 수학자들에 의해 암묵적으로 채택되었어야 한다. 결국 이 경우 이런 이론을 안이 아니라 밖에서 보는 철학자들보다는 실제 수학자들이 그 규칙들을 밝혀낼 가능성이 더 높다. (예컨대 선택공리는 수학자였던 체르멜로에 의해 분명하게 밝혀졌으며, 대입과정을 지배하는 규칙들은 수학자 커리가 밝혀내는 중이다.)

우리가 순수수학의 개념과 명제 및 이론을 일반적으로 특징짓고, 이것들을 다른 유형의 개념이나 명제 및 이론과 비교할 때, 철학적 분석, 특

---

18) *Library of Living Philosophers*, ed. Schilpp, Chicago의 아인슈타인 편을 참조. 그리고 *Observation and Interpretation*, ed. S. Körner and M. H. Pryce, London, 1957 참조.

히 드러내기 분석이 본궤도를 찾게 된다. 철학자들은 이른바 서로 다른 주장이나 탐구를 비교하고 이들 사이의 관계를 파악하는 데 직업적으로 관심이 있다. 이 책 마지막 장의 내용은 순수수학과 응용수학에 대한 드러내기 분석에 작게나마 기여를 하기 위한 것이다. 왜냐하면 분석의 유일한 주제는 일상언어이고, 이를 하는 유일한 도구 또한 일상언어라는 주장을 하는 경우가 있지만, 이 견해는 내게는 너무 제한적인 것으로 보이기 때문이다. 나로서는 왜 수학이 분석의 주제가 되면 안 되는지, 또는 왜 가령 부정확한 개념의 논리 — 어느 정도 전문적인 것으로 제시될 경우— 가 분석의 도구로 사용되면 안 되는지 그 이유를 알 수 없다.

대체하기 분석과 관련해서, 나는 이 책 첫 일곱 개 장에서 이를 다루었다. 내가 논의했던 수학철학은 모두 고전수학의 전부나 일부가 어떤 점에서 결함이 있다고 선언하며, 그 결함을 올바른 수학이론에 의해 대체할 필요가 있다고 주장하고, 실제 구성을 통해 그런 필요성을 충족시키고자 한다. 이들은 모두 집합이론의 역설은 고전수학의 명백한 결함일 뿐만 아니라, 또한 자신들이 서로 다른 방식으로 진단해낸 좀더 깊이 놓인 결함의 증상이라는 데 의견을 같이 한다. 그런 진단에 사용된 논증은 앞서 보았듯이 주로 철학적 논증, 즉 자연과학에도 속하지 않고 논리학에도 속하지 않는 논증이다.

올바른 수학은 '논리적' 원리들로부터 연역될 수 있어야 한다거나 또는 그것은 '유한적' 방법으로 일관성을 증명할 수 있는 형식체계이어야 한다거나 또는 직관적 구성에 관한 보고로 이루어져야 한다는 식의 진단은 모두 철학적 진단이며, 그 각각은 하나의 프로그램을 낳게 되고 수학이론에 그것을 구현하고자 한다. 만약 그 프로그램이 만족될 수 없다는 사실이 드러난다면, 그것은 포기되거나 수정된다. 하지만 두 개나 그 이상의 양립불가능한 프로그램이 모두 만족될 수도 있는 것이며, 이들을 버린다거나 부활시키는 것이 철학적 논증에 의해 이루어질 수도 있으며 심지어 유행 때문에 그렇게 될 수도 있다.

그래서 '수학의 기초' 분야에서 수학이론에 대한 대체하기 분석이나 그 것의 재구성은 수학자와 철학자의 공통 과제가 되어 왔다. 만족가능한 프로그램을 옹호하거나 만족될 수 없다고 알려지지 않은 프로그램을 옹호하는 일은 대개 철학적 논증 — 많이 남용되는 표현을 사용한다면 형이상학적 논증 — 에 의해 진행된다. 반면 어떤 프로그램을 구현하거나 구현하려는 시도는 일종의 수학이다. 이 책에서 나는 모든 수학을 한 가지 유형의 기본이론에 근거하게 하려는 프로그램에 찬성하거나 반대하는 논증을 대체로 피하고자 한다. 도리어 나는 철학적 프로그램과 이를 수학적으로 구현하는 일 사이의 관계를 보여주고자 애썼다. 이 일이 얼마나 성공적이었느냐에 따라 우리는 여기서 철학적-수학적 대체하기 분석에 대한 드러내기 분석을 얻게 될 것이다.

이 책 전체의 목적은 서로 다른 철학적 프로그램을 추구하면서 고전수학을 재구성하려는 작업의 몇 가지 일반적 특징을 드러내고, 지금까지 구성된 순수수학과 응용수학의 이론이 지닌 몇 가지 일반적 특징을 밝히는 것이었다. 이 분석은 물론 세부적인 면에서나 아니면 전체적으로 실패한 것일 수도 있다. 하지만 그것이 수학철학은 수학도 아니고 수학의 단순한 통속화도 아니라는 점을 일깨우기라도 한다면, 철학자들이 철학에서 많이 후퇴한 데 대한 비판의 역할을 어느 정도는 했다고 할 수 있다. 19)

---

19) 이 장의 1~4절에서 설명하고 옹호한 일반적 입장은 몇 가지 중요한 메타수학적 정리, 특히 뢰벤하임 스콜렘 정리(1920), 처치 정리(1936), 괴델(1938)의 일관성 증명 그리고 코헨(1963)이 수행한 연속체 가설의 독립성 증명 등을 면밀히 검토해보면 더 뒷받침될 수 있다. 이 문제들을 논의한 것으로는 "On the Relevance of Post-Gödelian Mathematics to Philosophy" in *Problems in the Philosophy of Mathematics*, ed. I. Lakatos, Amsterdam, 1967 참조.

부록 A: 고전적 실수이론에 관하여

고전적 실수이론은 그 자체로 뉴턴, 라이프니츠, 그리고 이들의 후계자들의 저작 속에 암묵적으로 들어있던 고전 이전의 이론을 재구성한 것이다. 이에 대한 두 개의 동치인 해석이 있는데, 칸토르와 데데킨트의 것이 그것이고 이의 변종들도 함수이론에 대한 현대의 교재에서 많이 볼 수 있다. [1] 수학자가 아닌 독자들을 위해 이 이론들의 일부를 여기서 제시하면서 나는 이 사람들을 따르기로 하겠다. 일반 독자라면 두 이론 모두 살펴보는 것이 좋다. 왜냐하면 일례로 고전이론에 대한 헤이팅의 해석은 칸토르의 해석을 출발점으로 삼는 반면, 바일의 재구성은 데데킨트에 대한 비판으로부터 시작하기 때문이다.

고전이론 이전의 이론은 그리스 시대 피타고라스의 정리로부터 나왔다. 어떤 측정체계에서 같은 변의 길이가 1인 등변 직각 삼각형을 생각해

---

[1] 데데킨트 이론을 완전하게 다루는 것으로는 E. Landau, *Grundlagen der Analysis*, Leipzig, 1930을, 그리고 칸토르의 이론을 다루는 것으로는 H. A. Thurston, *The Number-System*, Glasgow, 1956 참조.

보자. 대변의 길이 $x = \sqrt{1^2 + 1^2} = \sqrt{2}$. 만약 x가 유리수라면, 그것은 p/q의 분수로 나타낼 수 있을 것이다. 여기서 p와 q는 물론 양의 정수이다. 우리는 또한 p와 q가 **공약수를 갖지 않는다**고 가정할 수 있다. (만약 이들이 공약수를 가진다면, 우리는 언제나 나눗셈을 해서 분자와 분모가 '서로 소'가 되도록 할 수 있다.)

$x = \sqrt{2}$로부터 ― x 대신 p/q를 대입하면 ― 우리는 $p/q = \sqrt{2}$를 얻으며, 그래서 $p^2/q^2 = 2$나 $p^2 = 2q^2$를 얻는다. 그런데 이는 p^2이 2로 나누어진다는 의미이다. 이것은 p 자체가 2로 나누어질 수 있거나 짝수일 때에만 가능하다. 왜냐하면 홀수를 홀수로 곱하면, 즉 어떤 홀수의 제곱은 홀수여야 하기 때문이다. 따라서 p를 $2r$로 나타낼 수 있다. $p^2 = 2q^2$에서 p 대신 $2r$을 대입하면, 우리는 $4r^2 = 2q^2$이나 $2r^2 = q^2$을 얻게 된다. 이것도 또한 q와 그래서 q 자체가 짝수일 때에만 그렇게 될 수 있다. 하지만 p와 q가 모두 짝수라면, 이들은 공약수 2를 갖게 되고, 이는 그들이 공약수를 갖지 않는다고 한 가정과 상반된다. 따라서 x^2의 해, 즉 $\sqrt{2}$는 유리수일 수 없다는 것이 따라 나온다. $\sqrt{2}$와 다른 그런 수를 마치 유리수가 만족하는 모든 법칙을 따르는 것인 양 다루는 관행은 정당화가 필요하다.

만약 우리가 유리수에 덧셈, 뺄셈, 곱셈, 나눗셈을 할 경우 그것을 어떤 순서로 몇 번을 하든 그 결과는 다시 유리수이다. 하지만 근의 추출(그리고 수열의 극한을 형성하는 것)과 관련해서는 유리수의 체계가 이런 식으로 똑같이 '닫혀 있지' 않다. 따라서 데데킨트와 칸토르는 다음과 같은 실재들의 전체, 즉 ① 앞서 언급한 모두 연산에 닫혀 있으면서 ② 그것의 하위체계가 유리수를 지배하는 모든 규칙에 맞게 '행동하는' 그런 실재들의 전체를 구성하고자 하였다. (좀더 정확히 말해, 그 하위체계는 유리수 체계와 동형일 것이다.)

1. 데데킨트의 재구성

이 이론에 대한 란도(Landau)의 설명은 자연수의 전체가 주어져 있고 이를 페아노 공리로 특징지을 수 있다는 가정에서 출발한다. 페아노 공리란 ① 1은 자연수이다. ② 모든 자연수 x에 대해 오직 하나의 후자 x'이 존재한다. ③ 후자가 1인 자연수는 없다. ④ 만약 $x'=y'$이면, $x=y$. ⑤ 만약 M이 자연수의 집합으로 다음과 같은 조건을 만족시킨다면, 즉 ⓐ 1이 M에 속하고 ⓑ 만약 x가 M에 속한다고 할 경우 x'도 M에 속한다고 한다면, 그러면 M이 모든 자연수를 구성한다[2]는 것이다. 이 공리들은 가령 《수학원리》에서 쉽게 형식화될 수 있고, 그 안에 포함될 수 있다. 자연수를 계산하는 통상적인 규칙들도 성립한다는 것을 보일 수 있다.

다음으로 분수가 자연수의 순서쌍으로 도입된다. 분수가 같다(equivalence)는 것은 다음과 같이 정의된다. 즉 x_1/x_2가 y_1/y_2와 같기 위한 필요충분조건은 $x_1 \cdot y_2 = y_1 \cdot x_2$ 여야 한다는 것이다. 분수로 하는 계산을 지배하는 통상적 규칙도 정의와 정리를 통해 확립된다. 유리수, 더 정확히 말해 양의 유리수가 그 다음에 도입된다. 유리수는 고정된 분수와 같은 모든 분수들의 집합이다. 그래서 가령 집합 $\{\frac{1}{2}, \frac{2}{4}, \frac{3}{6}, \cdots\}$ 이 하나의 유리수이다. 만약 어떤 유리수가 포함하는 분수들 가운데(즉 집합으로서 그 유리수의 원소들 가운데) $x/1$가 나온다면 — 여기서 x는 자연수이다 — 그 유리수는 정수라 불린다. 유리수 체계의 한 부분집합을 형성하는 정수는 자연수와 같은 속성을 가진다, 즉 자연수 체계는 정수 체계 — 이것은 유리수 체계의 하위 체계이다 — 와 동형이라는 것을 보일 수 있다. "따라서 우리는 자연수를 던져 버리고 그것들을 그에 대응하는 정수들로 대체할 수 있고, 이후부터는 (분수들도 불필요하기 때문에) 유리수들에 대해서만

---

2) 귀납의 원리

이야기하기로 하겠다. (자연수는 분수 개념에서 분자와 분모에 똑같이 남으며, 분수는 유리수라고 불리는 그 집합의 원소들로 남는다.)"3)

고전적 실수이론을 데데킨트가 재구성하는 데 있어 결정적인 단계는 컷4)의 정의이다. (란도의 해석에 따를 때) 이것은 양의 실수라는 소박한 개념에 대응하기 위한 것이다. 컷은 다음과 같은 조건을 만족하는 유리수들의 집합이다. 그 조건이란 ① 그것은 어떤 유리수를 포함하기는 하지만 모든 유리수를 포함하지는 않는다. ② 그 집합에 속하는 모든 유리수는 그것에 속하지 않는 모든 유리수보다 작다. ③ 그것은 가장 큰 유리수를 포함하지 않는다. 이 정의를 하나의 그림으로 나타내기 위해, 모든 양의 유리수를 보통 순서대로 직선에 표시해둔다고 생각해보자. 이 선을 다음과 같이 두 부분으로 나눈다고 해보자. 즉 더 작은 유리수들을 포함하는 부분은 가장 큰 유리수를 포함하지 않도록 나눈 것이 컷의 그림이 될 것이다. 그 컷은 또한 (나눈 것의) '하위집합'(lower class)이라 불리기도 하며, 그것의 여는 '상위집합'(upper class)이라 불린다. 이에 따라 전자의 원소들은 '하위' 수(lower number)라 불리고, 후자의 원소는 '상위' 수(upper number)라 불린다. (컷은 그리스어 소문자로 나타낸다.)

두 컷, 가령 ξ과 η가 같기 위한 필요충분조건은 ξ의 모든 하위 수는 η의 하위 수이며 그 역도 성립해야 한다는 것이다. $\xi > \eta$이기 위한 필요충분조건은 ξ이 η의 상위 수인 하위 수를 가져야 한다는 것이다. $\xi < \eta$이기 위한 필요충분조건은 $\eta > \xi$여야 한다는 것이다. 임의의 두 컷 ξ과 η에 대해 세 가지 관계 $\xi = \eta$, $\xi > \eta$, $\xi < \eta$ 가운데 하나가 성립하고 오직 하나만 성립할 수밖에 없다는 것도 보일 수 있다. 컷의 덧셈과 곱셈은 잘 알려진 규칙들을 따르도록 정의할 수 있고 그렇다는 것을 보일 수 있다. (덧셈의 정의는 다음과 같이 하면 된다. ① ξ과 η를 컷이라고

---

3) Landau, 앞의 책, 41쪽.
4) 〔옮긴이주〕 'cut'. '절단'으로 옮기기도 하나 여기서는 일단 '컷'으로 적는다.

하자. X를 ξ의 하위 수로 갖고 Y를 η의 하위 수로 갖는 $X+Y$ 형태의 모든 유리수들의 집합은 컷이라는 것을 보일 수 있다. ② 나아가 이 집합에 속하는 유리수는 어느 것도 ξ의 상위 수와 η의 상위 수의 합으로 나타낼 수 없다는 것을 보일 수 있다. ①과 ②를 증명하게 되면, 이렇게 구성된 그 컷은 'ξ과 η의 합' 또는 '$\xi + \eta$'이라 불린다.)

모든 유리수 R에 대해, R보다 작은 모든 유리수들의 집합은 '유리수' 컷(rational cut)이라는 것을 보일 수 있다. 그리고 유리수 컷의 $=, >, <,$ 합, 차, 곱, 몫(만약 있다면)은 유리수를 다룰 때 사용되는 이전 개념에 대응한다. "따라서 우리는 유리수를 없애버리고 이들을 그에 대응하는 컷으로 대체하고, 이후부터는 컷에 대해서만 이야기할 것이다. (유리수는 하지만 컷 개념을 정의할 때 사용되는 집합들의 원소로 남는다.)"[5] $\sqrt{2}$ 와 같이 유리수가 아닌 컷은 무리수라 불린다.

컷의 전체는 양의 실수의 전체를 적절히 재구성할 때 만족시켜야 할 요건을 모두 만족시킨다. 이 점에서 란도는 0과 음의 실수를 도입하고, 양의 실수와 음의 실수 그리고 0으로 이루어지는 새로운 이 전체가 요구되는 속성을 가진다는 것을 증명한다. 실수는 그리스어 대문자로 쓰며, 양의 실수라는 이전 체계도 다시 '던져 버리게' 된다.

이제 우리는 실수에 대한 데데킨트의 재구성의 핵심정리를 보기로 하자. 모든 실수를 다음과 같은 속성을 지닌 두 집합으로 임의로 나눈다고 해보자. 즉 ① 첫 번째 집합에 수가 있고, 두 번째 집합에도 수가 있고 ② 첫 번째 집합의 모든 수가 두 번째 집합의 모든 수보다 작게 되도록 모든 실수를 임의의 두 집합으로 나눈다고 해보자. 그러면 거기에는 정확히 하나의 실수 $\varXi$가 존재해서 $H < \varXi$인 모든 H는 첫 번째에 속하게 되고 $H > \varXi$인 모든 H는 두 번째 집합에 속하게 된다. 이 정리를 증명하고 정

---

5) 앞의 책, 64쪽.

식화하는 데 있어서는 모든 실수라고 말한다거나 모든 실수들의 부분집합이 갖지만 그의 여집합은 갖지 않는 불특정한 속성을 말한다고 하더라도 아무런 문제가 야기되지 않는다는 점을 전제한다. 란도[6]는 "비판을 미리 방지하기 위해" 그가 보기에 "하나의 수, 아무 수도 아닌, 두 개의 사례, 주어진 전체 가운데 **모든** 것들 등은 분명한 단어 형태이다"라는 점을 강조한다. 우리는 그런 비판을 막을 수 없는 것임을 이미 보았고 심각하게 여겨야 한다는 점을 보았다.

2. 칸토르가 한 실수의 재구성

우리는 유리수 전체와 유리수들로 하는 계산 규칙이 주어진 것이라고 가정하고, x_1, x_2, …, 또는 간단히 $\{x\}$ 라는 형태의 유리수들의 수열을 생각해보기로 한다. 우리 목적에 비추어볼 때 이들 가운데 특히 관심거리는 다음과 같이 정의되는 이른바 코시수열이다.[7]

유리수들의 수열 x_1, x_2, … 이 코시수열이기 위한 필요충분조건은 모든 양의, 0이 아닌 유리수 ε에 대해, $p > N$과 $q > N$일 때 $|x_p - x_q| < \varepsilon$인 정수 N이 존재해야 한다는 것이다. x_p와 x_q를 원점에서 x_p와 x_q 단위의 거리에 있는 점들로 생각하고 $|x_p - x_q|$를 이들 사이의 거리로 생각해보는 것이 도움이 된다. 그러면 코시수열의 정의는 좀더 그림에 가까워진다. 우리가 아무리 작은 ε를 고르더라도, 이것의 임의의 두 후자 사이의 거리는 여전히 ε보다 작은 원소 x_N이 그 수열에 언제나 존재한다. (2의 제곱근의 1, 2 등 소수점 자리를 추출하는 연산은 유리수들의 코시수열을 낳는다.)

두 코시수열 $\{x\}$ 와 $\{y\}$ 가 **같기**(*equal*) 위한 필요충분조건은 모든 (양

---

6) 앞의 책, 서문.
7) 이 정의는 본문 189쪽에 나오는 것과 같다.

의, 유리수) ε에 대해, $p > N$일 때 $|x_p - y_p| < \varepsilon$인 정수 N이 존재해야 한다는 것이다. 바꾸어 말해 두 코시수열이 같다고 하기 위해 필요한 것은 상응하는 원소들 사이의 거리가 원하는 만큼 되도록 적어서 우리가 이들을 위해 충분히 큰 지수($index$)를 골라낼 수 있어야 한다는 것이다.

주어진 코시수열, 가령 $\{x\}$와 같은 모든 코시수열들의 집합은 **코시수 x**로 정의된다. (이 정의는 프레게의 정수 정의나 주어진 직선과 평행한 모든 직선들의 집합으로 방향을 정의하는 것과 꼭 같다.) 코시수들은 실수가 가져야 하는 모든 속성을 가지며, 따라서 그것들은 '고전 이전의 이론'의 실수를 재구성한 것이라고 할 수 있음을 보여줄 수 있다. 이와 관련된 정의나 증명은 어렵지 않다. 자세하게 살펴보지 않더라도, 이 재구성은 다음과 같은 특징, 즉 ① 모든 유리수들의 집합과 그리고 이들의 부분집합들이 모두 실제적으로 주어진다는 가정, ② 두 코시수가 같다는 정의가 순수하게 존재적인(비구성적인) 성격을 가진다는 점은 아주 명백하다.

부록 B: 읽을 만한 책들

아래 권장 도서들은 영어 책에 국한된 것으로서, 이 책의 주제들을 포괄하면서도 쉽게 읽을 수 있는 것들이다. 그렇지만 아주 훌륭한 많은 교재들이 빠져 있다. 여기 나온 책에는 대부분 도움이 될 만한 참고문헌이 달려 있다.

I. 수학책

Landau, E. *Grundlagen der Analysis.* Translated *Foundations of Analysis* by F. Steinhardt, New York, 1957.

Courant, R. , and Robbins, H. *What is Mathematics?*, Oxford and New York, 1941.

Young, J. W. A. (editor) *Monographs on Topics of Modern Mathematics Relevant to the Elementary Field*, London, 1911, new ed. , New York, 1955.

마지막 두 책은 일반 독자용이다. 이를 통해 당대의 실제 수학자들이 연구하는 핵심 주제가 무엇인지를 대략 알 수 있고, 이들의 추론방식도 대략 알 수 있다.

II. 수학기초론에 관한 일반적 저작

Black, M. *The Nature of Mathematics*, London, 1933.
Wilder, R. L. *Introduction to the Foundations of Mathematics*, New York, 1952.
Frankel, A. A., Bar-Hillel, Y. *Foundations of Set Theory*, Amsterdam, 1958.

이 가운데 첫 번째 책은 다른 둘에 비해 철학적 문제에 더 많은 관심을 쏟는다. 마지막 책은 집합론의 현재 상태를 꼼꼼히 다루며, 수리논리학자들이 사용하는 여러 형식체계를 살펴본다.

III. 주로 논리주의 경향의 책들

Frege, G. *Die Grundlagen der Arithmetik*, German text and English translation by J. L. Austin, Oxford, 1950.
Frege, G. *Translations from the Philosophical Writings of Frege*, by P. Geach and M. Black, Oxford, 1951.
Russell, B. *Introduction to Mathematical Philosophy*, 2nd ed., London, 1938.
Quine, W. V. *From a Logical Point of View*, Cambridge, Mass., 1953. (여기에 "New Foundations for Mathematical Logic"이 수록됨)

Quine, W. V. *Mathematical Logic*, revised edition, Cambridge, Mass., 1955.

Church, A. *Introduction to Mathematical Logic*, vol. I., Princeton, 1956.

마지막 두 권은 최근 나온 중요한 저작이다.

IV. 주로 형식주의 경향의 책들

Hilbert, D. and Ackermann, W. *Grundzüge der Theoretischen Logik*, 3rd ed. Translated as *Principles of Mathematical Logic*, by L. M. Hammond, G. L. Leckie, F. Steinhardt, edited by R. E. Luce, New York, 1950.

Curry, H. B. *Outlines of a Formalist Philosophy of Mathematics*, Amsterdam, 1951.

Kleene, S. C. *Introduction to Metamathematics*, Amsterdam, 1951.

마지막 책은 최근 나온 중요한 저작이다. 두 번째 책은 형식주의 수학철학을 설명하고 옹호한다.

V. 직관주의 경향의 책들

Heyting, A. *Intuitionism — An Introduction*, Amsterdam, 1956.

영어로 된 포괄적인 입문서로는 이 책이 유일하다.

VI. 다른 저작들

Mostowski, A. *Sentences Undecidable in Formalized Arithmetic*, Amsterdam, 1952.

Mostowski, A. *Thirty Years of Foundational Studies* (1930~1964), Oxford, 1966.

Tarski, A. *Introduction to Logic and the Methodology of Deductive Sciences*, 2nd ed., London, 1946.

마지막 책은 현대 논리학을 소개하는 가장 좋은 초급입문서 중 하나다.

옮긴이
· · ·
해 제

1. 이 책의 소개

이 책을 쓴 쾨르너(Stephan Körner, 1913~2000)는 체코에서 태어나 영국에서 주로 활동한 철학자로, 칸트 전문가로 알려져 있다. 그의 칸트 관련 책 《칸트의 비판철학》(강영계 옮김, 서광사, 1984)이 우리말로 번역되어 나와 있다. 그는 1952년 이래 영국 브리스톨대학교 교수를 지냈고, 1970년부터는 미국 예일대학교 교수를 겸했다.

이 책은 쾨르너가 1960년에 수학철학 입문서로 쓴 것이다. 쾨르너 스스로 밝혔듯이, 이 책은 철학이나 수리논리학, 수학 등을 잘 몰라도 읽을 수 있도록 구성되었다. 그래서 난해한 수식이나 기호는 거의 나오지 않는다. 분량도 많지 않아서 형식적으로도 입문서의 요건을 훌륭히 갖추었다.

이 책은 모두 8개의 장(章)으로 이루어진다. 먼저 1장에서는 전통적인 철학자인 플라톤, 아리스토텔레스, 라이프니츠, 칸트의 수학철학을 간략히 소개한다. 경험주의 수학철학자였던 밀을 제외한 것이 좀 아쉽기는

293

하지만, 이 정도면 수학철학의 초기 역사에서 핵심적인 인물들을 대체로 망라했다고 할 수 있다. 2장부터 7장까지의 6개 장에서는 논리주의, 형식주의, 직관주의를 차례대로 다룬다. 이 세 입장은 20세기 초를 풍미했던 수학철학의 세 가지 핵심 조류이다. 이 입장들은 현재도 여전히 영향을 미치고 있다. 쾨르너는 먼저 이 입장들을 2, 4, 6장에서 각각 소개하고, 바로 이어지는 3, 5, 7장에서 각 입장의 문제점을 지적하는 순서로 논의를 진행한다. 마지막 8장에서는 수학의 적용에 관한 쾨르너 자신의 고유한 견해를 적극적으로 개진한다.

이 책에서 다루는 주제들은 최근 나온 수학철학 입문서 가운데 가장 호평을 받은 샤피로(S. Shapiro)의 《수학에 관해 생각하기》[*Thinking about Mathematics* (Oxford Univ. Press, 2000)]나 보스톡(D. Bostock)이 최근 내놓은 《수학철학입문》[*Philosophy of Mathematics: An Introduction* (Wiley-Blackwell, 2009)]에서 다루는 주제들과도 크게 다르지 않다. 더구나 수학의 적용문제를 수학철학의 핵심문제로 부각시킨다는 점에서 쾨르너는 최근 더미트(M. Dummett)나 슈타이너(M. Steiner)의 선구자라고도 할 수 있다. 간단히 말해 이 책은 수학철학을 소개하는 입문서로서 최근 나온 책과 견주어도 손색이 없는 좋은 책이다.

아쉬운 점은 이 책이 나온 지가 꽤 오래되었다는 점이다. 1960년에 처음 나왔으니 이제 50년이 넘었고, 그 사이 수학철학에도 변화가 있었다. 그러나 1950년대까지의 수학철학의 흐름은 이 책을 통해 충분히 알 수 있을 것이다. 여기서는 1960년 이후 수학철학이 어떻게 전개되었는지를 큰 흐름을 중심으로 짤막하게 소개하는 것으로 해제를 대신하기로 하겠다.

2. 수학철학의 최근 동향

수학의 진리는 일찍부터 인간지식의 본보기로 여겨졌다. 유클리드 기하학 이래 철학자들은 이런 수학의 본성에 매료되었다. 이렇게 된 데는 수학이 다른 학문과 견주어볼 때, 몇 가지 독특한 성격을 지니고 있기 때문이다. 첫째, 수학의 진리는 물리학이나 생물학 등과 같은 경험과학의 진리보다 훨씬 더 확실하고 필연적이라 생각된다. 둘째, 수학의 대상은 다른 경험과학의 대상과 달리 '추상적' 대상이다. 가령 수나 함수, 집합 등과 같은 수학의 대상은 우리가 보거나 만질 수 있는 지각가능한 구체적 대상이 아니다. 셋째, 그럼에도 불구하고 수학은 경험세계에 훌륭하게 적용된다. 우리는 수학을 사용하지 않는 물리학을 상상할 수 없다. 수학이 지닌 이런 성격 때문에 여러 가지 철학적 문제가 생겨난다. 그런 것 가운데 대표적인 것으로, 수학적 진리의 본성문제, 수학적 대상의 존재와 인식문제, 수학의 적용문제 등을 들 수 있다. 최근의 수학철학의 핵심 주제들도 대개 이런 것들이라 할 수 있다.

1960~1970년대에 가장 주목할 만한 수학철학 논증을 든다면, 불가결성 논증(the indispensability argument)과 베나세라프의 논증을 빼놓을 수 없을 것이다. 불가결성 논증은 '콰인/퍼트남의 논증'이라 불리기도 하는데, 이 논증의 핵심논지는 퍼트남의 《논리철학》(Philosophy of Logic, 1971)에 다음과 같이 잘 표현되어 있다.

나는 대략 다음과 같은 노선을 따라 실재론을 옹호하는 논증을 전개해왔다. 형식과학뿐만 아니라 물리과학에서도 수학의 실재에 대한 양화가 불가결하다(indispensable). 따라서 우리는 그런 양화를 받아들여야 한다. 하지만 이것을 받아들이면, 우리는 문제의 수학적 실재도 받아들여야 한다. 이런 형태의 논증은 물론 콰인에게서 유래한다. 콰인은 수년 동안 수학의 실재에 대한 양화의 불가결성과 아울러 우리가 일상적으로 상정하고 있는 것의 존재를 부정하는 것은 지적으로 기만임을 강조해왔다. 〔Putnam(1979), *Mathematics, Matter and Method*에 재수록, 347쪽.〕

이후 불가결성 논증은 많은 이들에게 플라톤주의를 정당화하는 강력한 논증으로 여겨졌다. 불가결성 논증은 수학의 적용은 수학이 참임을 뒷받침하고 수학이 참임은 수학적 대상이 존재함을 뒷받침해준다는 식의 생각으로, 결국 수학적 대상의 존재가 과학을 하는 데 필수불가결하다(*indispensable*)는 것이다.

   플라톤주의를 옹호하는 전략인 불가결성 논증이 커다란 영향력을 행사한 것과 나란히, 이 시기에는 플라톤주의에 대한 강력한 비판도 등장하였다. 그것은 베나세라프(P. Benacerraf)가 두 논문, "수일 수 없는 것"(*What numbers could not be*, 1965)과 "수학적 진리"(*Mathematical Truth*, 1973)에서 제시한 것으로서, 대략 말해 추상적 대상으로서의 수학적 대상의 존재를 받아들이는 데는 두 가지 커다란 어려움이 있다는 것이다. 그 두 가지 어려움이란 (1) 수학의 대상이 실제로 대상이라면, 그것이 정확히 어느 대상인지를 확정할 수 없다는 것과 (2) 수학의 대상이 실제로 추상적 대상이라면, 우리의 지식이론에 따를 때 수학적 지식이 어떻게 가능한가를 설명하는 데 심각한 어려움이 따른다는 것이다. 이런 베나세라프의 비판은 플라톤주의가 설득력이 있는 입장으로 남으려면 반드시 해결해야 할 과제로 여겨졌다.

   1980년대 이후 전개된 수학철학의 여러 입장은 큰 틀에서 보면 불가결성 논증과 베나세라프의 논증에 대한 나름의 대응이라고 할 수 있다. 플라톤주의를 옹호하는 가장 강력한 논증을 불가결성 논증으로 파악하고, 나아가 수학이 과학에 적용된다는 사실은 수학이 참임을 보여주는 것이며, 수학이 참이라는 것은 곧 수학적 대상이 존재한다는 것을 뜻한다는 것으로 이 논증을 이해할 경우, 플라톤주의를 반대하는 사람이 택할 수 있는 전략은 다음 두 가지이다. 하나는 수학이 참이라는 사실을 받아들인다고 해서 곧 우리가 수학적 대상이 존재한다는 것을 받아들여야 하는 것은 아님을 보이는 방안이다. 이런 전략을 택하는 사람들은 수학의 진술이 수나 집합과 같은 추상적 대상에 관한 진술처럼 보이지만 사실은 그렇지 않으며, 수학의 진술을 우리가 받아들일 수 있는 다른 대상에 관한 진술로 적절히 해석할 수 있다고 주장한다. 치하라(C. Chihara)나 헬만(G. Hellman) 등의 환원론적 입장이 바로 이런 노선을 택한다고 할 수 있다.

불가결성 논증에 대한 또 다른 대응방안은 수학이 자연과학에 성공적으로 적용된다는 점을 받아들인다고 해서 곧 우리가 수학의 진술이 참이라는 것을 받아들여야 하는 것은 아님을 보이는 것이다. 필드(H. Field)의 유명론이 바로 이런 노선을 택한다. 필드는 1980년에 나온 《수 없는 과학》(*Science without Numbers*)에서 다음과 같이 말한다.

> 나는 고전수학의 일부를 재해석하고자 하는 것이 아니다. 대신 나는 물리세계에 적용하는 데 필요한 수학은 수나 함수 또는 집합과 같은 추상적 실재에 대한 지시(또는 양화)를 전혀 포함하지 않는다는 것을 보이고자 한다. 추상적 실재에 대한 지시(또는 양화)를 실제로 포함하고 있는 수학의 부분에 대해서 … 나는 허구주의적 태도를 취한다. 다시 말해 나로서는 그 부분의 수학이 참이라고 여길 만한 이유를 전혀 찾아볼 수 없다(1~2쪽).

다른 곳에서 필드는 자신의 근본 입장을 다음과 같이 서술하기도 한다.

> 내가 택하는 반실재론의 형태는 아주 간단하다. 이 입장은 수학의 진술이 실제 보이는 것과는 다른 어떤 것을 의미한다는 주장을 전혀 하지 않는다. 대신 이 입장은 수학적 실재란 없으며, 따라서 그런 실재가 있다고 주장하는 수학의 진술은 참이 아니라고(*untrue*) 주장한다[Field(1988), "Realism,

Mathematics and Modality", 239쪽).

필드는 불가결성 논증을 정면으로 반박하기 위해, 과학을 하는 데는 수학의 참을 받아들일 필요가 없으며, 결국 수학적 대상은 없어도 된다(*dispensable*)는 점을 보이고자 한다. 이런 입장에서 필드는 실제로 제한된 영역(즉 뉴턴의 중력 이론)에서나마 수학적 대상의 존재를 용인하지 않고도 과학이론을 제시할 수 있다는 유명론화된 전략을 실행해 보였다. 필드의 대담한 기획이 과연 과학의 어느 범위까지 포괄할 수 있을지를 두고 회의적인 견해가 제시되기도 했지만, 필드의 허구주의(*fictionalism*)가 지닌 급진적 성격(즉 그에 따르면 수학은 거짓이다)은 이후 수학철학 논의가 활성화되는 데 기폭제 역할을 하였다는 것은 분명하다.

베나세라프의 비판 이래 플라톤주의를 옹호하려는 학자들은 베나세라프의 비판을 벗어날 수 있는 여러 방안을 모색했다. 이런 흐름 가운데 특기할 만한 것으로, 베나세라프의 비판을 수용해 수가 대상이라는 프레게의 생각을 버리고, 수란 체계 내에서의 위치라는 구조적 성격을 지닐 뿐이라고 보는 구조주의(*structuralism*)를 들 수 있다. 보통 베나세라프의 1965년 논문은 구조주의로의 길을 터준 것으로 평가되며, 레스닉(M. Resnik)과 샤피로(S. Shapiro)를 위시한 여러 학자들이 여러 유형의 구조주의를 발전시키고 있다. 플라톤주의에 대한 베나세라프의 비판에 대응하는 또 다른 방안으로는 수학적 대상의 추상성을 부인하고 집합을 어떤 식으로 우리가 직접 지각할 수 있다고 주장하는 메디(P. Maddy)의 실재론이 있고, 논리적 원천에 의해 추상적 대상에 관한 지식의 성립가능성을 옹호하고자 하는 새로운 프레게주의(*Neo-Fregeanism*)도 있다. 이 가운데 새로운 프레게주의에 관해서 조금 더 설명하기로 하자.

우리가 이 책에서 보았듯이, 산수가 논리학의 발전임을 보이고자 한 프레게의 시도는 러셀 역설의 발견으로 말미암아 실패로 끝났다. 그럼에도 불구하고 1980년대와 1990년대를 지나면서 새로운 프레게주의가 크게 부각되었다. 이렇게 된 데는 무엇보다도 '프레게 정리'(*Frege's Theorem*)라고 하는 형식적 성과가 있었기 때문이다. 대략 말해, 이는 모순을 야기한 프레게의 원래 공리 *V* 대신 이른바 '흄의 원리'(*Hume's Principle*)를 첨가하면, 2단계 논리학의 도움을 받아 산수의 기본법칙들(즉 데데킨트-페아노 공리들)이 모두 도출될 수 있다는 발견 결과이다. 이러한 형식적 성과는 수학적 지식의 본성에 관해 그토록 오랫동안 관심을 기울였던 철학자들에게 프레게식 논리주의가 새로이 대안으로 떠오를 수 있음을 보여주는 것으로 이해되었고, 최근 수학철학 논의의 핵심 견해 가운데 하나로 부상하는 계기가 되었다. 라이트(C. Wright)와 헤일(B. Hale)로 대표되는 새로운 프레게주의자들은 흄의 원리를 분석적 진리의 일종으로 간주해 논리주의를 재건하려고 할 뿐만 아니라 프레게의 맥락원리를 기초로 프레게식 플라톤주의를 새롭게 구축하려는 시도를 해왔다. 최근 들어 흄의 원리의 분석성 및 그 원리의 일반 형태인 추상화 원리(*the abstraction principle*)의 본성과 한계를 둘러싸고, 불로스(G. Boolos), 헥(R. Heck), 파인(K. Fine), 테넌트(N. Tennant) 등 여러 학자들이 가담해 열띤 논의가 벌어졌다.

끝으로 최근 흐름 가운데 주목할 만한 것 몇 가지를 든다면 다음과 같다. 버지스(P. Burgess)와 로젠(G. Rosen)은 유명론의 전략을 해석학적 전략과 혁명론적 전략으로 나누고 어느 전략도 만족스럽지 않음을 주장하였다. 이들에 따를 때, 앞서 본 치하라나 헬만의 사례는 해석학적 전략이고 필드의 사례는 혁명론적 전략에 해당한다. 한편 발라귀(M. Balaguer)는 지금까지 제시된 어떤 논증도 플라톤주의나 반플라톤주의가 성립할 수 없음을 보일 수 없으며 따라서 두 입장 모두 유지될 수 있지만, 어느 입장이 옳은지를 결정해줄 어떤 사실도 존재하지 않는다고 주장하였다. 그리고 콜리반(M. Colyvan)이 2001년 불가결성 논증을 다룬 단행본을 선보였다는 점도 기억할 만하다. 아울러 앞에서도 잠깐 언급했듯이, 최근 들어 수학의 적용문제가 수학철학의 핵심문제로 부각되었다는 점도 주목할 필요가 있다. 이런 흐름에는 프레게 수학철학의 중요 특성으로 수학의 적용문제를 부각시킨 더미트의 책《프레게 수학철학》(*Frege: Philosophy of Mathematics*, 1991)과 슈타이너의 책《철학적 문제로서의 수학의 적용가능성》(*The Applicability of Mathematics as a Philosophical Problem*, 1998)이 큰 영향을 미친 것으로 보인다.

3. 국내 수학철학 참고문헌

우리말로 된 수학철학 입문서는 현재 2종 정도가 나와 있다. 하나는 철학 전공자가 번역한《수리철학》(스티븐 바커 지음, 이종권 옮김, 종로서적, 1983)이고, 다른 하나는 수학 전공자가 쓴 같은 제목의《수리철학》(이건창 지음, 경문사, 2000)이다. 우리나라에서 나온 수학철학 관련 단행본을 출판 연대순으로 정리하면 다음과 같다.

《수학의 확실성》, 모리스 클라인 지음, 박세희 옮김(민음사, 1984).
《수리철학의 기초》, 러셀 지음, 임정대 옮김(연세대출판부, 1986, 경문사, 2002).
《수리철학과 과학철학》, 헤르만 바일 지음, 김상문 옮김(민음사, 1987).
《수학기초론》, 김상문 지음(민음사, 1989).
《수학적 발견의 논리》, 라카토스 지음, 우정호 옮김(민음사, 1991).
《수학의 기초에 관한 고찰》, 비트겐슈타인 지음, 박정일 옮김(서광사, 1997).

《수학의 철학》, 베나세라프·퍼트남 편, 박세희 옮김(아카넷, 2002).
《수학기초론의 이해》, 임정대 지음(청문각, 2003).
《산수의 기초》, 프레게 지음, 박준용·최원배 옮김(아카넷, 2003).
《비트겐슈타인 수학철학》, 박만엽 지음(철학과현실사, 2008).
《비트겐슈타인의 수학의 기초에 관한 강의》, 비트겐슈타인 지음, 박정일 옮김(사피엔스 21, 2010).

스테판 쾨르너 (Stephan Körner: 1913~2000)

쾨르너는 체코에서 태어나 영국에서 주로 활동한 철학자이다. 1952년 이래 영국 브리스톨대학교 교수를 지냈고, 1970년부터는 미국 예일대학교 교수를 겸했다. 그가 쓴 책으로는, *Kant* (1955), *Conceptual Thinking* (1955), *Experience and Theory* (1966), *What is Philosophy?* (1969), *Categorial Frameworks* (1970), *Experience and Conduct* (1976), *Metaphysics: Its Structure and Function* (1984) 등이 더 있다.

— 지은이 약력 —

최원배

고려대학교 철학과를 다녔고 영국 리즈대학교에서 박사학위를 받았다. 지금은 한양대학교 정책학과 교수로 있다. 프레게의 《산수의 기초》를 번역(공역)하였고, "프레게 맥락원리의 한 해석", "프레게의 수 언명 분석과 상대성 논증", "흄의 원리와 '내용의 분할'", "프레게와 불가결성 논증", "프레게식 플라톤주의에서 수 존재의 정당화", "흄의 원리와 암묵적 정의", "존재와 일관성을 둘러싼 프레게/힐버트 논쟁", "수학적 대상의 존재와 우연성", "힐버트와 형식주의" 등의 수학철학 논문을 발표하였다.

— 옮긴이 약력 —